黄河
调水调沙试验

水利部黄河水利委员会 编

黄河水利出版社

内 容 提 要

　　本书共分四章。对黄河三次调水调沙试验的全过程进行了系统总结和分析研究,包括绪论、调水调沙治河思想、调水调沙试验模式及其实践、试验的关键技术、调水调沙试验成果。对重要的技术问题如黄河调水调沙试验模式、黄河下游协调的水沙关系及调控临界指标体系、协调水沙关系的塑造技术、利用异重流延长小浪底水库拦沙期寿命的减淤技术、调水调沙试验中的水文监测和预报技术等进行了认真分析和研究。在此基础上,总结了黄河调水调沙试验的主要成果,包括下游河道主槽冲刷效果、河道行洪能力变化、水库减淤和淤积部位及形态调整、检验和丰富了调水调沙相关技术、黄河水沙运动规律认识的深化、巨大的社会效益与经济效益。本书可供从事水利工作的管理、规划设计、科研等人员,以及广大关心黄河治理与开发的社会各界人士阅读参考。

图书在版编目(CIP)数据

　　黄河调水调沙试验/水利部黄河水利委员会编.
郑州:黄河水利出版社,2008.1
　ISBN 978－7－80621－964－5

　　Ⅰ.黄…　Ⅱ.水…　Ⅲ.黄河－水利建设－试验
Ⅳ.TV882.1－33

　　中国版本图书馆 CIP 数据核字(2005)第 099822 号

出　版　社:黄河水利出版社
　　　　　　地址:河南省郑州市金水路 11 号　　　邮政编码:450003
发行单位:黄河水利出版社
　　　　　　发行部电话:0371－66026940、66020550、66028024、66022620(传真)
　　　　　　E-mail:hhslcbs@126.com
承印单位:河南省瑞光印务股份有限公司
开本:787 mm×1 092 mm　1/16
印张:16　　　　　　　　　　　　　　　彩插:8
字数:400 千字　　　　　　　　　　　　印数:1—1 500
版次:2008 年 1 月第 1 版　　　　　　　印次:2008 年 1 月第 1 次印刷
书号:ISBN 978－7－80621－964－5/TV·419　　　定价:58.00 元

黄河首次调水调沙试验示意图

▷龙门水文站

小北干流 ⇒ 黄河

2002年7月4日黄河龙门水文站出现高含沙洪水，小北干流局部河段发生"揭河底"现象

三门峡水库

2002年7月6日小浪底库区出现异重流，增加了水库调度难度

在调水调沙试验期间，三门峡水库和小浪底水库各泄水建筑物共启闭294次

小浪底水库

浑水出库

黄河 ⇒

在小浪底库区和下游河道共计900多km河段上布设494个测验断面，开展了水位、流量、含沙量等项目观测，取得了520多万组测验数据

科学调度黄河水沙资源，利用水流富余的挟沙能力排沙入海。在黄河首次调水调沙试验期间，下游河道净冲刷量0.362亿t，入海泥沙0.664亿t，达到了预期效果

黄河第二次调水调沙试验示意图

三门峡水库

泄洪排沙 ⇨ 异重流入库

小浪底水库

浑水出库 ⇨ 黄 河 ⇨ 花园口断面

异重流入库

伊洛河

清水汇入黄河

故县水库

清水出库 ⇦

陆浑水库

清水出库 ⇦

清水、浑水空间对接，实现黄河下游协调的水沙关系

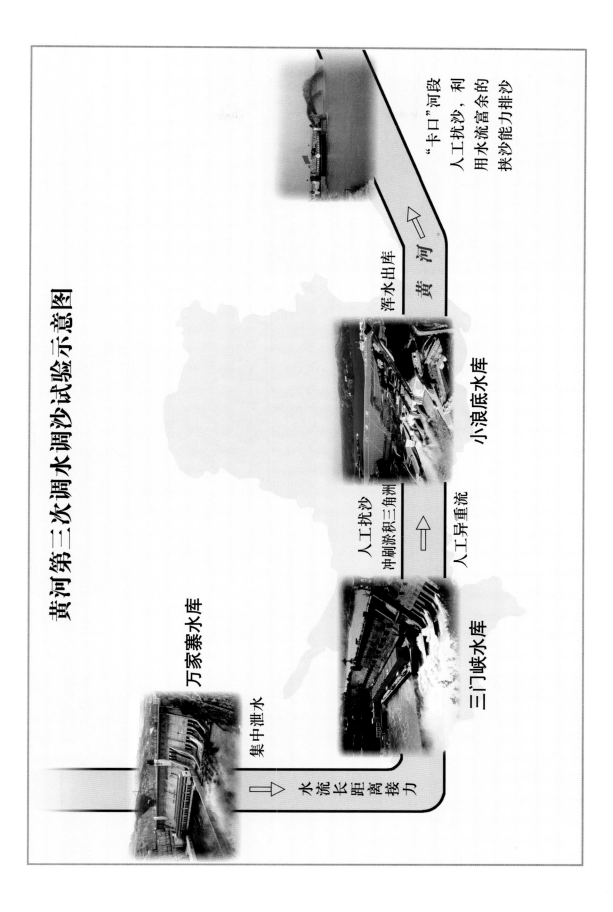

黄河第三次调水调沙试验示意图

万家寨水库

集中泄水

水流长距离接力

三门峡水库

人工扰沙
冲刷淤积三角洲

人工异重流

小浪底水库

浑水出库

黄河

"卡口"河段
人工扰沙，利
用水流富余的
挟沙能力排沙

万家寨水库集中泄水（余飞彪 摄）

三门峡水库泄洪排沙（黄委防办供稿）

黄河小浪底水利枢纽（刘凤祥 摄）

陆浑水库放水（殷鹤仙 摄）

故县水库放水（唐恒恩 摄）

黄河河床高隆于华北大平原（殷鹤仙 摄）

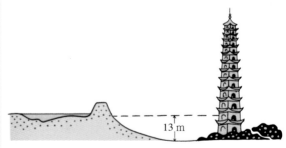

黄河开封段河滩比开封市区地面高 13 m

2002年7月4日索丽生副部长代表水利部在黄河首次调水调沙试验开始仪式上作重要讲话 （王明海 摄）

2002年7月4日黄河水利委员会主任、黄河首次调水调沙试验总指挥李国英宣布试验正式开始（王明海 摄）

黄河首次调水调沙试验总指挥中心（王红育 摄）

黄河首次调水调沙试验副总指挥廖义伟主持召开会商会议（黄宝林 摄）

黄河第二次调水调沙试验演练会商（黄委防办供稿）

黄河第三次调水调沙试验预案分析（黄宝林 摄）

黄河水利委员会李国英主任在小浪底水库检查指导水文测验工作（黄委防办供稿）

黄河水利委员会廖义伟副主任现场检查应急通信系统（王彤琪　摄）

方案组及时提出方案（云西峰 摄）

黄河下游河道实体模型（殷鹤仙 摄）

验证数学模型演算现场（刘建明 摄）

巨流涌出（刘凤祥 摄）

九龙腾飞（王成法 摄）

小浪底水库异重流排沙（黄宝林 摄）

调水调沙试验期间组织技术人
员现场查看河势（李胜阳 摄）

在"卡口"河段
实施人工扰动泥
沙（黄宝林 摄）

人工扰动泥沙试验（黄宝林 摄）

通信监控人员在紧张工作（张再厚 摄）

GPS全球定位系统用于水沙测验及淤积断面测量（龙虎 摄）

精心取沙样（龙虎 摄）

ADCP 测流（龙虎 摄）

测船奋战在风浪中（龙虎 摄）

泥沙分析（龙虎 摄）

科技人员对黄河首次调水调沙试验结果进行评估（张再厚 摄）

2002年9月29日黄河首次调水调沙试验效果分析专家咨询会在北京召开（王红育 摄）

2002年9月28日水利部部长办公会听取黄委黄河首次调水调沙试验汇报（郜国明 摄）

中央电视台记者在调水调沙指挥中心采访水利部索丽生副部长（黄宝林 摄）

中央电视台记者在调水调沙指挥中心采访黄河水利委员会李国英主任（黄宝林 摄）

黄河水利委员会廖义伟副主任主持调水调沙新闻发布会（黄宝林 摄）

黄河水利委员会薛松贵总工程师接受中央电视台记者专访（黄宝林 摄）

2002年10月16日黄河水利委员会举行黄河首次调水调沙试验新闻发布会（黄宝林 摄）

前　言

　　黄河是中国的第二大河,是中华民族的摇篮,她孕育了五千年灿烂的中华文明。黄河又是世界上最复杂、最难治理的河流。黄河流域在相当长的历史时期内,一直是我国政治、经济和文化的中心,但频繁的水旱灾害又给沿岸人民带来了深重的灾难。黄土高原严重的水土流失,造成大量泥沙在黄河下游强烈堆积,河床以年平均 0.1 m 的速度淤积抬高,使黄河下游成为高悬于黄淮海大平原之上的"地上悬河"。黄河多年平均年径流量 580 亿 m^3,多年平均年输沙量高达 16 亿 t,平均含沙量 35 kg/m^3,无论是从输沙量还是从含沙量而言,黄河均居世界各大江河之首。

　　长期的治黄实践证明,解决黄河的泥沙问题,必须采取"拦、排、放、调、挖"等综合措施。"拦"就是靠上中游水土保持和干支流水库拦减泥沙;"排"就是保证一定输沙水量,搞好河道整治和河口治理,利用现行河道排沙入海;"放"主要是在下游两岸处理和利用泥沙;"调",即"调水调沙",就是通过干流骨干工程调节水沙过程,改变黄河"水沙时空分布不均衡,易于造成河道淤积"的自然状态,使之适应河道的输沙特性,以减少河道淤积或节省输沙水量;"挖"就是挖河淤背,加固黄河干堤,以逐步形成"相对地下河"。"拦"是根本,"排"是基础,而"调"则是提高"排"沙效果的有效手段。"拦、排、放、挖"四项措施都已在黄河上实践过,2002 年 7 月以前只有"调"尚未实施。

　　2002~2004 年,水利部黄河水利委员会(以下简称黄委)进行了三次调水调沙试验。2002 年 7 月 4~15 日,黄委抓住有利时机进行了黄河首次调水调沙试验,此次调水调沙试验是世界水利史上最大的一次原型科学试验,是针对小浪底上游中小洪水和小浪底水库蓄水进行的,是将不协调的水沙关系由小浪底水库调节为协调的水沙关系进入下游河道的试验。2003 年 8 月下旬至10 月中旬,黄河流域泾、渭、洛河和三门峡至花园口区间出现了历史上少有的50 余天的持续性降雨,干、支流相继出现 10 多次洪水,其中渭河接连发生了 6次洪水过程,为历史上罕见的秋汛洪水。黄委根据汛前制定的预案,抓住有利时机,于 2003 年 9 月 6~18 日进行了黄河第二次调水调沙试验。本次试验是针对小浪底上游浑水和小浪底以下清水,通过对小浪底、陆浑、故县等水库水沙联合调度,在花园口实现协调水沙的空间对接,以清水和浑水掺混后形成"和谐"关系的水沙过程在下游河道演进。2004年6月19日9时至7月13日8时,黄委进行了第三次调水调沙试验,历时24天,扣除6月29日0时至7月3日21时小流量下泄的5天,实际历时19天。本次试验主要依靠水库蓄水,充分而巧妙地利用自然的力量,通过精确调度万家寨、三门峡、小浪底等水利枢纽工程,在小浪底库区塑造人工异重流,辅以人工扰动措施,调整其淤积部位和形态;同时加大小浪底水库排沙量,利用进入下游河道水流富余的挟沙能力,在黄河下游"二级悬河"及主槽淤积最为严重的河段实施河床泥沙扰动,扩大主槽过洪能力。

黄河三次调水调沙试验水沙条件各不相同,目标及采用措施也不相同,各有其特点和启示,基本涵盖了黄河调水调沙的不同类型,在黄河下游河道减淤和水库减淤及深化对黄河水沙规律的认识等方面取得了良好的效果和丰富的成果。

为了系统分析研究三次调水调沙试验经验,黄委组织参加试验的有关单位和部门人员编写了《黄河调水调沙试验》一书。全书分为调水调沙治河思想、调水调沙试验模式及其实践、试验的关键技术、调水调沙试验成果等四章。

由于黄河泥沙问题的复杂性,三年来的试验取得的成果和认识都有一定的局限性。调水调沙这一治理黄河泥沙的新途径有待于在今后的工作实践中继续得到丰富和完善。

编 者
2007年9月

目　录

绪　论

逐水而居,是人类生存发展史上人与自然共生共存的高度概括,河流早已和人们的生活融为一体。人类生存离不开水,不受控制的水又威胁着人类的生存。

黄河流域幅员辽阔,资源丰富,地位重要。从历史上第一个王朝——夏朝起至北宋,在黄河流域建立国都的总历史长达 3 000 多年,黄河流域成为我国政治、经济与文化的中心,黄河被誉为"中华民族的摇篮"。

然而,黄河以"善淤、善决、善徙"闻名于世,历史上洪水灾害严重,黄河又被称为"中华民族的忧患"。"摇篮"与"忧患"的并存,可亲又可怖的性格并列使历代善为政者,容怀虔诚敬畏之心,把黄河安危当做治国安邦之大事,予以高度重视。黄河以其在人民治黄 50 多年来取得的巨大变化为世人瞩目,伏秋大汛岁岁平安,供水、灌溉、发电等效益巨大。但从 20 世纪 90 年代以来,黄河又以河道断流、生态环境恶化、水污染加剧、河槽急剧萎缩为社会关注,引起人们新的忧虑。解决黄河新的问题,趋利避害,让黄河永远为人类造福,就需要以新的视角审视黄河,以新的理念治理和管理黄河。

一、黄河是世界上最复杂、最难治理的河流

黄河多年平均天然径流量 580 亿 m^3,多年平均进入黄河下游的泥沙量 16 亿 t,小浪底站实测最大含沙量 941 kg/m^3(1977 年)。其输沙量、含沙量均为世界之最,是一条举世闻名的多沙河流。

黄土高原严重的水土流失,造成大量泥沙在黄河下游强烈堆积,年复一年,逐渐使黄河下游成为高悬于黄淮海大平原上的"悬河",洪水泥沙全靠两岸堤防约束。因此,历史上黄河下游洪水灾害十分严重和频繁。千百年来,历朝历代都把治黄作为兴国安邦的大事,倾注大量的人力、物力,谋求黄河安澜。但由于科学技术和社会制度的限制,都没有从根本上改变黄河为害的历史。据统计,自周定王五年(公元前 602 年)至 1938 年花园口扒口的 2 540 年中,黄河下游泛滥决口达 1 590 次,其中改道 26 次,即"三年两决口,百年一改道"。影响范围北抵天津,南达江淮,泛区涉及冀、鲁、豫、苏、皖五省,面积 25 万 km^2。

1946 年人民治黄以来,国家对黄河治理高度重视,投入了大量的人力和物力,不断地加高加固堤防,整治河道,开辟北金堤滞洪区、东平湖滞洪区和山东两处窄河道展宽工程,在干支流上修建大中型防洪水库。以王化云为代表的老一辈治黄专家,先后提出、实施了"除害兴利,综合利用"、"宽河固堤"、"蓄水拦沙"、"上拦下排,两岸分滞"等一系列治黄方略,取得了 50 多年来岁岁安澜的巨大成就。

时至 20 世纪末,人们对黄河的索取已大大超过黄河的承载能力,安澜的背后却潜伏着巨大的危机。

当前黄河下游临背高差一般为 4~6 m,最高达 10 m 以上。20 世纪 90 年代平均花园口水文站年水量已锐减至 235 亿 m^3,只有 20 世纪 50 年代的 1/2,2001 年全年通过水量

只有 165.5 亿 m³。90 年代平均年入海水量已锐减至 117 亿 m³，只有 50 年代的 1/4。2001 年全年入海水量只有 46.5 亿 m³，输沙水量被严重挤占。

水沙关系进一步失调，下游河道淤积加重，特别是 20 世纪 80 年代中期以来，下游河槽急剧萎缩，行洪输沙能力锐减，"二级悬河"发展迅速。其中，以东坝头至伟那里河段最为突出，滩唇高于堤脚最大值达 6.04 m，滩面横比降最大达 30.4‰，约是河道纵比降 1.8‰的 17 倍。

凡此种种，都说明黄河治理开发面临着许多复杂问题，人水不和谐的局面正在进一步恶化。可以预见，在今后相当长的时期内，黄河依然是一条多泥沙河流，下游河道塑造并维持 4 000～5 000 m³/s 的中水河槽仍将是一项十分迫切且又十分艰巨的任务。

二、试验背景

(一)利用调水调沙解决黄河水沙不协调问题的理念逐步形成

黄河治理开发中面临的许多重大问题的症结在于水少、沙多、水沙不协调，相应的解决措施是增水、减沙与调水调沙。

根据长期以来的规划研究成果和黄河流域的实际情况，增水可通过两条途径来实现，一是节水，二是跨流域调水。就节水而言，黄河灌区虽有一定的节水潜力，但节水量相对于用水需求来说远不能满足要求，能回归于河道的水量也十分有限，并且节水目标的实现还需要一个漫长的过程。就跨流域调水而言，主要依靠南水北调工程，南水北调中线和东线工程可望补向黄河的水量很少，西线工程目前还处在编制项目建议书阶段，工程建成生效同样需要较长的时间，并且增加的水量也仅是一部分用于缓解黄河水沙不协调问题。

减沙主要有三条途径：一是在黄土高原进行水土流失综合治理；二是利用骨干工程拦减进入下游河道的泥沙；三是依靠黄河小北干流广阔的滩区放淤。三者共同构成减少进入黄河干流泥沙的三道防线。

就黄土高原地区的水土保持而言，按照国务院批复的《黄河近期重点治理开发规划》和有关研究成果，规划工程实施后，2010 年前后可减少入黄泥沙 5 亿 t，2050 年可减少到 8 亿 t 左右，即便如此，黄河仍然是一条多沙河流，水沙关系不协调的局面依然不能解决。就骨干工程拦沙而言，三门峡水库已不具备拦沙库容，其他干流水库，如古贤、碛口还在规划研究之中，当前仅小浪底水库可用于拦沙。就小北干流放淤而言，虽然 2004 年在连伯滩进行了试验，实现了"淤粗排细"的目标，但在无坝放淤的条件下，放淤强度和规模还受到许多限制。

调水调沙是在充分利用河道输沙能力的前提下，利用水库的可调节库容，对来水来沙进行合理的调节控制，适时蓄存或泄放水沙，变不协调的水沙过程为协调，以达到减轻下游河道淤积甚至冲刷下游河道目的的新的治河手段。

黄河下游河道具有"泥沙多来、多排、多淤，少来、少排、少淤"的输沙特点。在一定的河道边界条件下，其输沙能力与流量的高次方(大于 1 次方)成正比，与含沙量也存在明显的正比关系。通俗地讲，在黄河来水量不大时，若将水库前期蓄水加载于来水水体之上，混合水体将会产生显著大于两部分独立水体输沙能力之和的输沙效益。黄河虽然水沙严重不协调，但只要能找到一种合理的水沙搭配，水流就可能将所挟带的泥沙输送入海，同时又不在下游河道造成明显淤积,还可省输沙用水量。通过对黄河下游输沙规律的研究,逐步奠定了调水调沙的理论基础。特别是小浪底水库初期运用方式研究等成果,使调水调沙作为解决黄河下游水沙不协调问题的理念逐步形成。

调水调沙最终要通过水库的调度运用来实现,相对于黄河来水而言,黄河中游的万家寨、三门峡等水库调节库容很小,无法单独承担调水调沙任务。小浪底水库的建成,使开展大规模的调水调沙成为可能。

(二)黄河下游人水不协调所导致的许多焦点问题亟待解决

20世纪80年代中期以来,黄河下游来水偏少,黄河自身生命长期受到忽视,人们对黄河水资源过度索取。人与河争地也日趋严重,黄河的健康生命受到严重威胁,尤其是下游河槽在很大程度上已丧失了其维持健康生命应有的行洪输沙能力的基本功能。突出表现在以下几个方面。

1. 下游河槽淤积萎缩严重,个别河段行洪能力已下降至1 800 m³/s

黄河下游河槽排洪能力1950～1964年为5 000～8 000 m³/s,以后总的趋势是减少。1986年以后,由于来水来沙的变化,主槽淤积抬高,河槽萎缩,宽度缩窄,平滩水位下的过水面积和相应的平滩流量明显减小。1986～2002年,全下游主槽面积平均减小1 200 m²左右,其中夹河滩至孙口河段减小1 500 m²,减幅达50%。下游主槽宽度平均减小220 m,其中花园口以上河段减小660 m,减幅为42%,夹河滩至高村河段减幅为40%。至2002年汛期,高村上下部分河段平滩流量仅为1 800 m³/s,主槽淤积萎缩已十分严重。

2. 黄河下游中常洪水威胁加剧,两岸滩区人水难以和谐相处

由于黄河下游主槽过洪能力显著降低,中常洪水条件下,水流漫滩,水位表现较高,提高了下游滩区的漫滩几率。1986年至小浪底水库蓄水运用前,下游各水文站同流量水位升幅年均在0.09～0.15 m之间,仅90年代就有1992年8月、1994年8月和1996年8月等多次中常洪水在下游两岸滩区造成了严重灾害,1996年8月的洪水,下游各水文站普遍出现历史最高洪水位。黄河下游两岸滩区居住着181万人口,有耕地25万 hm²,广大滩区既是滞洪沉沙的区域又是群众赖以生存和生产的场所,滩区群众不断与水争地,人河和谐相处的环境不断恶化。

随着下游河道行洪能力的降低,主槽输沙能力也在不断降低。根据对以往资料的分析研究,下游主槽行洪能力达4 000 m³/s时,以平滩流量下泄可维持60 kg/m³以下的含沙量不发生淤积。而平滩流量在2 000 m³/s左右时,在水流不漫滩的条件下,仅能输送20 kg/m³以下的含沙量。平滩流量的急剧下降大大减小了水流的输沙能力。

3. "二级悬河"发展迅速,防洪形势日益严峻

黄河下游河道1964年前各河段河槽明显,虽滩唇略高于堤根,但滩地横比降较小。1965～1973年,三门峡水库滞洪排沙,河道大量淤积,河槽在淤积抬高的同时,主槽宽度明显缩窄,且在夹河滩至高村河段开始出现"二级悬河"。1974～1985年,黄河下游来水较丰,三门峡水库蓄清排浑运用,下泄流量增大,主槽发生不同程度的冲刷,平滩流量增大。1986年后,进入下游的水量明显减少,特别是大洪水减少,中等流量以下的高含沙中小洪水发生几率增多,加之龙羊峡水库运用后汛期基流减小和滩地内生产堤数量的增加,下游主槽和嫩滩大量淤积。由于漫滩少,二滩淤积受到限制,主槽平均河底高程抬升较

快,滩地横比降越来越大,迅速加剧了"二级悬河"的发展。

据统计,黄河下游京广铁路桥至东坝头河段左岸平滩水位高于临河滩面 0.44~2.50 m,滩地横比降均值达 3.33‰。东坝头至高村河段左岸平滩水位高于临河滩面 0.13~2.98 m,滩地横比降均值达 5.15‰;右岸断面平滩水位一般高于临河滩面 0.62~4.34 m,滩地横比降均值为 5.84‰。高村至陶城铺河段左岸平滩水位高于临河滩面 1.08~3.43 m,滩地横比降均值达 9.8‰;右岸断面平滩水位一般高于临河滩面 0.84~2.78 m,滩地横比降均值为 10.39‰。各河段滩地横比降明显大于河道纵比降。高村以上滩地横比降与河道纵比降的比值一般在 1.6~3,高村至陶城铺为 7 左右,陶城铺以下"二级悬河"同样也比较严重。

"二级悬河"的发展,使得河槽高悬于河道之内,河槽约束洪水能力大幅降低,"横河"、"斜河"、"滚河"发生的几率大大增加,黄河下游堤防冲决、溃决的危险性日益增大。

(三)小浪底水库拦沙初期所处的特殊阶段及有关调水调沙的前期研究成果

根据多沙河流上水利枢纽工程特别是小浪底水库运用方式的研究,水库运用具有明显的阶段性,其拦沙期可分为拦沙初期、拦沙后期。统筹考虑水库的多个开发目标,前者系指水库起始运行水位以下拦沙库容淤满前的时期,这一时期内水库泥沙的运行规律决定了只能是以异重流(包括浑水水库)排沙为主。因此,这一时期水库主要下泄的是含沙量较低的"清水"。相应地,下游河道"清水"冲刷是下游河道减淤的主体。尽管入库洪水在库区产生异重流并运行到坝前后,适时开启排沙底孔,可将部分泥沙排出库外,但异重流的输沙特性决定了排出的泥沙不会太多,且粒径很细。因此,水库拦沙初期,输沙效率相对较小。但通过水库的合理调度,下游河道则可能达到较高的冲刷效率,利于主槽冲刷,提高其过流能力。当然,在不显著影响下游河道冲刷效率的前提下,水库尽可能利用异重流排沙,减缓拦沙库容的淤损,也是调度运用中应考虑的重要问题之一。

如前所述,由于进入黄河下游的水沙关系严重不协调,使得黄河下游防洪和治理开发中面临着许多亟待解决的焦点问题。其中,尤以尽快恢复下游主槽的行洪排沙能力,缓解两岸滩区 181 万群众人水难以和谐相处和"二级悬河"危险局面为当务之急。综合考虑各方面的利弊,小浪底水库调水调沙应以保证下游河槽沿程全线冲刷,尽快恢复其行洪排沙的基本功能为前提。同时,尽可能使小浪底多排沙出库。

长期以来,水利部黄河水利委员会联合国内其他科研单位和大专院校对小浪底水库的调水调沙运用,开展了大量的分析研究。根据水库拦沙初期运用的特点,提出了水库调水调沙运用的调控指标。

1.调控流量

调控流量系指水库调节控制花园口断面两极分化的临界流量。大流量的下限称调控上限流量,小流量的上限称调控下限流量。

1)调控上限流量

黄河下游含沙量小于 20 kg/m³ 的低含沙水流,随着花园口流量增加,下游河道的冲刷发展部位随之下移。当花园口流量 1 000 m³/s 左右时,冲刷可发展到高村附近,高村以上冲刷,高村以下淤积;当花园口流量 1 000~2 600 m³/s 时,高村以上冲刷增强,冲刷逐步发展到艾山附近,艾山以下微淤;当花园口流量 2 600 m³/s 时,艾山至利津河段微冲;当花园口流量大于 2 600 m³/s 时,全下游冲刷,艾山至利津河段冲刷逐渐明显。考虑到小浪底水库初期运用时出库含沙量较低,一般为低含沙量洪水,下游河道目前平滩流量较小,为了使各河段均能发生较为均匀的冲刷,尽可能地提高下游河道的减淤效果,确定控制花园口断面调控上限流量为 2 600 m³/s。

2)调控下限流量

调控下限流量要能满足供水、灌溉、发电、生态等运用要求。

2.调控库容

在以往研究成果的基础上,采用 1986~1999 年历年的实测水沙过程,按照 2000 年水利部审查通过的调水调沙方案,经进一步分析计算,起始运行水位 210 m、调控上限流量 2 600m³/s 时,调控库容采用 8 亿 m³ 基本可以满足调水调沙运用要求。

3.调水调沙下限运用水位

根据最低发电要求水位,5 号、6 号机组要求小浪底库水位最低不能低于 205 m。1~4 号机组要求库水位不能低于 210 m。综合分析,调水调沙下限运用水位采用 210 m。

尽管对小浪底水库的调水调沙已进行了深入研究并有大量的技术储备,但面对复杂多变的水沙条件和全新的水库群水沙联合调度、下游河道边界条件,面对黄河长治久安与区域经济社会发展的矛盾,仍有许多问题需要通过科学试验特别是原型试验加以检验。如小浪底初步设计的调水调沙运行方式在实际中是否可行?是否会引起"冲河南、淤山东"或"上冲下淤"问题?研究制定的调水调沙的调控指标体系是否可行?协调水沙关系的塑造技术是否适应调水调沙需要?如何做到下游河道冲刷和水库排沙兼顾?调水调沙运行的水沙监测、预报体系是否适应?多年用以研究黄河水沙运动规律和服务于治黄实践的水库、河道实体模型和数学模型与实际情况的符合程度如何?如此等等,不一而足。另外,从实践中发现、认识、总结、升华的规律,也须在实践中得到检验。总之,调水调沙作为一种全新的涉及黄河中下游诸多方面的协调下游水沙关系的关键措施,在投入生产运用前通过试验加以验证和完善是十分必要的。

(四)三次调水调沙试验的水量

小浪底水库调水调沙,要利用其调节库容,适时蓄存和泄放水量,合理配置水资源。平水期,水库的运用应满足防洪的要求,在此前提下,在满足规定指标内洪水的条件下,以满足下游河道的生态流量为原则控制河道流量;在洪水期,充分利用预报技术,对小洪水不能满足一次调水调沙水量,实施洪水资源化,为调水调沙筹集必要的水量;当预测河道来水和水库蓄水满足水量要求时,不失时机地进行调水调沙。当然,调水调沙的决策过程中还要统筹考虑后期来水、维持河道基本生态用水和供水等方面的综合需求。

2002 年黄河首次调水调沙试验前的 7 月 3 日,小浪底水库蓄水位 236.61 m,按照《中华人民共和国防洪法》的要求,7 月 10 日黄河中下游进入主汛期前,必须将蓄水泄至汛限水位 225 m,水库需泄水 14.6 亿 m³,这部分水体是调水调沙的主体,与河道来水共同构成了调水调沙用水的全部,如将其加载于河道来水之上,充分发挥其输沙能力,用以冲刷下游河槽,是此次试验的主要任务。

2003 年黄河第二次调水调沙试验是在 9 月黄河秋汛时进行的,不允许水库超汛限水位运行,9 月 6 日调水调沙试验前,库水位 245.6 m,相应蓄水量 56 亿 m³,下游伊洛河、沁河来水流量在 710 m³/s。因此,此次调水调沙试验所用的水量也是按防洪要求本该泄出的水量。

2004 年黄河第三次调水调沙试验是在汛期来临之前进行的,2003 年秋汛以后的来水,除满足供水需求外,其余存蓄库内,至 6 月 19 日,库水位达 249.06 m。超汛限水位 24.06 m,相应蓄水量 57.60 亿 m³,超蓄水量 32.91 亿 m³。同样,按防洪要求,7 月 10 日前必须将这部分水量泄出库外。因此,本次调水调沙试验也主要是利用了汛限水位以上的水量。

三、试验指导思想和目标

试验总指导思想:通过水库联合调度、泥沙扰动和引水控制等手段,把不同来源区、不同量级、不同泥沙颗粒级配的不协调的水沙关系塑造成协调的水沙过程,以利于下游河道减淤甚至全线冲刷;开展全程原型观测和分析研究,检验调水调沙调控指标的合理性,进一步优化水库调控指标,探索调水调沙生产运用模式,以利长期开展以防洪减淤为中心的调水调沙运用。为今后调水调沙生产运用奠定科学基础,为黄河下游防洪减淤和小浪底水库运行方式提供重要参数和依据。继而深化对黄河水沙规律的认识,探索黄河治理开发的有效途径。

试验总目标:检验、探索小浪底水库拦沙初期阶段运用方式、调水调沙调控指标;实现下游河道全线冲刷,尽快恢复下游河道主槽的过流能力;探索调整小浪底库区淤积形态、下游河道局部河段河槽形态;探索黄河干支流水库群水沙联合调度的运行方式并优化调控指标,以利长期开展以防洪减淤为中心的调水调沙运用;探索黄河水库、河道水沙运动规律。

在总的指导思想和目标下,由于每次试验的水库蓄水、来水来沙、河道边界、水资源供需、社会约束条件不同,相应每次试验的目标各有侧重。

1. 首次试验

(1)寻求试验条件下黄河下游泥沙不淤积的临界流量和临界时间。

(2)使黄河下游河床在试验过程中不淤积或尽可能发生冲刷。

(3)检验河道整治成果,验证数学模型和实体模型,深化对黄河水沙规律的认识等。

2. 第二次试验

(1)下游河道发生冲刷或至少不发生大的淤积,尽可能多地排出小浪底水库的泥沙。

(2)进行小浪底水库运用方式探索,解决闸前防淤堵问题,确保枢纽运行安全。

(3)探讨、实践浑水水库排沙规律以及在泥沙较细、含沙量较高情况下黄河下游河道的输沙能力。

3. 第三次试验

(1)实现黄河下游主河槽全线冲刷,进一步恢复下游河道主槽的过流能力。

(2)调整黄河下游两处卡口段的河槽形态,增大过洪能力。

(3)调整小浪底库区的淤积部位和形态。

(4)进一步探索研究黄河水库、河道水沙运动规律。

四、试验技术路线

调水调沙试验社会约束和技术约束条件众多,从某种意义上讲,对于这种涉及下游滩区社会稳定和治黄战略问题的特大型原型科学试验,是不允许失败和失误的。为此,全面应用数学、实体模型试验和历史资料分析研究,确定了试验技术路线。

(1)分析历史上390余场洪水和相应的边界条件,总体确定调水调沙调控指标体系。

(2)分析确定下游总的防洪形势和河道边界条件,确定总的试验目标和单次试验目标。

利用水库冲淤数学模型、河道冲淤数学模型联合分析计算水库、河道冲淤情况,根据历史资料、遥感资料、河势查勘、水库群各自运行方式等综合分析下游主槽过流输沙能力、水库群调控指标等指标体系;利用小浪底水库、小浪底至苏泗庄河道实体模型试验分析研究后,最终确定试验调控指标。

(3)当试验目标确定后,首先需要了解的是入库水沙过程。阶段、年度调度中,需要预测入库的水量、沙量丰枯程度,以便根据水库调度方式预测水库的蓄水量、冲淤量、水位安全程度等,从而预测水库运行对防洪(防凌)、灌溉、供水、发电、库容变化、下游河道冲淤变化等调度目标的实现程度,通过方案调整,达到总的调度目标;场次洪水实时调度中,需要预测入库洪水洪峰、洪量、沙峰、沙量可能的频率及洪水过程、含沙量过程等,以预测场次洪水过程中水库的蓄水过程、冲淤量、冲淤部位、出库水沙过程等,从而预测洪水调度中水库防洪(防凌)安全、水资源供应、发电、库容变化、下游河道冲淤变化等调度目标的实现程度,通过方案调整,达到总的调度目标。因此,需对水库群入库水沙过程进行研究,科学预测来水来沙趋势变化和场次洪水水沙过程,为长期调度目标、阶段调度目标、场次洪水调度目标提供决策依据。包括入库干、支流控制站(例如潼关、龙门、华县水文站等)洪峰、洪量、沙峰、沙量、水量的频率和场次洪水水沙过程等。

(4)研究三门峡、小浪底两水库水沙联合调度运用方式,特别是汛期运用方式,探索水库冲淤、水库泥沙淤积部位调整、出库水沙规律、枢纽对入库水沙调控能力,以充分发挥枢纽综合效益,并为水库群水沙调度提供依据。

(5)探索小浪底水库异重流运行规律,利用三门峡水库水沙调节,人工影响小浪底水库异重流和浑水水库的产生、运行、发展、消亡,进而影响小浪底水库运行初期坝前泥沙铺盖的形成,并在实时调度中调控小浪底水库出库含沙量,以达到调节黄河下游水沙过程的目的。

(6)针对不同水沙来源区,探索利用三门峡、小浪底、故县、陆浑、万家寨等水库(黄河中游水库群)水沙联合调度模式,探索在黄河下游控制站花园口实施水沙过程对接的实现途径及技术,探索水库之间水沙过程对接的实现途径及技术。

(7)组合利用水文气象预报、预报调度耦合、水情工情险情会商、水量调度远程监控等数字化应用系统,实现调度方案的实施、反馈、监控、修正。

(8)研究建立适应于试验的水文气象预报、水沙测验控制体系,开发探索泥沙在线测验仪器及技术。

(9)建立水沙联合调度效果评价体系。即针对每一种联合调度方案,从来水来沙预测预报、水库淤积、枢纽多目标效益、调度可行性、下游河道冲淤及反馈影响等方面,建立评价模型,快速、定性、定量评价水沙联合调度效果,并进行方案比较优选,为决策者提供决策依据。

五、试验关键技术

(一)黄河下游协调水沙关系及指标体系

黄河水少、沙多、含沙量高,水沙时空分布复杂多变,不协调的水沙搭配在下游反映充分。从时序上看,黄河下游水沙关系的不协调表现在两个方面:一是长期的不协调,这种不协调的水沙关系是由水少、沙多、含沙量高的来水来沙情势决定的,是黄河河道长时期淤积抬高的根本原因;二是短期的不协调,这种不协调的水沙关系出现在一个汛期或者一个汛期内一场或连续几场洪水之中,如高含沙洪水、中等流量以下的较高含沙量洪水等,往往造成黄河下游河道在一个较短时期内集中淤积。就空间上说,黄河下游不协调的水沙关系主要是黄河中游来水来沙所形成的。

水沙关系协调与否和河床边界条件以及人们预期的目标密切相关,黄河下游河道河床的可动性很大,不协调的水沙关系通过河道冲淤而改变河床边界。从黄河下游防洪与治理角度考虑,若某种水沙关系未对主槽过洪能力产生明显的不利影响,可认为水沙关系是基本协调的,或者说这种不协调的水沙关系基本上是可以接受的。若进入黄河下游的水沙过程虽然在下游河道的淤积总量不十分显著,但淤积的主体在主河槽,使得主槽行洪排沙能力逐步降低,给防洪带来严重的不利影响,则认为这种水沙关系是不协调的。当黄河下游河道或某些河段主槽淤积发展到一定程度,河道行洪排沙的基本功能明显丧失时,协调的水沙关系应是使得下游河道,特别是平滩流量较小的河段发生冲刷。若随着河槽冲刷,河床边界不断调整,则主槽持续冲刷所要求的协调的水沙关系也应随河床边界的变化作出相应的调整。待河槽行洪能力恢复到能够担负起河流行洪排沙的基本功能后,协调的水沙关系应是能够维持中水河槽的水沙搭配比例(含过程、泥沙粒径组成、水沙量等),使具有行洪排沙基本功能的中水河槽在一个较长时期内保持动态平衡。

1986 年以后黄河下游主槽持续淤积,至 2002 年汛前,下游河槽平滩流量仅 1 800～4 000 m³/s,因此迫切需要尽快恢复下游河槽的行洪排沙功能。此时,协调的水沙关系应是能使得黄河下游特别是平滩流量较小的夹河滩至孙口河段主槽发生明显冲刷的水沙过程。

水沙关系指来水来沙过程中流量(水量)、含沙量(沙量)、悬移质泥沙颗粒级配等三个要素的组合搭配关系。对黄河下游而言,研究不同的水沙关系协调与否及协调程度应首先研究上述三个要素在黄河下游河道冲淤变化中所起的作用。此外,还应考虑前期河床边界条件,如主槽宽度、滩槽高差等因素。

1.根据历史上 390 余场洪水统计资料,分析了不同流量、含沙量、泥沙粒径对下游河道冲淤影响

(1)含沙量相同时,流量愈大淤积比愈小,但流量小于某一量级时,淤积比随流量增大而变化不大,当流量增大至某一量级时,淤积比急剧减小。对于含沙量 $S = 20～80$ kg/m³ 的一般含沙水流,流量 $Q > 2\ 000$ m³/s 以后,高村以上河段淤积比明显减小,而高村至利

津河段则转淤为冲;对于 $S>80$ kg/m³ 的较高含沙量水流,高村以上河段 $Q>3\,000$ m³/s 后淤积比明显减小,高村至利津河段 $Q>2\,500$ m³/s 以后可转淤为冲;对于日平均最大含沙量 $S>300$ kg/m³ 的高含沙水流,无论是高村以上河段还是高村至利津河段,$Q>4\,000$ m³/s 以后,排沙比均急剧增加。

(2)高村以上河段的冲淤性质主要取决于含沙量大小。含沙量愈低,冲刷比愈大;反之,冲刷比愈小。当含沙量相同时,冲淤比的大小则取决于流量和泥沙粒径。进入黄河下游的高含沙水流都属两相紊流,与一般含沙水流并无本质区别,随含沙量增高,河段淤积比增大,但含沙量愈高,相同流量和粒径的水流输沙能力愈高,呈现多来多排的特性,从而使淤积比随含沙量增高而增加的趋势变缓。

黄河下游孟津白鹤镇至河口河道长约 878 km,由上段的宽浅游荡河段至下段的窄深河段,不同量级的水流挟沙能力沿程会发生变化。再者,黄河下游两岸从河道大量取水,年引黄水量占三黑武(指三门峡、黑石关、武陟三水文站,下同)水量的比例常达 40% 以上,特别是小流量时,引水比例常高达 50%~70%,使沿程流量急剧减小甚至断流,从而使沿程水流挟沙能力不断减小。此外,上段河床边界的调整相应引起水沙条件沿程变化。这些因素使黄河下游各河段冲淤特性十分复杂。

(3)泥沙粒径对下游河道冲淤影响。分析 1960~1996 年间含沙量大于 20 kg/m³ 时,细(<0.025 mm)、中(0.025~0.05 mm)、粗(>0.05 mm)三组粒径泥沙的淤积比和总淤积量(除最大日均 $S>300$ kg/m³ 洪水包括部分漫滩洪水外,其余均为非漫滩洪水)可知,高村以上河段的淤积比均为粗沙最高而细沙最低或甚至为冲刷,而高村至利津河段分组泥沙的调整则似无明显的规律。

2.为了寻求协调的水沙关系,应首先对各种水沙组合条件下的历史洪水资料进行分析,确定各河段基本处于冲淤平衡的临界条件

(1)对于低含沙水流(含沙量小于 20 kg/m³),随着流量的增加,下游的冲刷总体上有所增强。当艾山站流量达 2\,300 m³/s 左右时,冲刷可发展到利津,艾山站流量大于 3\,000 m³/s 后,全下游总体冲刷效率明显加强。

(2)中等含沙量洪水(含沙量 20~80 kg/m³),当流量达 2\,800 m³/s 左右时,基本可维持输沙平衡,而就艾山至利津河段,流量在 2\,300 m³/s 左右时即可发生冲刷。

(3)小浪底水库拦沙初期,进入下游河道洪水平均含沙量 20 kg/m³ 以下时,应控制艾山流量大于 2\,300 m³/s,考虑正常的河道引水,相应进入下游流量应在 2\,600 m³/s 左右;含沙量 20~30 kg/m³ 时,应控制进入黄河下游的流量大于 2\,300 m³/s,同时控制艾山流量大于 2\,000 m³/s,洪水历时一般为 9 天以上。

(二)协调水沙关系的塑造技术

1.枢纽工程对水沙的调控能力分析

通过对三门峡、小浪底两水利枢纽不同入库水沙过程及枢纽泄流建筑物运用方式分析,流量调控可以进行满足调水调沙需求的多种组合。

在进行含沙量调控时,三门峡水利枢纽出库含沙量最大增幅为 190~290 kg/m³;初次排沙含沙量最大增幅可达 310 kg/m³ 左右。小浪底水利枢纽拦沙初期以异重流排沙为主,排沙比最高可达 30% 左右,据此分析确定含沙量调控幅度。

2.出库含沙量预测

选取 1989～1997 年汛期以及 2002 年调水调沙期间共近 437 组三门峡水库入出库水沙资料以及水库孔洞组合资料。根据敏感因子分析,对汛初的第一场洪水排沙运用后或接近汛末的排沙过程进行了回归分析。三门峡水库汛期排沙时的出库含沙量($S_{出}$)与入库含沙量($S_{入}$)、出入库流量比值($Q_{出}/Q_{入}$)、水面比降以及底孔分流比(P)等参数之间的关系可表达为

$$S_{出i} = aS_{入i-1}^{b}(Q_{出}/Q_{入i-1})^{c}(H - H_{史})^{d}(1 + P_i)^{e} \qquad (0-1)$$

式中　H——坝埽水位;

　　　$H_{史}$——史家滩水位;

　　　a、b、c、d、e——待定系数;

　　　i、$i-1$——本时段及上时段。

根据 1989～1997 年资料,应用非线性逐步回归方法进行回归计算分析,出库含沙量预测模型的复相关系数为 0.88,待定系数 a、b、c、d、e 分别为 0.004 932、0.996、0.752、1.843、0.127。

依据小浪底坝前异重流或浑水水库垂线平均含沙量、浑水层厚度、排沙孔分流比确定小浪底出库含沙量。基于对小浪底水库异重流及浑水水库观测资料的分析,估计在异重流充分排沙的情况下,其排沙比变化范围为 28%～32%,随着水沙条件及边界条件的改变,该值将会变化。根据小浪底水文站水沙实测资料,与小浪底出库含沙量预测值对比分析,实时调整小浪底孔洞组合,调控出库含沙量。

3.人工扰沙技术

(1)黄河下游人工扰沙河段的选取应遵循两个原则:一是与"二级悬河"治理相结合;二是选取平滩流量最小、河槽断面形态最不利的河段。扰沙部位应放在各河段的浅滩河段特别是浅滩滩脊断面上。

(2)根据分析计算,艾山站流量分别为 2 400 m³/s、2 500 m³/s、2 600 m³/s 时,艾山至利津段不淤条件下,艾山站(指艾山站泥沙中值粒径在 0.025 mm 左右)所允许挟带的最大含沙量分别为 27.3 kg/m³、30.0 kg/m³、32.9 kg/m³。当艾山站泥沙中值粒径为 0.045 mm 时,流量在 2 600 m³/s 条件下,艾山站临界含沙量在 18 kg/m³ 左右。

(3)在调水调沙试验水流中值粒径小于 0.05 mm 的泥沙可以输移较远的距离。考虑到扰动起的泥沙在扰动区域内存在不均匀扩散和过饱和问题,挖泥船扰动的泥沙中能够实现长距离输移的泥沙的比例可能比床沙泥沙平均粒径 0.05 mm 以下的比例 37.5% 要小一些。因此,将扰动的泥沙中能够实现长距离输移的比例粗略地确定为 30%。

(4)通过黄河下游扰沙实践可以得出,扰沙河段冲刷有所增大,平滩流量略有增加,断面形态趋于窄深。因此,对黄河下游排洪能力薄弱的"卡口"河段辅以人工扰沙是有明显效果的。

(5)库区泥沙人工扰动是调整泥沙淤积部位、增加输沙效果的辅助手段,经过广泛的调查研究,确定采用水沙射流技术扰动小浪底库尾泥沙。制作部分专用设备,现场组装射流扰沙船,扰沙河段选择在影响有效库容的库段,扰沙船布置在扰起的泥沙便于输往下游同时又有利于溯源冲刷向上发展的部位,即淤积三角洲顶点附近,随着库水位的消落,扰

沙船随之下移。作业的同时加强试验观测工作。

4.水沙对接技术

（1）小浪底水库下泄的浑水与水库下游区间的水沙对接技术的主要特点是：整个试验过程可以概括为"无控区清水负载，小浪底补水配沙，花园口实现对接"。即根据实时雨水情和水库蓄水情况，利用小浪底水库把中游洪水调控为挟沙量较高的"浑水"；通过调度故县、陆浑水库，使伊洛河、沁河的清水对"浑水"进行稀释，并且使小浪底水库下泄的"浑水"与小花间（指小浪底至花园口区间，下同）清水在花园口站"对接"，输沙入海。

（2）从花园口水沙对接效果看，第二次试验实测花园口站平均流量 2 390 m³/s，平均含沙量 31.1 kg/m³，完全达到了预案规定的控制花园口断面平均流量 2 400 m³/s，平均含沙量 30 kg/m³ 的水沙调控指标。即"无控区清水负载，小浪底补水配沙，花园口实现对接"是成功的。

（3）万家寨水库泄流在三门峡适当库水位时与三门峡水库蓄水对接，目标是冲刷三门峡水库泥沙，为小浪底水库异重流提供动力和细泥沙来源。关键技术问题包括对接时三门峡的库水位、水流从万家寨至三门峡入库的演进时间，以及万家寨水库泄流时机。

（4）经过分析，万家寨水库下泄的水量在三门峡水库库水位 310 m 左右实现对接，若三门峡库水位过高，则三门峡出库含沙量很低；若三门峡库水位过低，三门峡出库含沙量较高，可能使万家寨、三门峡水库水量不能结合而导致失败。

（5）万家寨至三门峡水库区间不同级别洪水的传播时间预报，是实现成功对接的前提和保障。该区域的较大洪水演进时间 3～5 天不等，为实现水文预报要精确到小时的要求，就必须逐段进行计算。依托新开发的黄河洪水预报系统建立的北干流洪水的预报模型发挥了重要作用。2004 年 7 月 7 日 8 时，万家寨水库下泄的水流在三门峡库水位 310.3 m 时对接成功。

5.下游主槽过流能力分析预测技术

河道过流能力是指某水位下所通过流量的大小，通常主槽过流是主体，主槽过流能力的大小直接反映河道的过流能力，而主槽过流能力大小的一个重要指标是平滩流量，平滩流量的大小又直接限制调水调沙试验的调控指标。因此，预测下游主槽过流能力及平滩流量至关重要。

由于黄河下游河道冲淤变化迅速，不同年份同流量水位值可相差数米，同一年份的不同场次洪水，同流量水位表现也不同，即使同一场洪水过程中，水位～流量关系往往是绳套型，涨水期和落水期同流量水位可相差 0.7～0.8 m，同一水位下流量可相差 4 000～5 000 m³/s。

平滩流量反映的是河道主槽的过洪能力，而黄河下游的主槽是河道冲淤演变的结果，因此平滩流量应与河道冲淤有最直接的关系。对于黄河下游这种堆积性河道来说，淤积是持续的，但平滩流量逐年呈跳跃式变化。因此，平滩流量和河道冲淤量反映的是河道演变的不同方面，冲淤量表示的主要是河道输沙能力，平滩流量则主要体现河道的过洪能力，水沙量及过程是最主要的影响因素，它直接影响泥沙淤积量和淤积部位，进而影响平滩流量的变化。

根据黄河下游各河段的不同特点和断面形态的不同，采取的主槽过流能力分析计算方法主要有水力因子法、冲淤改正法、实测资料分析法和数学模型计算等多种方法。

黄河下游主槽过流能力的预测预报比较复杂,应采用多种方法进行综合分析对比。利用多种方法对黄河三次调水调沙试验前黄河下游河道主槽过流能力进行了预测预报,在第二次、第三次调水调沙试验中,对各个河段进行了详细分析,为调水调沙试验流量控制指标和过程的控制提供了依据,特别是在第三次调水调沙试验中,预报河南徐码头和山东雷口河段主槽过流能力不足,是黄河下游过流能力最为薄弱的"卡口"河段,从而确定这两个河段为扰沙河段。

6.调水调沙试验流程控制技术

调水调沙试验分预决策、决策、实时调度修正和效果评价等四个阶段,不同阶段实施的技术路线也有所不同。

1)预决策阶段

(1)中期天气及趋势预报(预估)。在6~9月份,每周一次黄河中游中期(未来7~10天)天气过程和趋势预报。如遇有较大天气系统,根据需要和天气形势变化每周增加一次预报。

(2)短期降雨预报。在6~9月份,每日做黄河中、下游未来3天降水量预报,同时,利用卫星云图和测雨雷达等手段对中、小尺度天气系统进行实时监控和分析。出现与降雨有关的重大天气过程时,及时加报降雨等值线预报。

(3)中期径流预报(预估)。6月15日开始,每周一次潼关站和小花间未来7天的径流情势分析和预估(前2天为日平均流量预报,后5天为径流情势分析预估)。如遇有较大天气系统和洪水过程随时预报。

(4)短期洪水、流量预报。7~9月份,根据降雨预报结果,对潼关站和小花间未来1~2天日平均流量作出预报;每日制作潼关站和小花间未来1~2天日平均流量预报。

(5)获取龙门、华县、河津和洑头四个水文站水沙测验数据,通过水沙序列预测模型分析和水沙频率分析,预估潼关水文站水沙过程、相应频率。

(6)获取龙门水文站水沙数据和龙门至潼关河段(简称龙潼河段)测验数据,通过建立龙潼河段高含沙水流"揭河底"模型,预测分析该河段"揭河底"发生情况。

(7)获取华县水文站水沙数据和华县至潼关河段(简称华潼河段)测验数据,通过建立华潼河段高含沙水流"揭河底"模型,预测分析该河段"揭河底"发生情况。

(8)根据三门峡水库运行方式,通过水库泥沙淤积的相关分析与神经网络快速预测模型,预测潼关高程变化情况、三门峡库区冲淤情况及出库水沙过程。

(9)决策三门峡水库运行方式,即是否敞泄。

(10)根据三门峡、小浪底、故县、陆浑四水库蓄水及小花间来水情况,拟定四库水沙联合运行方式,预决策是否进行调水调沙试验。

2)决策阶段

(1)获取潼关水文站水沙测验数据,包括洪峰流量、峰现时间、时段流量过程、时段平均流量,沙峰、时段含沙量过程、时段平均含沙量,洪水总量。要求洪峰流量预报误差不大于洪峰流量的±10%或预见期内流量变幅的±20%;峰现时间预报误差不大于依据站与预报站实际洪水传播时间的±30%或预报误差不大于4 h。

(2)通过三门峡水库出库含沙量预测模型,预测小浪底水库入库水沙过程,判断是否发生水库异重流,并确定是否动用万家寨水库进行联合调度。根据分析,小浪底水库要产生异重流,入库流量一般应不小于 300 m^3/s。当流量大于 800 m^3/s 时,相应含沙量约为 10 kg/m^3;当流量约为 300 m^3/s 时,要求水流含沙量约为 50 kg/m^3;当流量介于 300～800 m^3/s 之间时,水流含沙量可随流量的增加而减少,两者之间的关系可表达为 $S \geqslant 74 - 0.08Q$。对上述临界条件,一般还要求悬沙中细泥沙的百分比不小于 70%。若水流细泥沙的沙重百分数进一步增大,则流量及含沙量可相应减小。

(3)根据三门峡水库出库水沙过程,通过小浪底库区异重流分析,预测小浪底库区异重流运行至坝前的时机。

(4)通过小浪底坝前浑水垂线含沙量实测分布、库区异重流参数,通过小浪底水库出库含沙量预测模型预测小浪底枢纽各高程孔洞出流含沙量。

(5)获取黑石关、武陟水文站洪峰流量、时段流量过程、时段平均流量。

(6)运用小浪底、三门峡、陆浑、故县四水库联合调度模型,按花园口允许流量值调算小浪底出库流量过程。

(7)通过小浪底至花园口水沙对接模型,按花园口允许含沙量调算修正小浪底出库含沙量,进而确定小浪底枢纽泄流孔洞组合。

3)实时调度修正阶段

(1)根据潼关水文站实测洪峰流量、时段流量过程、时段平均流量,沙峰、时段含沙量过程、时段平均含沙量,修正三门峡库区冲淤情况及出库水沙过程。

(2)根据三门峡水文站实测洪峰流量、时段流量过程、时段平均流量,沙峰、时段含沙量过程、时段平均含沙量,修正小浪底库区异重流预测结果、坝前浑水垂线含沙量、各高程孔洞出流含沙量。

(3)根据小浪底、黑石关、武陟水文站实测水文数据,修正花园口水文站水沙对接方案。

(4)通过花园口水文站实测时段流量过程、时段平均流量,沙峰、时段含沙量过程、时段平均含沙量,修正小浪底出库含沙量,进而确定小浪底枢纽泄流孔洞组合,修正陆浑、故县两水库出库流量。

(5)根据潼关、三门峡、小浪底坝前、小浪底、花园口水文站实测泥沙颗粒级配,修正花园口含沙量允许值。

(6)根据下游夹河滩、高村、孙口、艾山、泺口、利津等水文站实测水文要素和各河段河势、漫滩、断面冲淤等情况,修正花园口水沙过程,并提出下游河道引水指标。

4)效果评价阶段

(1)水沙预报、预测效果评价。包括预报站点的安排和预报内容设置,洪峰、洪量、含沙量预报精度评价等。

(2)各水库防洪、库区冲淤、减淤效果、调度精度等调度评价。包括库区冲淤变化分析、库区淤积过程分析、库区冲淤量及其分布、淤积物颗粒级配沿程分布、近坝区漏斗地形测验分析、水库调度过程及精度分析等。

(3)下游河道河势、过洪能力、冲淤等评价。包括冲淤变化、断面形态变化、主槽床沙粒径变化、断面测验成果合理性分析、河道行洪能力变化、河势变化分析、河道整治工程险情分析等。

（4）河口冲淤分布评价。包括河口拦门沙区冲淤量、冲淤分布等。

（5）输沙效果评价。通过不同方法对黄河下游输沙效果进行分析，进一步总结调水调沙试验中各个控制指标的合理性，从而为以后黄河中下游水沙联合调度提供依据。

（三）利用异重流延长小浪底水库拦沙年限的减淤技术

小浪底水库拦沙期特别是拦沙初期，水库处于蓄水状态，且保持较大的蓄水体。当汛期黄河中游降雨产沙或者是汛前三门峡水库泄水排沙时，大量泥沙涌入小浪底水库后，惟有形成异重流方能排泄出库。显而易见，若水库调度合理，可充分利用异重流能挟带大量泥沙而不与清水相混合的规律，在保持一定水头的条件下，既能蓄水又能排沙，既能保持较高的兴利效益又能减少水库淤积，达到延长水库寿命的目的。

小浪底水库异重流排沙既遵循普遍性规律又有特殊性。其特殊性体现在受三门峡水库调控影响大，库区平面形态复杂，频繁出现局部放大、收缩或弯曲等突变地形，在地形变化剧烈处会产生局部损失。尤其是库区十余条较大支流入汇，在干、支流交汇处往往发生异重流向支流倒灌，使异重流沿程变化特性更为复杂。

在黄河调水调沙试验之前及其过程中，通过异重流实测资料分析，并结合相关试验成果，研究了异重流发生、运行及排沙等基本规律；在黄河调水调沙试验实施过程中，充分利用水库异重流运行规律及排沙特点，通过水库水沙联合调度，达到了减少水库淤积等多项预期目标。

1. 运用能耗原理，建立异重流挟沙力公式

式(0-2)可反映异重流多来多排的输沙规律，并利用三门峡、小浪底两水库实测及模型试验资料进行了检验。

$$S_{*e} = 2.5 \left[\frac{S_{Ve} v_e^3}{\kappa \dfrac{\gamma_S - \gamma_m}{\gamma_m} g' h_e \omega_S} \ln\left(\frac{h_e}{eD_{50}}\right) \right]^{0.62} \tag{0-2}$$

式中　　S_{*e}——异重流挟沙力；

S_{Ve}——距河床 z 处的流层中以体积百分数表示的异重流平均含沙量；

v_e——异重流流速；

κ——卡门常数；

γ_S——泥沙容重；

γ_m——浑水容重；

g'——修正的重力加速度；

h_e——异重流厚度；

ω_S——泥沙群体沉速；

e——自然对数的底；

D_{50}——床沙中值粒径。

2. 水库形成异重流的水沙条件

异重流是否发生，与入库流量和含沙量的大小及之间的搭配、泥沙级配、潜入点的断面特征等因素有关。

根据小浪底水库异重流观测资料分析,发生异重流时的水沙条件如下:

(1)入库流量一般不小于 300 m³/s,当流量为 300 m³/s 左右时,相应水流含沙量为 50 kg/m³ 左右。

(2)当流量大于 800 m³/s 时,相应含沙量为 10 kg/m³ 左右。

(3)当流量介于 300～800 m³/s 之间时,水流含沙量可随流量的增加而减少,两者之间的关系可表达为 $S \geqslant 74 - 0.08Q$。

与上述水沙条件相应的悬沙中细泥沙(中值粒径 $d_{50} \leqslant 0.025$ mm)的百分比一般不小于 70%。若水流细泥沙的沙重百分数进一步增大,则流量及含沙量会相应减小。

3.异重流持续运动至坝前的临界水沙条件

其临界条件在满足洪水历时且入库细泥沙的沙重百分数约 50%的条件下,还应具备足够大的流量及含沙量,即满足下列条件之一:

(1)入库流量大于 2 000 m³/s 且含沙量大于 40 kg/m³。

(2)入库流量大于 500 m³/s 且含沙量大于 220 kg/m³。

(3)当流量为 500～2 000 m³/s 时,相应的含沙量应满足 $S \geqslant 280 - 0.12Q$。

在洪水落峰期或虽然入库含沙量较低但在水库进口与水库回水末端之间的库段产生冲刷,使异重流潜入点断面含沙量增大或者入库细泥沙的沙重百分数基本在 75%以上时,异重流亦可持续运动至坝前。

悬沙细颗粒泥沙的沙重百分数 d_i 与流量 Q 及含沙量 S 之间有较为明显的相关关系,三者之间关系为

$$S = 980 e^{-0.025 d_i} - 0.12Q \tag{0-3}$$

4.异重流利用与人工塑造

(1)小浪底水库拦沙初期,进入水库的泥沙惟有形成异重流方能排泄出库。显而易见,通过水库合理调度,可充分利用异重流的规律,达到减小水库拦沙库容淤损速率的目的。

(2)通过对小浪底水库异重流实测资料整理、二次加工和分析、水槽试验及实体模型相关试验成果,结合对前人提出的计算公式的验证等,提出了可定量描述小浪底水库天然来水来沙条件及现状边界条件下,异重流持续运行条件、干支流倒灌、不同水沙组合条件下异重流运行速度及排沙效果的表达式,在调水调沙试验中发挥了应有的作用。

(3)黄河首次及第二次调水调沙试验,充分利用水库异重流排沙特点及规律,针对黄河自然发生的较高含沙量洪水,通过合理调度,实现了减少水库淤积、形成坝前铺盖、实现水沙空间对接等多项目标。

(4)黄河第三次调水调沙试验,充分利用万家寨、三门峡两水库汛限水位以上水量,通过万家寨、三门峡与小浪底三水库联合调度,借助自然的力量,冲刷三门峡水库非汛期淤积物与堆积在小浪底库区上段的泥沙,进而塑造异重流并排沙出库,实现了水库排沙及调整库尾段淤积形态的目标。

(四)调水调沙试验中的水文泥沙监测和预报技术

1.统一组合、设计、布设水文泥沙测验体系

原型试验水文泥沙监测体系涵盖了黄河万家寨水库、三门峡水库、小浪底水库、黄河

下游河道和河口滨海区,包括 734 个淤积测验断面、25 个基本水位站和 19 个水文站,配备了完善的测验设施和先进的测验仪器,全面开展了水位、流量、含沙量、异重流和水库、河道观测等项目。

(1)增加了下游河道淤积测验断面,使得断面总数由过去的 154 个增加到 373 个,平均断面间距接近 2 km/个。

(2)组合开发、研制、应用了自动化缆道测流系统、水情无线传输系统、测船自动测流系统等先进的水文测报系统、水库水文测验数据信息管理系统、河道淤积测验信息管理系统、水文情报预报系统、GPS、ADCP 等软件和仪器,水文泥沙测验的科技含量和自动化程度大大提高,提高了观测精度,缩短了测验历时。

(3)根据黄河特殊的水沙特性,研制成功了振动式测沙仪、浑水测深仪、清浑水界面探测仪、多仓悬移质泥沙取样器等一大批水文测验仪器,引进转化了激光粒度分析仪用于泥沙颗粒分析,实现了含沙量、颗粒级配等的在线快速监测,为水沙实时调控提供了保证。

2.统一整合、开发了试验水文气象情报预报体系

调水调沙试验期间,在有关测站进行空前的加密测验和报汛的同时,加强了黄河中、下游的中、短期天气和降水分析及预报,并对潼关站、小浪底至花园口区间以及黄河下游花园口等干流 7 个水文站的径流进行了分析和预测,为小浪底水库调水调沙试验的顺利实施提供了可靠的决策依据。新开发的黄河中下游洪水预报系统,为提高水情预报的时效性、准确性,满足调水调沙试验需要起到了决定性的作用。

六、调水调沙试验过程

(一)首次试验过程简要回顾

鉴于是首次进行大规模调水调沙原型试验,黄委成立了以李国英主任为总指挥的黄河首次调水调沙试验总指挥部及总指挥部办公室,下设 11 个工作组。编制了 14 个预案及试验工作流程,制定了严格的工作责任制,进行了前期河道、水库地形测量等,为实施调水调沙试验做了充分、有效的准备。

2002 年 5、6 月份,黄河上中游来水较近几年同期偏丰。6 月底,小浪底水库水位已达236.09 m,水库蓄水量 43.41 亿 m³,汛限水位 225 m 以上水量 14.21 亿 m³。利用汛限水位以上水量加上对未来几天的预估来水,具备了调水调沙试验的水量条件。

综合考虑下游部分河段主槽过洪能力已不到 3 000 m³/s 的河道条件、水库的蓄水量和试验目标,确定本次试验的方案为:控制黄河花园口站流量不小于 2 600 m³/s,时间不少于 10 天,平均含沙量不大于 20 kg/m³,相应艾山站流量 2 300 m³/s 左右,利津站流量2 000 m³/s左右。

实施情况如下:

2002 年 7 月 4 日上午 9 时,小浪底水库开始按调水调沙试验方案泄流,7 月 15 日 9时小浪底出库流量恢复正常,历时共 11 天,平均下泄流量为 2 740 m³/s,下泄总水量26.1亿 m³,其中河道入库水量为 10.2 亿 m³,小浪底水库补水 15.9 亿 m³(汛限水位以上补水14.6 亿 m³),出库平均含沙量为 12.2 kg/m³。

花园口站 2 600 m³/s 以上流量持续 10.3 天,平均含沙量为 13.3 kg/m³。艾山站

2 300 m³/s 以上流量持续 6.7 天。利津站 2 000 m³/s 以上流量持续 9.9 天。7 月 21 日，调水调沙试验流量过程全部入海。

为完整监测小浪底水库及其以下河道的水沙变化过程和冲淤变化情况，对小浪底库区和下游河道共计 900 多 km 河段上布设的 494 个测验断面，开展了水位、流量、含沙量、库区异重流、坝前漏斗及库区淤积测验，下游河道淤积测验、典型断面冲淤过程监测等项目，取得了 520 多万组测验数据。

2002 年 7 月 19 日和 7 月 23 日，黄委分别对小浪底库区实体模型、黄河下游游荡性河道实体模型进行了验证；7 月 24 日，又对有关单位和部门开发的 4 个小浪底库区数学模型、6 个下游河道冲淤演变数学模型进行了验证演算，并组成专家组对各模型进行了评估。

各种监测、观测资料汇总之后，对观测数据进行了系统复核，应用多种方法综合分析，提出了此次调水调沙试验的初步分析结果，并在郑州和北京分别召开了专家咨询会，听取了专家意见和建议。

试验期间黄委有 15 000 多名工作人员参加了方案制定、工程调度、水文测验、预报、河道形态和河势监测、模型验证及工程维护等项工作。同时，本次试验也是高科技技术在黄河上的一次全面应用，使用了天气雷达、全球定位系统、卫星遥感、地理信息系统、水下雷达、远程监控、图像数据网络实时传输等技术，为科学分析调水调沙效果提供了宝贵而丰富的资料。

（二）第二次试验过程简要回顾

2003 年 8 月 25 日至 11 月初，黄河发生了历史上罕见的秋汛洪水，至 2003 年 9 月 5 日 8 时，小浪底水库蓄水位已达 244.43 m，相应蓄水量 53.7 亿 m³，距 9 月 11 日以后的后汛期汛限水位 248 m 相应蓄水量仅差 6.2 亿 m³。同时，在前期的调度中，三门峡水库采取了敞泄排沙运用，在小浪底水库形成了高程为 204.4 m、厚度为 22.2 m 的浑水层。

据预报，9 月 5 日以后，晋陕区间、泾渭河、三花间（三门峡至花园口区间，下同）还将有一次大的降水过程，小浪底水库若仍按蓄水削峰方式运用，预计 9 月 8 日库水位将达到 248 m。

依据小浪底水库初期运用方式的研究、2002 年黄河首次调水调沙试验的经验以及防汛工作的要求，通过前期实测资料分析、数学模型计算和实体模型试验，紧紧围绕这次试验的主要目标，将花园口调控指标确定为：

流量调控：以小花间来水为基流，控制小浪底出库流量在花园口站进行叠加，控制花园口站平均流量在 2 400 m³/s 左右。

含沙量调控：以伊洛河、沁河含沙量为基数，考虑小花干流河道的加沙量，调控小浪底水库的出库含沙量，控制花园口站平均含沙量在 30 kg/m³ 左右。

小浪底水库进行明流洞、排沙洞和机组多种孔洞组合方式运用，并通过实时监测修正，实现调控的出库流量和含沙量指标。

在试验过程中，采取了陆浑水库适时调控、故县水库控泄运用，尽量拉长、稳定小花间的流量过程，以利于小浪底水库配沙；以小浪底水库的实时水沙调控，稳定花园口站水沙过程的调度方式。

为做到精细调度,在 6 天河道水量预估的基础上,实施了以 4 h 为一个时段、小花间 36 h 流量过程滚动预报。对小浪底水库实行了 4 h 一个时段、每次两段制的平均流量、平均含沙量的实时调度。

9 月 6 日 9 时开始试验,9 月 18 日 18 时 30 分结束,历时 12.4 天。小浪底水库下泄水量 18.25 亿 m³、沙量 0.74 亿 t,平均流量 1 690 m³/s,平均含沙量 40.5 kg/m³;通过小花间的加水加沙,相应花园口站水量 27.49 亿 m³,沙量 0.856 亿 t,平均流量 2 390 m³/s,平均含沙量 31.1 kg/m³;利津站水量 27.19 亿 m³,沙量 1.207 亿 t,平均流量 2 330 m³/s,平均含沙量 44.4 kg/m³。本次试验在参试人员、监测手段等方面与首次试验基本相同,试验过程符合预案的要求。

(三)第三次试验过程简要回顾

为了实现第三次调水调沙试验所要达到的目标,在黄河水库泥沙、河道泥沙、水沙联合调控等领域多年研究成果与实践的基础上,尽量利用自然力量,辅以人工干预,科学设计、调控水库与河道的水沙过程。为此,将第三次调水调沙试验设计为两个阶段。

第一阶段,利用小浪底水库下泄清水,形成下游河道 2 600 m³/s 的流量过程,冲刷下游河槽,并在两处"卡口"河段实施泥沙人工扰动试验,对"卡口"河段的主河槽加以扩展并调整其河槽形态。同时降低小浪底库水位,为第二阶段冲刷库区淤积三角洲,人工塑造异重流创造条件。

第二阶段,当小浪底库水位下降至 235 m 时,实施万家寨、三门峡、小浪底三水库的水沙联合调度。首先加大万家寨水库的下泄流量至 1 200 m³/s,在万家寨水库下泄水量向三门峡库区演进长达近 1 000 km 的过程中,适时调度三门峡水库下泄 2 000 m³/s 以上的较大流量,实现万家寨、三门峡两水库水沙过程的时空对接。利用三门峡水库下泄的洪峰强烈冲刷小浪底库区的淤积三角洲,合理调整三角洲淤积形态,并使冲刷后的水流挟带大量的泥沙在小浪底库区形成异重流向坝前推进,进一步为人工异重流补充沙源提供后续动力,实现小浪底水库异重流排沙出库。

根据上述调水调沙试验的设计过程,2004 年 6 月 19 日开始,实施了万家寨、三门峡和小浪底水库群水沙联合调度,具体调度过程如下:

(1)水库调度。

第一阶段(6 月 19 日 9 时~29 日 0 时),控制万家寨水库库水位在 977 m 左右;控制三门峡水库库水位不超过 318 m;小浪底水库按控制花园口流量 2 600 m³/s 下泄清水,库水位自 249.1 m 下降到 236.6 m。

第二阶段(7 月 2 日 12 时~13 日 8 时),万家寨水库 7 月 2 日 12 时至 5 日,出库流量按日均 1 200 m³/s 下泄。7 月 7 日 6 时库水位降至 959.89 m 之后,按进出库平衡运用。

三门峡水库自 7 月 5 日 15 时至 10 日 13 时 30 分,按照"先小后大"的方式泄流,起始流量 2 000 m³/s。7 月 7 日 8 时,万家寨水库下泄 1 200 m³/s 的水流在三门峡库水位降至 310.3 m 时与之成功对接。此后,三门峡水库出库流量不断加大,当出库流量达到 4 500 m³/s 后,按敞泄运用。7 月 10 日 13 时 30 分泄流结束,并转入正常运用。

小浪底水库自 7 月 3 日 21 时起按控制花园口流量 2 800 m³/s 运用,出库流量由 2 550 m³/s 逐渐增至 2 750 m³/s,尽量使异重流排出水库。7 月 13 日 8 时库水位下降至汛限水位 225 m,调水调沙试验水库调度结束。

（2）人工异重流塑造过程。按照确定的试验方案,人工异重流塑造分两个阶段。

第一阶段:7 月 5 日 15 时,三门峡水库开始按 2 000 m³/s 流量下泄,小浪底水库淤积三角洲发生了强烈冲刷,库水位 235 m 回水末端附近的河堤站(距坝约 65 km)含沙量达 36~120 kg/m³。7 月 5 日 18 时 30 分,异重流在库区 HH34 断面(距坝约 57 km)潜入,并持续向坝前推进。

第二阶段:万家寨和三门峡水库水流对接后冲刷三门峡库区淤积的泥沙,较高含沙量洪水继续冲刷小浪底库区淤积三角洲,并形成异重流的后续动力,推动异重流向坝前运动。

7 月 8 日 13 时 50 分,小浪底库区异重流排沙出库,浑水持续历时约 80 h。至此,首次人工异重流塑造获得圆满成功。

（3）整个试验过程中,万家寨、三门峡及小浪底三水库分别补水 2.5 亿 m³、4.8 亿 m³ 和 39 亿 m³。进入下游河道总水量(以花园口断面计)44.6 亿 m³。

本次试验除参试人员、监测手段等方面与前面两次试验基本相同外,采用了振动式悬沙测沙仪对花园口含沙量实施在线监测,使用激光粒度仪对扰沙河段的悬沙级配进行准在线监测,进一步提高了水沙联调的精度。

七、主要成果与认识

黄河调水调沙治河思想的探索与形成历经了几代治黄工作者数十年的艰辛努力,三次调水调沙试验历时三年,取得了丰硕的成果,从多方面深化了对黄河水沙规律的认识,在黄河治理开发的多个方面得到了很多启示,取得的主要成果与认识如下。

（一）首次成功地开展了多泥沙河流特大型原型科学试验,对黄河治理与水利行业科技进步作用显著

黄河三次调水调沙试验是人类治黄史上大规模的、系统的、有计划的调水调沙试验,从 2002 年开始至 2004 年结束,历经三年,试验范围涉及到小浪底、三门峡、万家寨、陆浑、故县等黄河中游干支流水库群和上至万家寨水利枢纽、下至黄河河口长近 2 000 km 的河道,参加试验的部门包括黄委所属各单位、各部门及小浪底、万家寨水库管理单位,涉及防汛调度、规划设计、水文预报监测、科研、河务、抢险减灾、工程管理等多个方面。为保证试验成功,制定了涉及多方面的数十个周密的预案和试验流程,参加试验达 45 000 人次以上,获得了千万组以上的科学数据。

黄河调水调沙试验将长期研究成果付诸于治河实践,第一次将调水调沙治黄思想由理论转化为生产力,实现了治黄工作者多年的夙愿,引起了国内外水利工作者和全社会对调水调沙试验及黄河治理的关注。三次试验从总体上完全达到了试验预期的目标,其规模之大、范围之广、参战人数之多是治黄史上前所未有的。

（二）形成了小浪底水库拦沙初期三种不同类型的调水调沙主要运用模式

三次调水调沙试验,提出了基于小浪底水库单库调节为主、空间尺度水沙对接、干流水库群水沙联合调度的三种小浪底水库运用初期黄河调水调沙运用模式,为今后调水调沙长期的生产运用奠定了坚实的基础。

首次试验以小浪底蓄水为主,是基于小浪底水库单库调节为主的调水调沙模式;第二次试验是针对小浪底库区及上游浑水和下游清水,通过小浪底、三门峡、陆浑、故县四库水沙联合调度,在花园口实现协调水沙过程的空间对接的调水调沙模式;第三次试验是在干流不发生洪水的情况下,通过万家寨、三门峡、小浪底三水库的水沙联合调度,辅以人工扰动措施的调水调沙模式,是利用水库蓄水实现排沙出库的一项创新试验,试验的成功突破了以往靠上游来水排沙的传统理念,对包括小浪底水库在内的多沙河流水库排沙意义重大。所试验的三种模式为小浪底水库运用初期,黄河下游不同洪水来源情况下的调水调沙运用的主要模式。

(三)完善了小浪底水库拦沙初期的临界调控指标体系

深入分析了黄河水沙关系不协调的特点,以及由此带来的黄河防洪和治理开发中面临的许多焦点问题,论证了黄河下游协调的水沙关系的本质含义及其在维持河道健康生命中的地位和作用。通过理论分析和对黄河下游大量的历史资料的研究,初步提出了协调黄河下游水沙关系的指标体系为:在进入下游含沙量小于 20 kg/m^3 条件下,控制花园口流量 2 600 m^3/s,其相应的悬移质泥沙中细颗粒泥沙百分数达 70% 以上;在含沙量 20～30 kg/m^3 时,控制花园口流量 2 300 m^3/s,其相应的悬移质泥沙中细颗粒泥沙百分数达 50% 以上;两种情况下洪水历时应维持在 9 天以上。

黄河三次调水调沙试验下游河道的来水来沙及冲刷情况见表 0-1。

表 0-1　黄河三次调水调沙试验下游河道来水来沙及冲刷情况总览

项目		首次试验 (2002 年)	第二次试验 (2003 年)	第三次试验(2004 年)		
				第一阶段	第二阶段	全过程 (包括中间段)
进入下游河道	平均流量(m^3/s)	2 798	2 399	2 774	2 713	2 310
	平均含沙量(kg/m^3)	12	29	0	2	0.92
	历时(天)	11	12.4	9.7	9.5	24
	细沙百分数(%)	87.8	90.0	0	90.9	90.9
河槽冲刷效率(kg/m^3)		20.07	17.6	16.04	12.75	13.87

三次试验基本上验证了指标体系的合理性,由于三次试验小浪底出库细泥沙占 90% 左右,下游河槽均发生了明显冲刷。

三次试验系统的观测资料为确定当前及今后一定时期黄河下游的调控指标体系打下了坚实的基础,根据对历史资料和三次试验资料的综合分析,结合当前的河床边界条件,贯彻以人为本的治河理念,在尽量控制下游河道中常洪水水流不上滩的前提下,确定目前进一步使下游河道主河槽全线冲刷、扩大其行洪排沙能力的调控指标体系如下:

(1)在低含沙洪水(进入下游河道的洪水平均含沙量小于 20 kg/m^3)条件下,控制进入下游河道洪水平均流量在 2 600 m^3/s 以上、洪水历时不少于 9 天,可使下游各河段河槽均发生冲刷,全下游冲刷效率达 12 kg/m^3 以上。

(2)含沙量在 30 kg/m^3 左右、出库细泥沙含量在 90% 左右时,控制进入下游河道的流量 2 400 m³/s、洪水历时 9 天以上，也可使下游河槽在总量上实现明显冲刷。

（3）当前下游主槽平滩流量已恢复至 3 000 m³/s 左右，河槽形态也向有利方向发展。在今后调水调沙生产实践中若小浪底库区异重流排出的泥沙仍为以极细沙为主的泥沙，则控制进入下游河道的洪水平均流量可进一步提高到 3 000 m³/s 左右、洪水历时 8 天以上、出库含沙量 40 kg/m³ 左右，也可实现下游主河槽的全线冲刷。

（4）随着主槽过流能力的逐步恢复，相应的临界含沙量也在逐步增加，因此调控指标体系也应作出合理的动态调整，最大限度地发挥河槽的行洪排沙能力。

（四）首次成功地塑造出人工异重流，为小浪底水库多排泥沙、延长小浪底水库拦沙库容的使用年限找到一条新的途径，在水库异重流排沙方面实现了重大突破和实质性创新

黄河第三次调水调沙试验，根据对异重流规律的研究和前两次调水调沙试验的成果，首次提出了利用万家寨、三门峡两水库蓄水和河道来水，冲刷小浪底水库淤积三角洲形成人工异重流的技术方案，通过对水库群实施科学的联合水沙调度，首次成功地在小浪底库区塑造出人工异重流并排沙出库，标志着对水库异重流运行规律的认识得到了扩展和深化。

人工异重流塑造成功及提出的各种技术指标不仅发展了水库的排沙途径，而且提供了具体的技术参数。在小浪底水库今后长期的运用中，由于黄河水沙情势的变化，中等流量以上的洪水出现几率明显减小，充分利用这种人工异重流的排沙方式排泄前期的淤积物以减轻水库的淤积，对延长水库拦沙库容使用寿命具有重要的意义，对未来黄河水沙调控体系的调度运行将产生深远的影响。

（五）探索、实践、丰富、发展了黄河调水调沙技术，实现了水沙过程的精细调控

基于原型观测、实体模型、数学模型等研究手段的联合运用，生成了科学的调水调沙方案，使调水调沙试验决策更具科学性，原型试验获得的大量试验数据和分析研究成果又验证并促进了实体模型、数学模型模拟技术的改进和提高。

通过黄河三次调水调沙试验逐步形成了一整套黄河调水调沙技术，包括水沙调控指标体系；协调的水沙过程塑造技术，如出库含沙量预测、人工扰沙技术、水沙对接技术、下游主槽过流能力预测技术、试验流程控制技术等；水库天然和人工异重流排沙技术；水文监测和预报技术等方面，实现了水沙调控关键技术集成创新。三次试验中，上述技术也得到了全面的验证和逐步完善，为今后调水调沙生产运行奠定了良好的技术基础。

通过水文气象预报系统、水情工情险情会商系统、预报调度耦合系统、实时调度监测系统、水量调度远程监控系统等的集成创新，实现了各水库入出库水沙过程和进入黄河下游河道的水沙过程的精细调控。

（六）组合、开发、研制、应用了先进的水文测验仪器设备，水沙测验体系进一步加强，为实现黄河水沙的实时调控提供了保证

调水调沙试验中，根据黄河的水沙特性和特殊的测验条件，结合试验过程中水沙实时监测的要求，成功地研制了振动式测沙仪、多仓悬移质泥沙取样器、清浑水界面探测仪，引进开发了激光粒度分析仪等适合多泥沙河流水沙测验的先进仪器设备，实现了含沙量、颗粒级配等的在线快速监测。

在三门峡水库、小浪底水库和黄河下游河道及滨海地区布设了 734 个淤积测验断面，黄河下游河道的测淤断面总数由试验前的 154 个增加到 373 个。

上述先进仪器设备的开发、研制、引进及水沙测验体系的加强,使得水沙监测的科技含量和自动化程度及信息数量大大提高,为水沙实时调控提供了有力保证。

(七)黄河下游主槽行洪排沙能力显著提高,河槽形态得到调整

经过三次调水调沙试验,黄河下游京广铁路桥以上河段主槽平均展宽 144 m,平均河底高程下降 1.58 m;京广铁路桥至花园口河段主槽展宽 370 m,河底高度下降 0.38 m;花园口至孙庄河段主槽展宽 55 m,河底高程下降 0.64 m;孙庄至东坝头河段主槽展宽 248 m,河底高程下降 0.44 m。东坝头以下河段主槽宽度变化不大,河底高程则显著下降,其中高村以下各河段河宽有所减小,但幅度较小,东坝头至高村河段河底高程下降 1.12 m,高村至孙口河段河底高程下降 1.06 m,孙口至艾山河段河底高程下降 0.62 m,艾山至泺口河段河底高程下降 0.90 m,泺口至利津河段河底高程下降 1.00 m。典型断面的冲刷情况见图 0-1。

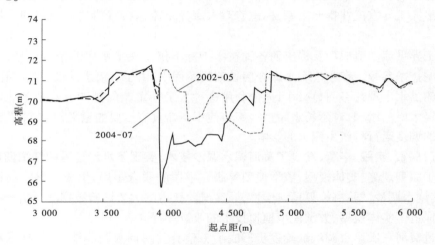

图 0-1 东坝头以下的油房寨断面变化

下游河道主槽冲刷扩大的同时,同流量下的水位不断降低,下游各水文站 2 000 m³/s 流量时相应的水位变化情况见表 0-2。首次调水调沙试验以来,除花园口、艾山站外,其余各站 2 000 m³/s 流量相应的水位均降低了 0.9 m 以上,高村站最大达 1.18 m。

表 0-2 三次调水调沙试验各水文站同流量(2 000 m³/s)水位变化 (单位:m)

水文站	1999 年 5 月①	2002 年②	2003 年③	2004 年④	②－①	④－①	④－②
花园口	93.67	93.19	92.79	92.34	−0.48	−1.33	−0.85
夹河滩	76.77	76.93	76.88	75.90	0.16	−0.87	−1.03
高村	63.04	63.45	63.06	62.27	0.41	−0.77	−1.18
孙口	48.07	48.54	48.42	47.64	0.47	−0.43	−0.90
艾山	40.65	41.19	41.12	40.40	0.54	−0.25	−0.79
泺口	30.23	30.65	30.57	29.68	0.42	−0.55	−0.97
利津	13.25	13.50	13.48	12.57	0.25	−0.68	−0.93

　　分析统计三次试验期间黄河下游河道各河段平滩流量增加值的变化见表0-3。各河段平滩流量增加 460～1 050 m³/s，其中夹河滩至高村平滩流量增加最大为 1 050 m³/s。三年来，随着调水调沙试验的进行，黄河下游各河段平滩流量明显增加，最小平滩流量由试验前的不足 1 800 m³/s 已增加至 3 000 m³/s 左右。洪水时滩槽分流比得到初步改善，"二级悬河"形势开始缓解，下游滩区"小水大漫滩"状况初步得到改善。

表 0-3　三次调水调沙试验期间各河段平滩流量增加值变化　　　　（单位：m³/s）

河　段	首次	第二次	第三次	合　计
小浪底—花园口	300	150	340	790
花园口—夹河滩	240	275	340	855
夹河滩—高村	500	275	275	1 050
高村—孙口	300	175	285	760
孙口—艾山	90	175	240	505
艾山—泺口	80	225	170	475
泺口—利津	90	225	165	480
利津—丁字路口	200	150	110	460

　　下游主槽过流能力提高的同时，输沙能力也得到显著提高。分析研究成果表明，当黄河下游主槽过流能力在 2 000 m³/s 时，可输送 20 kg/m³ 以下的含沙量而保持不淤；当主槽过流能力在 3 000 m³/s 时，保持主槽不淤的含沙量则可提高到 40 kg/m³ 左右。在水流不漫滩的情况下，单位水量的输沙量提高一倍左右。

　　下游主槽过流能力提高，扩展了调水调沙流量、含沙量的调控空间，使得小浪底水库调水调沙的灵活性大大提高，扭转了受主槽过流能力和滩区人水难以和谐相处的限制而使小浪底水库对下游河道的减淤作用难以充分发挥的局面，为水库多排沙创造了有利的下游河道边界条件。

（八）黄河下游主槽实现全线冲刷

　　2002 年 7 月 4 日至 15 日首次调水调沙试验，小浪底水文站的水量 26.06 亿 m³，输沙量 0.319 亿 t；沁河和伊洛河同期来水 0.55 亿 m³；进入下游（小黑武，即小浪底、黑石关、武陟三水文站的简称，下同）的水量为 26.61 亿 m³，沙量为 0.319 亿 t。利津水文站水量 23.35 亿 m³，沙量 0.505 亿 t；下游最后一个观测站丁字路口站通过的水量为 22.94 亿 m³，沙量为 0.532 亿 t。入海沙量 0.664 亿 t。下游河道总冲刷量为 0.362 亿 t。其中，花园口以上河段冲刷量占下游总河段冲刷量的 36%，花园口至夹河滩河段占 19.6%，夹河滩至孙口河段洪水漫滩，淤积 0.082 亿 t，孙口至艾山河段占 4.7%，艾山至利津河段占 54.4%，冲刷效果显著。

　　2003 年 9 月 6 日至 18 日第二次调水调沙试验期间，小浪底水文站的水量 18.25 亿 m³，输沙量 0.740 亿 t。沁河和伊洛河同期来水 7.66 亿 m³，来沙量 0.011 亿 t。进入下游的总水量为 25.91 亿 m³，沙量为 0.751 亿 t，平均含沙量 28.98 kg/m³。利津水文站水量 27.19 亿 m³，沙量 1.207 亿 t。下游河道总冲刷量 0.456 亿 t。其中，花园口以上冲刷 0.105 亿 t，占下游总冲刷量的 23%；花园口至高村河段冲刷 0.153 亿 t，占下游总冲刷量的 34%；高村至艾山河段冲刷 0.163 亿 t，占下游总冲刷量的 35%；艾山至利津河段冲刷 0.035 亿 t，占总冲刷量的 8%。本次试验水流没有大的漫滩，冲刷发生在主槽内。

2004年6月19日至7月13日第三次调水调沙试验期间,小浪底水文站水量46.80亿 m³,沙量0.044亿 t。伊洛河和沁河同期来水1.098亿 m³,进入下游的水量47.898亿 m³,沙量0.044亿 t,平均含沙量0.92 kg/m³。利津站水量为48.01亿 m³,沙量为0.697亿 t。下游河道总冲刷量0.665亿 t,其中,花园口以上冲刷0.169亿 t,占下游总冲刷量的25%;花园口至高村河段冲刷0.147亿 t,占下游总冲刷量的22%;高村至艾山河段冲刷0.197亿 t,占下游总冲刷量的30%;艾山至利津河段冲刷0.151亿 t,占总冲刷量的23%。本次试验水流没有上滩,冲刷全在主槽。

三次调水调沙试验进入下游河道的总水量为100.41亿 m³,总沙量为1.114亿 t。三次调水调沙试验实现了下游主槽全线冲刷,入海总沙量为2.568亿 t,下游河道共冲刷1.483亿 t,利津以上主槽冲刷2.123亿 t。从利津以上主槽的沿程冲刷情况看,花园口以上冲刷0.501亿 t,占全下游主槽的24%;花园口至高村河段冲刷0.665亿 t,占全下游的31%;高村至艾山河段冲刷0.564亿 t,占全下游的27%;艾山至利津河段冲刷0.392亿 t,占全下游的18%。

由于三次试验中控制的调控指标除满足冲刷所需的流量要求外,还保证了较大流量的历时在11天以上,使得高村以下的山东河道主槽冲刷量占45%,艾山至利津河段占18%,冲刷效果非常明显,突破了以往研究得出的小浪底水库运用初期对山东河道特别是艾山以下河段减淤效果不明显的认识,彻底消除了人们普遍担心"冲河南、淤山东"的疑虑。高村以下河段主槽冲刷比例的提高,对于下游主槽行洪排沙能力从整体上得到提高具有重要意义。

(九)调整了小浪底库区淤积形态,为实现水库泥沙的多年调节提供了依据

1.水库排沙

2000年7月4日至2004年7月14日调水调沙试验结束时,小浪底水库实测入库总沙量为18.78亿 t,同期出库沙量为2.2亿 t,水库平均排沙比为11.7%。

首次调水调沙试验期间小浪底水库入库沙量为1.831亿 t,小浪底水库出库沙量0.319亿 t,水库排沙比为17.4%;2002年三门峡水文站全年输沙量为4.48亿 t(1月1日～12月31日),同期小浪底水文站出库沙量为0.75亿 t,年排沙比为16.7%。第二次试验考虑前期形成浑水水库的入库泥沙,自8月25日到9月18日,入库沙量3.602亿 t,出库沙量0.868亿 t,排沙比为24%。第三次试验期间入库沙量为0.432亿 t,出库沙量0.044亿 t,排沙比为10.2%。

三次试验入库总沙量为5.865亿 t,出库总沙量为1.231亿 t,排沙比为21%。与2000年以来水库平均排沙情况相比,三次试验期水库排沙比提高了80%。小浪底水库拦沙初期设计平均排沙比约17%,二者相比,三次试验的排沙比约增加23%,说明水库取得了较好的排沙效果。

2.库区淤积部位调整

1999年10月小浪底水库蓄水运用以来,库区干流河道河床最深点沿程变化情况见图0-2。黄河第三次调水调沙试验期间,通过干流水库群的联合调度,特别是在小浪底库区人工异重流的塑造过程中,距坝94～110 km的河段内,河底高程基本恢复到了1999年的水平,距坝70～94 km的河段内,库区淤积三角洲顶坡段河底高程下降了15～20 m。

试验过后,三角洲顶点向下移了 20 余 km,淤积部位得到合理调整。

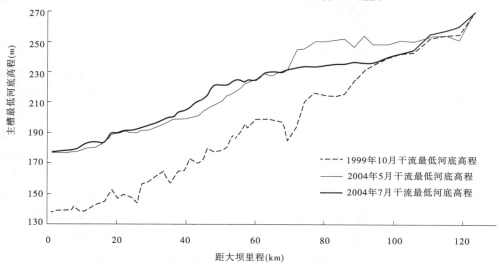

图 0-2　小浪底水库干流主槽最低河底高程沿程变化图

试验证明,在水库拦沙初期运用过程中,为了塑造下游河道协调的水沙关系,对入库泥沙进行调控时,即便板涧河口以上峡谷段发生淤积甚至超出设计平衡淤积纵剖面,"侵占"了部分长期有效库容,在黄河中游发生较大流量级的洪水时或水库蓄水为主人工塑造入库水沙过程,凭借该库段优越的库形条件,使水流冲刷前期淤积物,恢复占用的长期有效库容,相当于一部分长期有效库容可以重复利用,做到"侵而不占",增强了小浪底水库运用的灵活性和调控水沙的能力,对泥沙的多年调节、长期塑造协调的水沙关系意义重大。

(十)尝试了"三条黄河"联动的治黄新方法

黄河三次调水调沙试验,实体模型、数学模型为原型试验提供了大量技术支撑,而原型试验获得的大量试验数据和分析研究成果又验证并促进了实体模型、数学模型模拟技术的改进和提高。预报调度耦合系统、工程险情会商系统、水文气象信息系统、水情信息会商系统、实时调度监测系统、远程视频会商系统、水量调度系统、涵闸远程监控系统等在试验中得到了广泛应用,尝试了"数字黄河"、"模型黄河"、"原型黄河"三条黄河联动治理黄河的新方法,显示了其广阔的应用前景。

八、效益与应用前景

调水调沙试验,使"拦、排、放、调、挖"等综合处理泥沙措施之一的"调"从理论走向实践。探索了三种不同的调水调沙模式,检验了调水调沙指标体系的合理性,积累了水库群水沙联调和人工塑造异重流减少水库淤积、延长淤积库容使用寿命、形成下游河槽全线冲刷、恢复主槽过流能力等方面的宝贵经验,尝试了基于人工扰动改善库区及河道断面形态的扰沙技术,坚定了库区实施泥沙多年调节的信心,推进了构建完善的黄河水沙调控体系的进程,加快了黄河下游综合治理的步伐,改变了长期以来人们对黄河输沙用水被挤占的漠视态度,增强了"人与河和谐相处"的共识,唤醒了人们对"维持黄河健康生命"的共鸣,取得了重大经济效益和环境效益,其社会效益巨大,推广应用前景广阔。

(一)试验技术和成果得到了广泛推广应用

黄河调水调沙试验是一项特大型原型科学试验,特殊的试验形式和载体决定了试验的成果可及时应用于黄河的治理开发中。

黄河防汛总指挥部已将调水调沙试验成果广泛应用于黄河防洪方案编制、日常洪水调度、下游治理方略制定、黄河水沙调控体系研究等方面。在第一次试验和第二次试验完成后,在 2003 年黄河发生的历史上罕见的秋汛整个调度过程中,始终贯穿了调水调沙的理念,试验调控指标等成果得到了直接应用,如 2003 年 9 月 18 日~11 月 18 日,小浪底水库进行防洪控泄运用,小浪底水库除短期配合下游蔡集抢险下泄小流量外,均按控制花园口站 2 400~2 700 m^3/s 下泄。调水调沙试验成果在《黄河防汛总指挥部防洪指挥调度规程》中得到了具体应用,规程规定了进行调水调沙运用的适用条件和相应的工作机制,并以黄防总[2004]3 号文颁发晋、陕、豫、鲁四省防汛指挥部执行。在制定的"2004 年黄河中下游洪水调度方案"中使用该成果确定了洪水处理过程中采用调水调沙运用的条件。

调水调沙试验主要成果,为制定《小浪底水利枢纽拦沙初期运用调度规程》中的"调水调沙调度"提供了科学依据。该规程已经水利部正式批复(水建管[2004]439 号)。

试验中自主研发的振动式测沙仪、引进开发的激光粒度分析仪等适合多泥沙河流水沙测验的先进仪器设备,在黄河小北干流放淤试验和黄河中下游的水沙测验中得到推广应用。在多泥沙河流上有广阔的推广应用前景。

调水调沙试验技术和成果已被清华大学、复旦大学和武汉大学运用于本科生及硕士、博士研究生的教学中。试验成果为武汉大学水电学院有关专业的教学提供了难得的内容与丰富多彩的实例。在本科生的《河流工程概论》、《河流泥沙动力学》、《治河防洪工程》和硕士、博士研究生的《中国泥沙研究理论与实践》、《二相流理论与应用基础》等课程中,多次采用本项目成果讲解有关的基础理论知识和应用知识,涉及的内容主要有:调水调沙对保障多沙河流上水库的长期有效运用的重要作用;通过调水调沙,改善水沙搭配以提高下游河道的输沙效率;通过水库群的科学调度,实现水沙大尺度的时空对接,以充分挖掘整个流域水流的输沙潜力;人工塑造异重流的原理、条件和意义等。

调水调沙试验促使了对黄河下游新的水沙关系、新的河道边界条件、新的人水关系下的反思,催生促进了黄河下游治理新方略的形成,形成了"稳定主槽、调水调沙,宽河固堤、政策补偿"为核心的新的黄河下游治理方略。根据试验中黄河中游水库群对水沙关系调控的力度、幅度、实现途径等方面存在的严重局限性,促进了黄河水沙调控体系的全面研究和探讨,认识到塑造下游协调水沙关系,仅靠当前的调控工程远远不够,迫切需要在干流上修建古贤、碛口大型水沙调控工程,在支流上修建东庄、河口村工程,建立完善的水沙调控体系。

本项目成果有很强的实用性和适用性,已在多方面得到应用,对多沙河流泥沙处理及延长水库使用寿命等应用前景广阔。

(二)社会经济效益

1.黄河下游严峻的防洪形势初步好转

连续三次的调水调沙试验,黄河下游主槽的过流能力已由 2002 年调水调沙试验前的部分河段 1 800 m³/s 恢复到 3 000 m³/s,"二级悬河"形势开始缓解,对于遏制"横河、斜河、顺堤行洪"严峻局面形成、确保黄河安澜意义重大。

2. 下游滩区"小水大漫滩"状况初步得到改善

河槽过流能力的提高,对改善日益恶化的河道形态、中水河槽的形成,减小洪水漫滩及滩区小水受灾的几率,对下游滩区 181 万群众保安、经济发展等起到了极大的作用。仅 2003 年黄河中下游"历史罕见"秋汛中,干支流直接减灾效益就达 104 亿元。

2004 年 8 月黄河下游洪水中,高村站最大洪峰流量 3 820 m³/s,对比 2002 年试验前下游主槽过流能力只有 1 800 m³/s 的情况,直接减灾效益就达 35 亿元。

3. 对小浪底枢纽工程综合效益发挥意义重大

三次试验,取得了河道减淤与水库多排沙的双赢效果,扩展了调水调沙流量、含沙量的调控空间,为水库多排沙创造了有利的下游河道边界条件。

下游主槽过流能力恢复的同时,输沙能力也得到显著提高。研究表明,主槽过流 2 000 m³/s 左右时,维持不淤的含沙量为 20 kg/m³,而过流 3 000 m³/s 左右时,相应的含沙量可提高至 40 kg/m³。一方面输沙能力的显著提高,河槽的逐步恢复和形成,减小了中常洪水漫滩致灾的几率,降低了其造成的漫滩损失,经济效益巨大。另一方面,主槽行洪能力的明显增加,为小浪底水库今后调度运用中加大排沙量,减缓其拦沙库容的淤损速率提供了重要的前提,也为水库减淤效益的发挥提供了更加广阔的空间。从而扭转了受主槽过流能力和滩区人水难以和谐相处的限制而使小浪底水库对下游河道的减淤作用难以充分发挥的局面,使小浪底枢纽投资效益得到充分发挥。

4. 生态环境效益巨大

三次调水调沙试验改变了长期以来人们对黄河输沙用水被大量挤占的漠视态度,促进了水资源的合理利用和洪水资源化,做到了人与自然和谐相处。

河口地区生态与环境得到有效改善。黄河三角洲自然保护区位于黄河入海口处,是以保护黄河口新生湿地生态系统和珍稀、濒危鸟类为主体的湿地类型保护区。黄河三次调水调沙试验,使黄河口地区水量增加,湿地内的自然资源和自然环境得到有效管理和保护,生态环境质量明显提高。自然保护区内新增湿地面积 2 万多亩❶,迁徙鸟种类和种群数量有了大幅度增加,植被长势保持良好状态,鱼类等水生动物及数量明显增长,多年不见的黄河刀鱼复生且数量逐步增长。

本项目取得了重大的生态环境效益。

(三)对科技发展和社会进步的意义

1. 对科技发展的意义

黄河三次调水调沙试验有力地证明了通过水库群的联合水沙调节,可以实现下游河道长距离的沿程冲刷,为黄河和其他多泥沙河流的治理开辟了一条行之有效的新途径。人工异重流的塑造成功,标志着中国水利科学家已经掌握了水库异重流形成、发展、运行规律,填补了人工塑造异重流研究的空白。人工异重流的塑造技术、协调水沙关系的指标体系以及对黄河水沙规律的新认识促进了治黄科技发展,取得的数以千万计的科学数据

---

❶ 1 hm² = 15 亩,下同。

对促进泥沙学科研究水平的提高具有重大的意义。研制的振动式测沙仪、清浑水界面探测仪，引进开发的激光粒度分析仪等先进的水文测验仪器设备和形成的水沙在线快速监测技术对水文测验学科的科技发展同样有重大意义。提出的黄河调水调沙的三种主要模式对黄河水沙调控技术意义重大。试验成果在有关高等学校教学活动中得到应用。

项目组成员先后在《科学》、《水利学报》、《中国水利》等公开发行的刊物和国际国内学术会议上发表和交流该项目有关论文多篇，并被引用。2003 年 12 月由黄河水利出版社出版了《黄河首次调水调沙试验》。

成果对推动相关学科发展、对黄河治理与水利行业科技进步作用显著。

2. 对推动社会进步的意义

国家明确提出了在新时期经济发展等各项工作中，要始终贯彻科学发展观。同时，水利部提出了"从传统水利向现代水利、可持续发展水利转变，以水资源的可持续利用支持经济社会的可持续发展"的新时期治水思路。黄河在中国经济社会发展和全国水利总体格局中占有十分重要的地位。根据国家经济社会发展的要求，对黄河治理开发与管理，提出了"堤防不决口，河道不断流，污染不超标，河床不抬高"、实现黄河长治久安的奋斗目标，是新时期治水新思路在黄河治理上的具体表现。黄河调水调沙试验使黄河下游主槽全线冲刷。试验期入海总沙量为 2.568 亿 t，下游河道共冲刷泥沙 1.483 亿 t，主槽平均高程降低了 0.4~1.1 m，平滩流量增加了 460~1 050 m³/s，由过去最小不足 2 000 m³/s增加到 3 000 m³/s 左右，为实现黄河下游河道"河床不抬高"等做出了贡献，有力地促进了治黄战略研究，对黄淮海平原经济发展和社会稳定意义重大，是国家新时期科学发展观和治水新思路的生动实践。

调水调沙试验期间，中央电视台《走进科学》等栏目，《光明日报》、《科技日报》以及英国《新科学家》等科技报刊进行了大量专题报道，引起了广泛的社会影响，增强了社会公众人水和谐和可持续发展水利的意识。

黄河三次调水调沙试验采用的水沙条件各不相同，有中游小洪水和水库蓄水的组合，有中游和小花间洪水的组合，也有单纯水库蓄水加人工扰沙的组合，目标及其采用措施也不相同，各有其特点和启示。在黄河下游河道减淤和水库减淤及深化对黄河水沙规律的认识等方面取得了满意途径。通过三次调水调沙试验，深刻认识到调水调沙是现状水沙条件下改善黄河下游不协调水沙关系、塑造和维持一定规模中水河槽的关键措施之一。但由于受水量和现状工程调控能力制约，从长远看，建立完善的水沙调控体系，同时结合外流域增水调沙是从根本上改善黄河不协调水沙关系的重大举措，需要进一步深化研究。

人类认识和利用自然规律的道路是曲折的。虽然三次调水调沙试验作了艰苦不懈的探索和实践，但由于黄河泥沙问题的复杂性，试验取得的结果、认识、启示尚有待于今后进一步完善和发展。但试验所取得的成果和认识已昭示出调水调沙作为黄河治理的一项新途径的强大生命力，也必将为"维持黄河健康生命"做出巨大贡献。黄河调水调沙试验，是人类治黄历史上乃至世界治水史上最大规模的河流治理原型试验，是水利人探索"人水和谐"，走可持续发展水利道路的重大实践。

第一章　调水调沙治河思想

第一节　黄河水沙不协调与调水调沙

一、黄河水沙特征

黄河地处我国北方,流经世界上面积最大的黄土高原,流域内干旱少雨,水资源匮乏。据统计,黄河多年平均河川天然径流量 580 亿 m³,多年平均进入黄河下游的泥沙量 16 亿 t,其输沙量、含沙量均为世界之最,而水量只有长江水量的 1/17 左右,水少沙多、水沙不协调构成了黄河水沙的基本特征。

黄河水情、沙情、水沙关系及其变化主要受流域气候和下垫面条件两大因素的影响,而人类活动通过改变下垫面条件和影响气候直接或间接地对流域水沙情态及水沙关系发生作用。在诸多气候因素中,降雨是影响黄河水情、沙情、水沙关系及其变化的最根本、最重要的因素,其年内、年际变化明显,但在一定时期内这种变化表现为围绕均值的波动。在天然状态下,流域下垫面条件会保持相对稳定,但随着时间的推移,人类对自然的干扰程度逐渐加强,其对黄河水情、沙情及其关系变化的作用日益突出,很大程度上改变了黄河的水沙特征及其关系,使水少沙多、水沙不协调的基本特征更加突出。因此,可以根据人类活动的影响程度,按照过去(1950 年以前,近天然状况)、现在(1950～2003 年,人类活动影响加剧)和未来(从现状到南水北调西线工程生效前)三个阶段对黄河水情、沙情及其关系进行分析。

(一)过去黄河的水情、沙情及其关系

黄河流域的水资源利用在历史上主要是灌溉和漕运,虽然起源很早,但在 1949 年以前,流域没有大型水库工程调节,实际灌溉面积也只有 80 万 hm² 左右,主要分布在宁蒙、渭河和汾河等地,用水量有限,黄河的实测径流量接近天然径流量,基本反映了天然情况。

比较系统的黄河实测水文资料始于 1919 年。结合历史记载,分析 1919～1949 年水文资料可以发现,近天然状态下的黄河已呈现水沙不协调的基本特征,主要表现在以下几方面。

1. 花园口天然年径流量 529.4 亿 m³,但用水偏低,实测径流量接近天然径流量

1920～1949 年间,黄河花园口站天然年径流量平均为 529.4 亿 m³,实测径流量 481.1 亿 m³,上游兰州以上年地表水用水还原水量平均仅 3 亿 m³ 左右,整个上中游年地表水用水还原水量平均仅 48.3 亿 m³,占实测径流量的 1/10。因此,在 1949 年以前,黄河用水量小,实测径流量接近天然径流量,详见表 1-1。

表 1-1　　黄河兰州和花园口水文站各时期年均降径流特征

时段	兰　州			花园口		
	降水（mm）	实测径流（亿 m³）	天然径流（亿 m³）	降水（mm）	实测径流（亿 m³）	天然径流（亿 m³）
1920～1949	455.9	309.8	312.8	447.1	481.1	529.4
1920～2003	474.7	310.6	323.8	452.3	424.5	547.4
1950～2003	485.2	311.0	330.0	455.2	393.1	557.5
1986～2003	479.5	261.4	291.2	429.4	260.0	458.9

2.平均年降水量 447.1 mm,年降水存在周期性变化,曾出现连续 11 年的枯水段

在 1920～1949 年期间,黄河流域年平均降水量为 447.1 mm,年际变化明显。这种变化一方面表现为围绕均值的波动,另一方面具有一定的周期性。1922～1932 年黄河出现了连续 11 年的枯水段,花园口站年平均天然径流量仅 441 亿 m³。

3.年来沙量 15.85 亿 t,接近多年均值

历史上黄河就是一条多泥沙河流,随着人类活动的加剧,黄土高原地区产沙有不断增多的趋势。据历史调查考证,早期黄土高原地面大部分有林草覆盖,土壤侵蚀强度较小。后来由于人口增加、战乱破坏以及自然灾害和乱垦滥伐,破坏了地表林草植被,加速了土壤侵蚀。从 1919 年到 1949 年,进入黄河下游的泥沙年均已达 15.85 亿 t,见表 1-2。

表 1-2　　黄河流域主要站各时期实测沙量　　　　　　　　（单位:亿 t）

站名	1919～1949 年①	50 年代	60 年代	70 年代	1950～1979 年②	1980～2002 年③	②较①变化（%）	③较①变化（%）
河口镇	1.39	1.54	1.79	1.13	1.49	0.67	7	-52
四站	15.73	17.83	17.02	13.50	16.13	7.46	3	-53
潼关	15.56	16.95	14.20	13.18	14.78	7.37	-5	-53
三门峡	15.51	17.63	11.56	14.01	14.40	7.47	-7	-52
进入下游	15.85	18.11	11.81	14.12	14.68	7.10	-7	-55
花园口	15.03	15.13	11.14	12.35	12.87	6.49	-14	-57
利津		13.58	10.88	8.97	11.06	4.52		

注:四站指龙门、华县、河津、洑头四站之和;进入下游指三门峡(小浪底)、黑石关、小董(武陟)三站之和。下同。

4.长期以来存在水少沙多、水沙关系不协调

黄河流域的地质、气候条件决定了黄河在相当长的历史时期就存在水少沙多、水沙关系不协调问题,并集中表现在黄河下游。由于黄河水沙异源,径流主要来自上游,泥沙主要来自中游,黄河干流主要控制断面的实测含沙量在头道拐至潼关河段呈快速上升的态势,汛期平均含沙量从头道拐的 7.4 kg/m³ 增加到龙门的 44.4 kg/m³ 和潼关的 49.5 kg/m³。从较长历史时期看,宁蒙河段、龙门至潼关河段以及渭河下游河道呈微淤的态

势,尚能维持较高的排洪输沙能力。而黄河下游河道由于处于平原地区,水少沙多、水沙不协调造成河道严重淤积抬升,逐渐成为"地上悬河",加之技术手段落后,河道决口频繁,并出现多次大的改道。现在的下游河道就是1855年黄河在铜瓦厢决口改道、夺大清河入渤海后形成的。黄河下游洪灾频繁是黄河水少沙多、水沙关系不协调的集中体现。

(二)现在的黄河水情、沙情及其关系

自20世纪50年代以来,随着人口的剧增和科技水平的提高,人类生产、生活活动对黄河的影响也不断加剧。人类活动影响主要包括几方面:一是干流水库改变了原有的水沙搭配,减少了全河干流的中大流量过程,增加了小流量出现的几率和相应水量,年内水流过程被调平;二是水土保持措施拦减了进入黄河的水沙且减沙作用大于减水作用;三是大规模引水引沙且引水大于引沙加剧了水少沙多的矛盾;四是流域众多的中小水库减少了河道径流。人类活动的影响使现在的黄河从近天然状态变成了一定程度上受人类影响和控制的河流,其水沙情态及水沙关系也发生了较大的变化,而过量取水更加剧了水沙不协调的程度。现在黄河水沙的主要特征表现在以下几方面。

1.降雨、天然来水量有所增加,但实测流量显著减小,年内分配改变,近期洪水发生几率减小、量级降低

1950~2003年黄河流域降雨为455.2 mm,花园口站天然径流量为557.5亿 m³,与1920~1949年相比,均有所增大。但1986年以来尤其是1990年以来天然径流量衰减明显。据统计,花园口水文站1990年以来平均年天然径流量只有432.8亿 m³,分别较1920~1949年和1950~2003年平均情况偏少18%和22%。

1950年,黄河流域总用水量(包括部分向流域外调水)仅120亿 m³,其中地表水用水量90亿 m³,地下水用水量30亿 m³。20世纪90年代平均地表水取水量395亿 m³(耗用307亿 m³),地下水开采量110亿 m³,与1950年相比增加了近3倍。用水的不断增加,导致黄河河道实际来水量不断减少,尤其是1986年以来更是如此。如花园口水文站1986年以来实际年均来水量只有260亿 m³,较过去偏少46%。黄河干流实际来水不断减少,也表现在各支流实际入黄水量不断减少。例如,渭河1986年以来入黄水量平均只有48亿 m³,较过去偏少38.5%;汾河和沁河分别只有4.83亿 m³ 和4.44亿 m³,较过去分别偏少68.2%和67.8%。

由于三门峡、刘家峡、龙羊峡、小浪底等大型水库先后投入运用,黄河干流河道实际来水年内分配发生了很大变化,表现为汛期所占比例下降,非汛期比例上升。三门峡水库投入运用前,花园口断面实际来水量,汛期一般占62%;三门峡水库1960年投入运用之后,下降到了57%;加上中游水库的调蓄影响,1986年以后平均降到了48%以下。

由黄河中游河口镇至龙门区间1970年前后年降水径流关系(见图1-1)可以看出,下垫面条件的改变导致降雨径流关系发生了变化,主要表现在1970年以后同样降水条件下产流量减少。黄河一些主要支流如渭河、汾河、伊洛河、沁河、大汶河等,地下水过量开采对地表径流产生了一定的影响,加上水土保持减水作用,80年代后期以来也呈现出同样降水条件下产流量有所减少的特征。

统计表明(见表1-3),1986年以来,黄河中下游洪水出现几率减小。1986年以前黄河中游潼关站年均发生3000m³/s以上和6000m³/s洪水的场次分别是5.5场和1.3

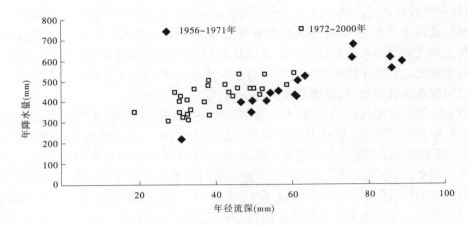

图 1-1　黄河河口镇至龙门区间降水径流关系两时段对比

表 1-3　中下游主要站年均洪水发生场次统计　　（单位:场/年）

站名	时段	全年		秋汛期(9~10月)	
		$>3\,000\ \mathrm{m^3/s}$	$>6\,000\ \mathrm{m^3/s}$	$>3\,000\ \mathrm{m^3/s}$	$>6\,000\ \mathrm{m^3/s}$
潼关	1950~1985	5.5	1.3	1.7	0.1
	1986~2000	2.8	0.3	0.5	0
花园口	1950~1985	5	1.4	1.8	0.4
	1986~2000	2.6	0.4	0.4	0

场,1986 年以后分别减少为 2.8 场和 0.3 场。下游花园口站相应级别洪水也分别由年均 5.0 场和 1.4 场减少到年均 2.6 场和 0.4 场。

但另一方面,由于黄河洪水主要来源于黄河中游的强降雨过程,而现有水利水保工程对于由强降雨过程所引起的较大暴雨洪水的影响程度十分微弱,黄河发生大洪水的可能性仍较大。如龙门水文站在 1988 年、1992 年、1994 年、1996 年都发生了 10 000 $\mathrm{m^3/s}$ 以上的大洪水,2003 年府谷站又出现了 13 000 $\mathrm{m^3/s}$ 的实测最大洪水。

2.近期来沙量减少,其中粗泥沙减少幅度更大,人类活动对流域产沙和输移过程的干扰越来越强烈

随着人类活动的加强,对流域自然产沙和输移过程的干扰越来越强烈,来沙情况与过去相比发生了显著变化,特别是 20 世纪 70 年代以后来沙量明显减少。1980~2002 年河口镇、龙华河洑四站(指龙门、华县、河津、洑头四站之和,下同)和进入下游的沙量年均分别只有 0.67 亿 t、7.46 亿 t 和 7.10 亿 t,与过去沙量相比分别减少 52%、53% 和 55%。来沙量的减少主要集中于 1 000 $\mathrm{m^3/s}$ 以上流量级洪水,更集中于 3 000 $\mathrm{m^3/s}$ 以上大流量级洪水。但必须指出的是,黄河流域高含沙洪水主要由大面积、高强度暴雨所致,在暴雨强度大、范围大的年份,来沙量仍较大,20 世纪 80 年代以来,四站、潼关和下游年沙量在 10 亿 t 以上的年份平均 5~6 年就出现一次。

黄河干流汛期不同粒径组的泥沙减少幅度不同,细泥沙减幅较小,粗泥沙减幅较大,

泥沙组成有变细的趋势。龙门站和潼关站粗泥沙($d>0.05$ mm)占全沙的比例分别由1960～1979年的28％和18％减少到1980～2002年的22％和16％,中值粒径d_{50}也相应由0.029 mm和0.022 mm减少到0.025 mm和0.02 mm。但各时期分组沙与全沙的相关关系没有明显的分化现象,仍保持沙量越大粗泥沙比例越高的规律(见图1-2),1980年后泥沙组成的细化主要是来沙量较少造成的,当河龙区间(指河口镇至龙门区间,下同)发生大面积强降雨过程、来沙量较大时,泥沙组成仍然较粗。

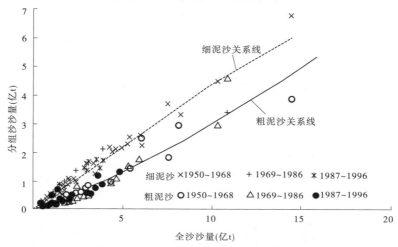

图 1-2　龙门站主汛期(7～8月)分组沙与全沙的关系

3.近期水沙关系发生变化,不协调程度加剧

1986年以来黄河水沙条件的改变不仅表现在水沙量的减少,更重要的是水沙搭配过程的变化,即流量级的变化和水沙量在各流量级的分配,造成全流域各主要冲积性河段的水沙关系向不协调方向发展。主要表现在以下几个方面:一是高含沙量小洪水增多。1986～1999年黄河下游共发生了16场最大含沙量在200 kg/m³以上的高含沙量洪水,平均每年发生1.1场,而这些高含沙洪水最大洪峰流量只有6 260 m³/s。二是来沙更为集中。1986年以后由于基流减少,汛期水量减少,相同洪水历时条件下,洪水期沙量占汛期的比例增高(见图1-3)。三是中等流量的含沙量增高。龙门以下干流水文站1 000 m³/s以上、特别是3 000 m³/s以上流量含沙量增加较大,龙门、潼关和花园口站3 000 m³/s以上流量级的含沙量分别由91.2 kg/m³、60.4 kg/m³和42.7 kg/m³增加到176.3 kg/m³、104.9 kg/m³和80.1 kg/m³。四是干流中下游来沙系数(含沙量与流量之比)明显增大(见图1-4)。

(三)未来黄河水情、沙情及水沙关系的变化趋势

有关分析表明,水少沙多仍将是未来黄河的基本特征,主要表现在以下几方面。

1.降水量没有明显增大的迹象

虽然当前长期降水预报的技术水平尚不足以提供较为清晰的未来降雨变化,但目前尚没有发现未来降雨有明显增大的趋势。

2.河川天然径流量基本维持近期水平或有所减少

由于20世纪80年代以来,黄河流域内下垫面发生了较大变化,加上水资源开发利用

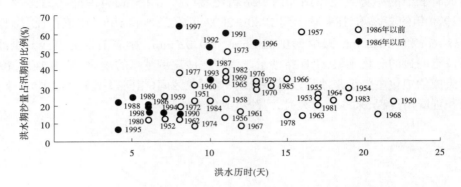

图 1-3　花园口洪水期沙量占汛期比例与洪水历时的关系

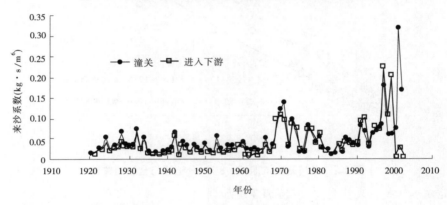

图 1-4　黄河干流中下游代表站历年 7～8 月来沙系数变化

的影响,同样降水条件下产生的地表径流数量有所减少。可以预见,随着人类活动的进一步加剧,下垫面进一步变化,相同降水条件产生的河川天然径流量将基本维持近期水平或有所减少。

3.黄河河道实际来水量将进一步减少

随着生产规模的增长和生活水平的提高,未来的用水量将进一步增加,如无外来水源补充,黄河河道实际来水量将进一步减少。

根据黄河流域水资源开发利用情况调查评价工作组对国民经济需耗水量测算,2010年、2030 年和 2050 年,花园口以上年地表水耗损量将分别达到 260 亿 m³、320 亿 m³ 及350 亿 m³。同时,根据《黄河近期重点治理开发规划》,黄河中游水土保持生态环境用水,2010 年、2030 年、2050 年分别按 20 亿 m³、30 亿 m³、40 亿 m³ 考虑,分别较现状增加 10亿 m³、20 亿 m³、30 亿 m³。因此,不考虑南水北调西线工程,预估今后 50 年黄河进入下游的水量较目前的数量将进一步减少。

4.平均来沙量呈减少趋势,但高含沙洪水与大沙年份仍会出现,黄河仍将是多沙河流

按照国务院批复的《黄河近期重点治理开发规划》,2010 年前后水土保持措施将使进入黄河的泥沙每年减少 5 亿 t,2050 年前后年减少 8 亿 t。因此,未来黄河平均来沙量总体上呈减少趋势。但由于黄河来沙量的变幅非常大,发生大面积高强度暴雨时产沙量很

大,黄河仍可能出现大沙年。即使经过长时期治理,2050 年前后年减沙量达到 8 亿 t,黄河仍将是一条输沙量巨大的河流,多沙是黄河在相当长时期内的基本特征。

5.水少沙多的矛盾更加尖锐

虽然未来黄河的来沙量将减少,但流域经济社会发展所需消耗的水量将更多。因此,在无外流域调水情况下,黄河水少沙多的矛盾仍十分尖锐,水沙关系不协调的问题将更加突出。

6.如果不增建新的骨干工程调节,不协调水沙关系仍不会根本好转

现状黄河防洪等方面出现的问题不仅在于水量减少,还在于缺乏输沙能力较高的大中流量级水流过程。因此,可以预测,在无外流域增水的条件下,如果没有新建骨干工程协调水沙过程,黄河干流大流量减少、高含沙小洪水增多、沙量集中于洪水期的特点将更加突出,小水带大沙的水沙关系不会根本好转。

二、水沙不协调带来的突出问题

据以上分析,在过去人类活动影响甚微的时期,黄河的水沙关系已不协调。近 20 年来,随着流域人口的大幅度增加和区域经济、社会的快速发展,黄河水资源承载压力日益增大,经济、社会发展用水大量挤占了河道生态用水,使得黄河干流河道的生态用水日趋减少,所以尽管经过水土保持等措施层层设防,使得进入下游的泥沙有所减少,但是由于水量减少的幅度更大,原本就不协调的水沙关系比过去更为加剧,由此带来一系列严重问题,突出表现在以下两方面。

(一)河道主槽淤积萎缩严重,威胁大堤和防洪安全

20 世纪 80 年代以后,由于自然原因及人类对水资源的过度利用和不当干预,进入黄河下游的水量急剧减少,进一步加剧了水沙的不协调性,下游河道淤积加重,1986～1999 年下游河道年均淤积 2.23 亿 t,占来沙量的 29%,是各时期中最高的。更为重要的是,73% 的淤积集中在生产堤以内的主河槽里,导致主槽萎缩,过流能力锐减,如 2002 年汛前下游部分河段主槽的行洪能力仅为 1 800 m³/s。同时,"二级悬河"迅速发展,目前最严重的河段主河槽已经高出滩地 4 m 多,滩地高出背河地面 4～6 m。黄河下游河道形态已经处于极其危险的阶段,"横河"、"斜河"、"顺堤行洪"的发生几率增大,堤防"冲决"和"溃决"的可能性随之增大,严重威胁黄河下游堤防安全。黄河河口河槽同样淤积严重,1986 年以来河槽淤高 1.06～1.87 m,对河口地区防洪和下游河道都产生不利影响。

(二)中常洪水高水位,严重威胁滩区人民生命财产安全

河道排洪能力降低造成同流量水位抬升、中常洪水高水位及同水位下过流能力大大降低,对防洪十分不利。1986～1997 年下游同流量水位升幅各站年均在 0.09～0.15 m 之间。"96·8"洪水多个水文站出现历史最高洪水位;1958 年花园口和高村站洪峰流量分别为 22 300 m³/s 和 17 900 m³/s 时的相应水位,在 1997 年河道边界条件下分别只能过流 3 500 m³/s 和 2 000 m³/s。

黄河下游滩区居住着 181 万人口,有耕地 25 万 hm²。黄河下游广大滩区既是滞洪滞沙的区域,又是滩区群众赖以生存和生产的场所。目前,下游平滩流量虽已增大到 3 000 m³/s 左右,但遇大于 3 000 m³/s 的中常洪水,下游滩区仍将严重受灾。

三、调水调沙的必要性和紧迫性

黄河难以治理的症结在于水少沙多、水沙不协调。为维持黄河健康生命,实现黄河长治久安,促进流域经济社会可持续发展,必须采取有效途径,协调黄河的水沙关系。与黄河水少沙多、水沙不协调问题相对应,协调水沙关系的途径就是增水、减沙、调水调沙。所谓增水,是指能够增加黄河水资源量的各种措施,包括外流域调水和节水(相对增水);所谓减沙,是指能够减少入黄沙量的各种措施,包括水土保持减沙、水库拦沙和干流放淤等措施,特别是要减少对河道淤积影响严重的粗颗粒泥沙;所谓调水调沙,就是根据黄河来水来沙特点,通过对黄河水沙调控体系中干支流骨干水库群的联合调控运用,尽可能地将不利的水沙过程调节为协调的水沙过程,输送泥沙入海,减少河道淤积,扩大并维持河道主槽过流能力。上述三条途径相互影响、相互促进,通过三条途径的相互配合,可以进一步协调水沙关系,减轻河道泥沙淤积,更好地维持河道基本功能。

但在解决黄河水沙不协调问题的三大途径中,增水主要靠南水北调,减沙主要靠水土保持、骨干工程拦沙和大规模的干流放淤,而这两条途径一则需要一个漫长的周期方能生效,二则需要有相应的投入作为保证。另一方面,增水、减沙又都与调水调沙密切相关。通过调水调沙,可更加充分发挥增加水量的输沙、减淤及综合利用效益,也可为干流放淤创造有利的水沙条件。因此,调水调沙是一项需长期实施的战略,其地位和作用十分重要,特别是在增水和减沙措施建立和发挥作用之前,充分利用小浪底水库拦沙初期的有利时机,尽快开展调水调沙,缓解黄河水沙不协调带来的黄河下游河槽行洪输沙功能严重不足、"二级悬河"危险局面日益突出、河流健康生命受到威胁等一系列在黄河防洪和治理开发中的问题,十分必要和迫切。

长期而言,协调黄河的水沙关系必须有相应的工程体系加以保证。由于黄河水沙调控工程对水沙的联合调节是一项非常复杂、涉及面很广的技术,因此在以往大量的研究成果的基础上,对各种调节模式开展原型试验同样显得非常必要。通过原型试验,可检验以往的认识,逐步总结经验,不断丰富和发展调水调沙技术,为今后调水调沙实践积累经验。

第二节　调水调沙试验指导思想

一、国内外研究现状

水沙调控研究主要涉及水库、河道泥沙运动规律、水库优化调度和水库水沙联合调度等领域,这些领域的研究和实践成果分别综述如下。

(一)水库、河道泥沙研究发展概况

水库淤积是泥沙运动的结果,因此研究水库淤积以泥沙运动基本理论为基础。我国泥沙运动方面的一些专著,如武汉水利电力学院(张瑞瑾主编)的《河流动力学》、沙玉清的《泥沙运动力学》、钱宁和万兆惠的《泥沙运动力学》、张瑞瑾和谢鉴衡等的《河流泥沙动力学》、窦国仁的《泥沙运动理论》、侯晖昌的《河流动力学基本问题》、韩其为和何明民的《泥沙运动统计理论》、韩其为的《水库淤积》等专著对水库淤积理论研究和减淤实践有重要的

指导意义。

从水库泥沙运动的实际考虑,除悬移质挟沙能力外,悬移质不平衡输沙,特别是非均匀不平衡输沙是水库淤积中最普遍的规律,它制约了水库淤积的各种现象。国内外在均匀流、均匀沙条件下,通过求解二维(立面二维)扩散方程研究悬移质不平衡输沙的工作基本上是从 20 世纪 60 年代开始的,国内张启舜、侯晖昌在这方面也取得了一定进展。后来国内也出现了方程的数值解。但由于二维扩散方程求解受制于难以可靠确定的边界条件,计算结果与实际颇难符合。从实用出发,苏联一些学者从 20 世纪 30 年代开始就直接从沙量平衡出发,建立一维不平衡输沙方程,其中有代表性的有 20 世纪 50 年代末 60 年代初的 П. В. Михаев、А. В. Караущев 等。稍后我国窦国仁也提出了类似的方程。И. Ф. Карасев 则提出了包括黏土颗粒的不平衡输沙方程。这些研究成果虽然抓住了不平衡输沙的主要矛盾,方程简明,但由于局限于均匀沙和均匀流,难以符合水库悬移质运动的实际,且理论上没有和悬沙运动的扩散方程联系起来。

在水库异重流方面,范家骅、吴德一、焦恩泽等于 20 世纪 50 年代结合官厅水库观测和室内试验做了较深入的研究,特别是给出了异重流的潜入条件和异重流排沙和孔口出流的计算方法。对水库异重流的潜入条件,韩其为认为需要补充均匀流条件,即潜入点的水深必须大于异重流正常水深,否则潜入不成功。他认为异重流挟沙能力及不平衡输沙规律与明流完全一致,但其水力因素应由异重流部分确定。韩其为还证明了水库异重流是超饱和输沙,因而沿程淤积是必然的。吴德一提出了水库异重流排沙计算公式。对于异重流倒灌,谢鉴衡、范家骅、金德春、韩其为、秦文凯等都有所研究,其中部分专家还对倒灌淤积做了专门工作。吕秀珍根据势流理论对排泄异重流的孔口进行了专门研究,并取得了相关成果。

我国北方一些河流常常出现很高的含沙量,这些高含沙水流进入水库后,可能会加速淤积,但也可能被用来排泄泥沙,特别是其峰后过程。我国学者在沙玉清、钱宁、张瑞瑾等带动下除对高含沙水流的流变特性、其对泥沙沉降规律的影响及其输沙规律等有较深入研究(集中反映在钱宁主编的《高含沙水流运动》专著)外,尚有对水库泥沙研究颇为重要的高含沙挟沙能力规律方面的成果,如张浩、许梦燕、曹如轩的研究。方宗岱和胡光斗、焦恩泽等对实际水库高含沙量淤积进行了分析,陈景梁等对水库高含沙量和浑水水库排沙的实际资料进行了分析和研究,王兆印及张新玉对高含沙水流进行了试验等。

水库排沙是水库淤积研究中颇为重要的一环,有很大的实际意义。水库排沙的方式有多种,除一般的依靠水流冲刷外,对小水库尚有水力吸泥泵以及高渠拉沙冲滩等。三门峡水库是研究排沙最多的一个水库,其中水电部第十一工程局勘测设计科研院、黄委规划设计大队、清华大学水利系治河泥沙教研组等均有专门研究。具体水库的排沙分析和生产需要引出了一些研究排沙共同规律的成果。早期多为经验性的,较有影响的有陕西水利科学研究所河渠研究室与清华大学水利工程系泥沙研究室用中国资料验证过的 G. M. Brune 的水库拦沙率曲线和他们的水库冲刷的排沙关系、张启舜和张振秋的壅水状态下排沙关系和涂启华的排沙比等,后者还认为其排沙比关系可以包括异重流。韩其为由不平衡输沙理论研究壅水排沙一般规律,给出的理论关系在不同参数下可以概括 Brune 拦沙率、张启舜和涂启华的排沙比关系,而且能概括一些苏联学者如 В. Н. Гончров、

Г. Ишамов、В. С. Лалщенков、И. А. Шнеер 等为研究库容淤积方程提出的关于出库含沙量的假设。

利用水库淤积和排沙规律,通过水库调度,采用所谓"蓄清排浑"的方法,某些水库在实践中摸索了一些成功经验,使水库淤积大量减缓,甚至不再淤积,其中较典型的有闹德海水库、黑松林水库、直峪水库、恒山水库等。当然,这些多为中小型灌溉水库,有颇为有利的排沙条件,坡陡,库短,有时允许泄空,甚至坝前水位完全不壅高。与此同时,一些学者从理论上对综合水库的淤积控制进行了研究。大型综合水库的特点是库长、坡缓而且常年蓄水。正是因为后者造成水库常年抬高侵蚀基面,导致了水库坡度减缓。这些不利排沙的因素,使一些中小型灌溉水库成功的排沙经验不能简单用于大型综合水库。从 20世纪 60 年代开始,唐日长、林一山吸取闹德海水库和黑松林水库的成功经验,提出了水库长期使用的设想和概念。韩其为进一步从理论上阐述了水库长期使用的原理和依据,并给出了保留库容的确定方法。与此同时,一些单位如水电部第十一工程局勘测设计科研院、黄河水利科学研究所和钱意颖等,也开始对三门峡水库如何保持有效库容的问题进行探索。三门峡水库改建运行的成功,从实践上证实了大型综合利用水库长期使用的可能性。同时,黄河一些大型水利枢纽如三盛公的淤积也分别得到了控制。至此,就水库长期使用而言,泥沙界无论在理论上还是试验上均获得了共识,这反映在夏震寰、韩其为、焦恩泽合写的论文中。三门峡水库淤积控制的研究,使水库长期使用的研究进一步深入,韩其为和何明民给出了长期使用水库的造床特点和建立平衡的过程、相对平衡纵横剖面的塑造、第一第二造床流量的确定等研究成果。

在水库下游河道冲刷和变形方面,我国也进行了大量观测和分析研究。其中有代表性的成果为水利水电科学研究院河渠所对官厅水库下游永定河,钱宁、麦乔威、赵业安、刘月兰、张永昌、韩少发等对三门峡水库下游黄河,韩其为、童中均、杨克诚、向熙珑、王玉成、周开萍、黎力明、石国钰等对丹江口水库下游汉江,均做了全面深入的研究。此外,林振大对柘溪水库日调节时下游河道、王秀云和施祖蓉等对水库下游永宁江感潮河段、王吉狄和臧家津对水库群下游辽河以及李任山、朱明昕对闹德海水库下游柳河等均进行了研究。对于水库下游河道冲刷和变形中的几个专门问题,也有了较深刻的认识和规律揭示。对下游河道清水冲刷时床沙粗化,尹学良给出了计算方法。韩其为提出了交换粗化概念,能够解释粗化后的床沙中最粗颗粒大于冲刷前最粗颗粒的现象。韩其为同时给出了六种粗化现象和两种机理,并且给出了相应的计算方法。对于水库的水沙过程及数量改变后对下游河床演变各方面的影响,韩其为、童中均专门做了论述。钱宁研究了滩槽水沙交换,认为它导致了水库下游河道长距离冲刷。韩其为证实了清水冲刷中粗细泥沙不断交换是下游河道冲刷距离很长的基本原因。

(二)水库水沙联合调度

国内外对水沙联合调度的研究主要集中在单个水库,把水库、河道联合考虑的研究并不多见。惠仕兵、曹叔尤、刘兴年在《电站水沙联合优化调度与泥沙处理技术》一文中针对长江上游川江水电开发运行管理中存在的工程泥沙技术问题,研究了低水头闸坝枢纽水沙联合优化调度运行方式,流域水工程水沙联合管理及与电站水沙优化调度运行管理有关的工程泥沙处理技术;胡春燕、杨国录、吴伟明、彭君山提出利用水电站已建枢纽建筑物进行水沙调度在水利工程运用中具有很重要的意义,并以葛洲坝水利枢纽为研究对象,就减少大江航道淤积和减少大江电站粗泥沙过机问题运用数值模拟方法研究了水沙横向调度方案运用的可行性。

二、水沙调控理论的形成和发展过程

水沙调控理论和调水调沙治黄思想的形成和发展经历了一个漫长的探索过程,凝结了一代又一代治河专家的心血和智慧。

治黄工作者从下游河道输沙规律的研究中发现,在一定的河床边界条件下,河道输沙能力近似与来水流量的高次方(大于 1 次方)成正比,同时还与来水的含沙量存在明显的正比关系。在一定的河床边界条件下,下游河道有"多来、多排、多淤"、"大水带大沙,小水带小沙"、"协调多排,不协调少排"、"细泥沙多排,粗泥沙少排"等方面的输沙特点。如果能找到一种合理的水沙搭配,黄河水流完全有可能将泥沙顺利输送入海,同时又不在下游造成明显淤积,还可节省输沙用水量。基于这种认识,治黄工作者迫切希望能够借助自然的力量,因势利导,利用黄河水利枢纽工程创造出一种水沙和谐搭配的洪水过程输沙入海,使水库和河道的淤积状况得以改善。按这一设想不仅要调节径流,还要调节泥沙,使水沙关系更加适应,以达到更好的排沙、减淤效果。

方宗岱 1976 年提出黄河小浪底水库应采用高含沙调水放淤的方案,其核心是利用小浪底水库淤积的泥沙人为塑造高含沙水流,采取清水和高含沙水流分流的原则,当水库坝前淤积至 240 m 高程,即按泄水排沙运行。当含沙量小于 150 kg/m³ 时,泄入下游冲刷河道,使其逐步下切;当含沙量大于 150 kg/m³ 时,引入放淤渠道。这样,可以永久保留一个足够的拦沙库容。

泥沙专家钱宁教授认为,人造洪峰是利用水库调节天然径流,集中下放,形成洪峰用以加大河道的冲刷能力。水流的挟沙能力与流量的高次方成正比,在水量相同的情况下,集中下放就能比平均下放时的挟沙能力提高好几倍。根据黄河下游 20 世纪 80 年代以前的水沙冲淤关系,测算如表 1-4 所示。由表可见,冲刷每吨泥沙所需水量取决于冲刷期的平均流量,在一定水量的情况下,平均流量与历时成反比,历时过长,河道冲刷,河床粗化,影响冲刷效率;历时过短,在洪水演进中,洪峰流量逐渐减小,冲刷作用降低。

表 1-4　集中与均匀泄水的冲刷测算成果

下泄流量 (m³/s)	时间 (天)	水量 (亿 m³)	冲刷(－)　淤积(＋)(亿 t)				冲刷效率 (m³/t)
			花园口—高村	高村—艾山	艾山—利津	全下游	
5 000	6	25.9	－ 0.86	－ 0.07	－ 0.12	－ 1.05	25
1 000	30	25.9	－ 0.27	0	＋ 0.06	－ 0.21	120

治黄工作者对水沙调控理论进行了多方面探讨,概括如下。

(一)"节节蓄水,分段拦泥"的规划原则

新中国成立之后,曾以"节节蓄水,分段拦泥"为规划原则,期望以水土保持、支流拦泥水库和干流三门峡水库等三道防线,把黄河的洪水泥沙全部蓄在上中游,解除下游洪水威

胁与泥沙淤积。实践结果表明,原规划对水土保持的减沙效果估计过高,所拟定的支流拦泥库也难以兴建。

(二)人造洪峰

在河道输沙公式 $Q_s = KQ^m$ 中,m 值一般为 2,根据这一特点,人们提出利用人造洪峰排沙入海的设想,认为把小流量的水量集中起来,用大流量集中放,可以多输沙入海。为此,1963 年 12 月和 1964 年 3 月利用三门峡水库进行了两次人造洪峰试验。

1963 年 12 月 2～15 日,三门峡水库进行第一次人造洪峰试验,历时约 15 天,造峰期花园口水量 21.5 亿 m^3,平均流量 1 658 m^3/s,平均含沙量 6.8 kg/m^3,最大日均流量 2 920 m^3/s,流量大于 2 000 m^3/s 的历时为 3 天;艾山站相应水量 20.9 亿 m^3,平均流量 1 613 m^3/s,最大日均流量 3 250 m^3/s,流量大于 2 000 m^3/s 的历时为 4 天。造峰期三门峡至利津河段累计冲刷 0.143 亿 t,冲刷发展至艾山断面附近,艾山以下淤积 0.023 亿 t。造峰流量较小,大流量持续历时短是导致艾山至利津河段淤积的重要原因。

1964 年 3 月 29 日～4 月 2 日,三门峡水库进行第二次人造洪峰试验,历时 5 天,造峰期花园口水量 9.8 亿 m^3,平均流量 2 268 m^3/s,平均含沙量 10 kg/m^3,最大日均流量 3 160 m^3/s,流量大于 2 000 m^3/s 的历时为 2 天;艾山断面相应水量 9.7 亿 m^3,平均流量 2 246 m^3/s,最大日均流量 3 040 m^3/s,流量大于 2 000 m^3/s 的历时为 3 天。造峰期三门峡至利津河段累计冲刷 0.195 亿 t,冲刷发展至艾山断面附近,艾山以下淤积 0.070 亿 t。造峰水量偏小是导致艾山至利津河段淤积的重要原因。

以上试验结果表明,沿程冲刷过程中含沙量迅速恢复,冲刷效率降低,同时塌滩对下游河道的冲刷有抵消作用,而流量小时,还会出现上冲下淤,并且需要耗用大量宝贵的清水资源,才有一定的减淤效果。在小浪底水库的规划设计阶段,曾设想在丰水年非汛期相机造峰,平均 3 年进行一次,用水量 40 亿 m^3,造峰流量 5 000 m^3/s,全下游减淤约 0.6 亿 t,平均年减淤 0.2 亿 t,用 67 亿 m^3 水量输送 1 亿 t 泥沙入海。由于黄河水资源贫乏,这一措施很难实现。

(三)滞洪调沙

滞洪调沙水库与一般水库的不同点,主要在于它汛期存在两个水位(分别取决于淤积平衡比降和冲刷比降),其间有一个调沙库容,它的理论基础是多沙河流上修建水库只要有一定的泄流规模并采用滞洪运用方式,水库的库容即可长期保持。具体的调沙方案,就是把非汛期的泥沙调整到汛期来排,把多沙不利年的泥沙调整到少沙有利年来排。汛期水库实行控制运用,使汛期的泥沙集中在大洪水期间和 9～10 月的有利时期排出。由于滞洪调沙水库是利用天然洪峰排沙,不搞人造洪峰冲沙,所以与兴利矛盾较小。

(四)蓄清排浑

三门峡水库于 1960 年 9 月 15 日开始蓄水运用。先后经历了 1960 年 9 月至 1962 年 3 月的蓄水拦沙期、1962 年 3 月至 1973 年 10 月的滞洪排沙运用期和 1973 年 11 月以来的"蓄清排浑"控制运用期三个阶段。

三门峡水库刚投入运用就因泥沙淤积严重,被迫改"蓄水拦沙"运用为"滞洪排沙"运用,基于黄河泥沙多、主要集中在汛期、艾山以下河道流量大于一定值时基本不淤的现实情况,提出把非汛期的泥沙调到汛期排,利用非汛期来水含沙量低的特点,蓄水拦沙发电、防凌,并进行水量调节,尽可能满足下游灌溉用水需求。在汛初降低坝前水位,利用汛期流量大,冲刷能力强,把汛期来沙连同非汛期淤在库内的泥沙全部排出库外,达到年内冲淤平衡。经过两次改建后,三门峡水库采用"蓄清排浑"运用方式,进出库泥沙年内基本平衡。

三门峡工程的实践使人们认识到,在多泥沙的黄河中游,单纯利用拦的办法是无出路的。应该充分利用黄河下游的输沙能力及"多来多排"的输沙特性,利用干流水库进行综合调节,提高水流输沙能力,节省输沙用水,减少河道淤积,使之朝着有利方向发展。三门峡水库改建成功,创造了在多沙河流上修建长期使用水库的范例,说明通过汛期降低坝前水位,可以保持平滩以下的槽库容。

然而,三门峡水库"蓄清排浑"的运用方式是特殊情况下的产物,其运用经验有其局限性。改建时对下游河道的减淤作用并没有过多的考虑,实际运用结果表明,下游河道的减淤效果不理想。其一是由于受潼关高程的限制,调沙库容小,不能对黄河泥沙进行多年调节。其二是库水位变幅小,不能产生强烈的溯源冲刷,产生含沙量更高的出库水沙条件,以充分利用下游河道可能达到的输沙能力输沙入海。其三,每年汛初不管来水情况如何,都把运用水位降低,因此经常出现小水排沙,形成小水带大沙,造成下游主槽强烈淤积的不利局面。尤其是在龙羊峡、刘家峡两库联合运用后,汛期水量大幅度减小,汛期的基流与洪峰流量均在减小,冲刷能力减弱,三门峡水库"蓄清排浑"运用方式的局限性表现得更为突出。为了降低潼关高程,三门峡水库在汛期不得不进一步降低运用水位,更易形成小水带大沙,使下游河槽严重淤积,平滩流量减小,造成小洪水大漫滩,对防洪极为不利。

(五)拦粗排细

黄河下游粒径小于 0.025 mm 的泥沙,大部分能输送入海,对河道淤积影响不大,如果把这一部分泥沙拦在水库里,则徒然损失库容,对下游河道毫无裨益。钱宁教授等认为,如果能够通过水库合理运用,只拦危害下游的粗泥沙(粒径大于 0.05 mm),则在同样拦沙库容条件下,黄河下游河道减淤效果可以增大 59% 以上。

(六)高浓度调沙

一些专家认为,不仅清水能够冲刷河道,高含沙水流也能冲刷河道。高含沙水流(如含沙量大于600 kg/m³),在充分紊流条件下还可以长距离输送,关键是要掺混一定比例的极细沙(粒径小于 0.01 mm)。泥沙专家方宗岱提出利用小浪底水库高浓度调沙放淤方案。具体做法是用两根进口低、出口高,直径约 7 m,能通过 500 m³/s 流量的管子,由坝下游直通坝前库底,坝前可形成一个深 100 m、容积约 2 亿 m³ 的浓缩漏斗,用以调节泥沙。还可辅以库区陡坎爆破的办法,来增加含沙量和细颗粒泥沙的含量。调成的高含沙水流引到两岸放淤,现行河道只通过含沙量很小的清水,可逐渐刷深,进而成为地下河。根据试验,当高含沙水流中值粒径 $d_{50} = 0.01 \sim 0.02$ mm、流速大于 2.3 m/s 时,可以保持不淤,如用管道输送,比降 2‰,则输送距离可远达 1 000 km。上述高浓度调沙的关键问题,是如何才能使水库内已经分选的泥沙重新按一定比例调配成理想的高浓度含沙水流。

(七)以小浪底水库为核心的水库群调水调沙

如上所述,通过三门峡水利工程的实践及治黄工作者的研究和分析,进一步认识到黄河的问题不仅是洪水威胁很大,水少沙多、水沙不协调也是造成下游河道淤积的重要原因。如果在黄河干流上修建一系列大型水库,实行统一调度,对水沙进行有效的控制和调节,使水沙由不协调变为相适应,就有可能减轻下游河道淤积,甚至达到不淤或冲刷。按照这一设想,20 世纪 70 年代后期,治黄工作者再一次提出了依靠系统工程实行调水调沙的治黄指导思想,并要求加快修建小浪底水库,为调水调沙的实施提供必要的工程条件。

鉴于黄河小浪底水库所处的关键位置,经过专家学者的反复论证和黄委及有关部门的大量艰苦工作,1987 年 1 月,国务院批准了小浪底水利枢纽工程的设计任务书。1992 年全国人民代表大会通过了小浪底水利枢纽的建设方案。1997 年 10 月小浪底水利枢纽工程截流成功,1999 年 10 月 25 日下闸蓄水。这标志着治黄工作又向前迈出了可喜的一步。

小浪底水利枢纽工程位于黄河干流最后一段峡谷的下口,上距三门峡大坝 130 km,下距郑州铁路桥 115 km,南距河南省洛阳市约 40 km,控制流域面积 69.4 万 km²,占流域总面积的 92%,处于承上启下,控制黄河上、中游洪水泥沙的关键位置,是三门峡以下黄河干流惟一能取得较大库容的坝址,也是惟一能够全面担负起防洪、防凌、减淤、供水、灌溉、发电等任务的综合性枢纽工程。

小浪底水库总库容 126.5 亿 m³,长期有效库容 51 亿 m³,可以拦截大量泥沙,相当于使下游河道 20 年不淤积抬高。另外,小浪底水库巨大的库容可以增加下游供水量,以缓解黄河下游断流带来的用水矛盾。水库泄洪建筑物有 3 条明流洞、3 条排沙洞、3 条孔板洞和 1 座正常溢洪道。水电站装机容量 180 万 kW,设计多年平均发电量 51 亿 kWh。

小浪底水库在黄河下游治理开发中有其特殊的重要性,对黄河下游尤其是艾山以下河道的减淤具有其他工程措施不可替代的作用。

由于对黄河下游河道的输沙规律、输沙能力及河道"多来多排"的输沙条件与机理有了较深的了解,因此对水库调水调沙减淤原理、方法、途径有了更深入的认识,取得了较大的进展,为充分发挥小浪底水库的调水调沙作用,减少下游河道淤积,节省输沙用水展现出非常广阔的应用前景。但是黄河水沙条件变化复杂,小浪底水库如何运用才能产生较高含沙水流等许多问题需要研究。黄河治理本身是一个复杂的系统工程,黄河上的大型水库应进行统一调度,联合调水调沙运用,以期达到最好的减淤效果和最大的兴利目标。艾山以下河道是防洪防凌的重点,中上游的大量引水,龙羊峡和刘家峡两水库的投入运用,三门峡水库的"蓄清排浑"运用及河口延伸等,都会加重艾山以下河道淤积。以往规划中拟议的多种措施,都因该河段地处下游,鞭长莫及,减淤作用不显著而难以实施。

1988 年以来,有关单位就上述问题及小浪底水库的运用方式进行了一些新的探索研究,尤其是"八五"国家重点科技攻关项目"黄河治理与水资源开发利用"各个专题的研究成果,进一步深化了对黄河水沙条件和河道演变特点的认识,提出了"调"与"排"相结合的处理泥沙新思路,为进一步研究小浪底水库运用问题提供了有利条件。

在"小浪底水库运用方式研究"项目中,根据对水库初期拦沙和汛期调水调沙运用方案的研究以及以往的综合研究成果,推荐调水调沙调控上限流量采用 2 600 m³/s,调控下限流量采用800 m³/s,调控库容 8 亿 m³,调控历时不少于 6 天。

在 2000 年水利部水总[2000]260 号文件《关于小浪底水库 2000 年运用方案研究报告的批复》中,基本同意小浪底水库 2000 年主汛期按起始运行水位 205 m,调控花园口上限流量 2 600 m³/s,调控库容 8 亿 m³ 的方案进行控制运用。

在 2001 年 7 月水利部水建管[2001]278 号文件《关于小浪底水库 2001 年防洪及调水调沙主要运用指标的批复》中,基本同意小浪底水库调水调沙按起始运行水位 210 m,调控花园口断面的下限流量不大于 800 m³/s,上限流量不低于 2 600 m³/s 运用。

在 2002 年 6 月水利部水建管[2002]243 号文件《关于小浪底水库 2002 年防洪及调水调沙运用指标的批复》中,同意小浪底水库 2002 年调水调沙指标,前汛期起始运行水位仍为 210 m,后汛期视来水情况在汛限水位以下适当掌握。

三、调水调沙的指导思想

黄河水沙关系不协调,且水沙时空分布不均,既可能出现小水带大沙,又可能出现大水带小沙,造成河道泥沙时淤时冲,中水河槽极不稳定。又由于黄河总体上水少沙多,使得黄河河道不断淤积,排洪能力下降,影响防洪安全。因此,实施调水调沙战略,对黄河水沙进行年内和多年调节,避免小水带大沙现象十分必要。

调水调沙,就是在充分考虑黄河下游河道输沙能力和不同流量级的水流挟沙能力的前提下,利用水库的调节库容,对水沙进行有效的控制和调节,适时蓄存或泄放,调整天然水沙过程,使不适应的水沙过程尽可能协调,从而达到输水冲沙、减轻河道萎缩、恢复并维持中水河槽的目的。

调水调沙是小浪底水库防洪减淤的基本运用方式。小浪底水库运用具有明显的阶段性,在起始运行水位以下相应库容淤满前,水库主要以异重流排沙为主。对水量进行调节相对简单,而对沙量调节相对较为复杂,当上中游洪水为较大流量、较高含沙量时,要科学控制坝前运用水位和安排泄水建筑物使用次序,调配以异重流形式运行至坝前的较细泥沙的蓄存或泄放。

调水调沙与以往其他处理和利用泥沙的措施相比,有几个显著的特点:一是更加符合黄河泥沙的自然规律,具有高度的科学性;二是由于通过水库进行水沙调节,措施更加主动、可靠;三是把河道和水库减淤作为水库综合利用的内容之一,与灌溉、供水、发电等统一考虑,使水库运用更加符合黄河的特点。

调水调沙试验的指导思想是:通过水库联合调度、泥沙扰动和引水控制等手段,把不同来源区、不同量级、不同泥沙颗粒级配的不平衡的水沙关系塑造成协调的水沙过程,以利于下游河道减淤甚至全线冲刷;开展全程原型观测和分析研究,检验调水调沙调控指标的合理性,进一步优化水库调控指标,探索调水调沙生产运用模式,以利长期开展以防洪减淤为中心的调水调沙运用。通过试验为今后调水调沙生产运用奠定科学基础,为黄河下游防洪减淤和小浪底水库运行方式提供重要参数和依据,继而深化对黄河水沙规律的认识,探索黄河治理开发的有效途径。

第二章　调水调沙试验模式及其实践

第一节　调水调沙试验模式

黄河径流主要来自四个地区,即黄河上游兰州以上地区、黄河中游河口镇至龙门区间(简称河龙区间,下同)、龙门至三门峡区间(简称龙三区间,下同)和三门峡至花园口区间(简称三花区间,下同)。在中游干支流建有五座大型水库,即万家寨水库、三门峡水库、小浪底水库、故县水库和陆浑水库。调水调沙就是对径流过程和五座水库的蓄水进行调度,塑造有利于黄河下游输沙和河道冲刷的水沙过程。调水调沙试验模式则是在不同来源区的水沙及水库蓄水条件下,根据不同试验目标,采用的不同水库联合调度方式。在试验中,还采取了人工辅助措施。调水调沙试验模式是在长期进行科学研究及实体模型、数学模型模拟的基础上形成的,对今后进行调水调沙生产运行具有指导作用。

一、河道来水组成

(一)三门峡以上来水

三门峡以上来水包括兰州以上来水、河龙区间来水和龙三区间来水。兰州以上来水的特点是径流过程长,径流总量大,峰值流量小,含沙量低。河龙区间来水的特点是径流过程短,径流总量小,峰值流量大,含沙量大。龙三区间来水的特点介于前二者之间。

(二)三花区间来水

三花区间来水是指以三门峡至花园口区间干支流来水为主形成的径流过程。三花区间又分为三门峡至小浪底区间(简称三小区间,下同)和小浪底至花园口区间(简称小花区间,下同)。三小区间的径流量直接进入小浪底水库,而小花区间有 2.7 万 km^2 的无控制区。一般情况下,小花区间径流过程的径流量不大,峰值流量也较小,然而,一旦形成洪水,由于工程少,难以调控,对下游的影响大。

(三)上下共同来水

上下共同来水是指以三门峡以上和三花区间共同来水组成的径流过程。

二、河道来水调度的基本原则

(一)径流过程的量级划分

根据黄河洪水调度方案,按照径流过程中花园口站可能出现的最大流量将径流过程划分为 4 000 m^3/s 以下、4 000～8 000 m^3/s、8 000 m^3/s 以上三级。划分依据如下。

1.4 000 m^3/s 流量的确定

花园口站编号洪水的标准为洪峰流量达到或超过 4 000 m^3/s。该标准是 20 世纪 90 年代初依据黄河下游的平滩流量确定的。

2. 8 000 m³/s 流量的确定

(1)小浪底水利枢纽初步设计中,水库对中常洪水的控制流量为 8 000 m³/s。

(2)小浪底水库汛限水位 225 m 相应的泄流能力为 7 480 m³/s。

(二)调度基本原则

以河道来水为主进行调水调沙试验遵循以下基本原则:

(1)在确保大堤安全条件下,尽快恢复下游主槽过流能力,尽量减少小浪底库区淤积,兼顾洪水资源化。

(2)花园口站洪峰流量 4 000 m³/s 以下,以主槽排洪为主,根据来水来沙情况,相机进行调水调沙运用。

(3)花园口站洪峰流量 4 000~8 000 m³/s,根据洪水来源、洪峰、洪量和含沙量情况,相机进行调水调沙运用,或转入防洪。

(4)花园口站洪峰流量 8 000 m³/s 以上,转入防洪调度。

(三)转入防洪运用条件

满足下列条件之一时,即转入防洪运用调度:

(1)预报小花区间来水大于 3 000 m³/s。

(2)预报河道流量 4 000~8 000 m³/s,不够调水调沙水量,转入防洪。

(3)预报河道流量大于 8 000 m³/s。

三、水库调度运用方式

在黄河调水调沙过程中,针对河道径流情势和工程蓄水条件,水库水沙调度的方式主要有以下几种。

(一)单库调度方式

单库调度方式是指以利用小浪底水库蓄水为主的调节水沙的调度方式。当小浪底水库蓄水量加上预见期内河道来水量满足调水调沙总水量要求时,利用小浪底枢纽不同高程泄流孔洞组合调控出库流量和含沙量,达到调水调沙调控指标要求。此种方式将上、下游河道的径流过程调节为适合于下游河道条件的冲刷输沙径流过程,或以小浪底水库蓄水为主,塑造适合于下游河道条件的冲刷输沙径流过程。

(二)二库联调方式

二库联调是指以小浪底水库为主,配合三门峡水库或者故县水库进行两水库联合水沙调度。即利用三门峡水库调控小浪底水库的入库水沙过程,影响小浪底水库异重流的产生、强弱变化、消亡及浑水水库的体积、持续时间,调节小浪底库区泥沙淤积形态,最终影响小浪底水库的出库含沙量。必要时利用故县水库可以在一定程度上控制小花区间的径流过程,使小花区间的清水与小浪底水库下泄的含沙量较大的浑水对接,协调水沙关系,以利于输沙和下游河道冲刷。

(三)多库联调方式

多库联调是指对中游五库(万家寨、三门峡、小浪底、故县、陆浑五水库)按不同组合进行联合水沙调度。多库联调是在更大的空间尺度上进行的调水调沙,可以更充分地利用水量和水能资源,发挥已建工程在水沙过程塑造中的作用,达到更有效的输沙和河道冲刷效果。多库联合调度,能够实现不同水沙过程的空间对接,将不协调的水沙关系调节为协调的水沙关系;可以实现对水库异重流的调度,既可以对天然异重流进行调控,也可以进行人工异重流的塑造,从而实现在不加大河道淤积的前提下,使水库有效排放泥沙,并调控水库淤积形态。

人工辅助措施是指利用水库异重流排沙和河道水流不饱和输沙等规律,在库区淤积三角洲和下游平滩流量小的"卡口"河段处实施人工扰动、疏浚等人工干预措施,以达到最佳的调水调沙效果。

四、调水调沙试验模式

2002~2004 年,针对小浪底水库运用初期阶段水沙调控方式,进行了三次调水调沙试验。试验的目的就是探索如何利用小浪底水库初期的巨大库容,有效地协调黄河水沙关系,通过对河道径流和水库蓄水的调度,调节水沙过程,减少小浪底水库和黄河下游河道的淤积,恢复和提高黄河下游主河槽的过流能力。在这三次调水调沙试验中,根据不同来源区水沙条件、水库蓄水情况和工程调度原则,采用了不同的模式。

(一)首次调水调沙试验模式——基于小浪底水库单库调节为主的原型试验

首次调水调沙试验的前期条件是:2002 年 5、6 月份,黄河上中游来水较前几年同期偏丰。在基本保证黄河下游生产生活和生态用水的前提下,严格控制小浪底水库下泄流量,为调水调沙试验预留了一定的水量。至 7 月 4 日 9 时,小浪底水库水位已达 236.42 m,水库蓄水量 43.5 亿 m^3,其中 225 m 以上蓄水 14.3 亿 m^3,基本具备了调水调沙试验的水量条件。根据气象水文预报,在预见期内,黄河中游地区没有明显的降雨过程。中游干流不会出现较大的洪水过程,因已进入汛期,水库蓄水须降至汛限水位以下。

基于以上条件,黄河首次调水调沙试验采用了以小浪底水库蓄水为主,单库调度运行的试验模式。在试验中若发生中小洪水过程,且含沙量较高时,加强水库水沙观测,适时进行小浪底水库异重流排沙试验。

此种模式有较为普遍的应用意义,即当小浪底水库蓄水基本能够满足调水调沙水量要求,或者以小浪底水库蓄水为主,加上河道来水量能够满足调水调沙水量要求时,即进行调水调沙。当来水含沙量较高,在小浪底水库形成异重流并生成浑水水库时,则以输沙为主,如果含沙量较低,则以冲刷下游河道为主。

(二)第二次调水调沙试验模式——基于空间尺度水沙对接的原型试验

第二次调水调沙试验的前期条件是:2003 年前汛期,黄河流域降雨较少,没有出现流域性的洪水。7 月 30 日,黄河北干流黄甫川等支流出现暴雨,府谷水文站洪峰流量为 13 000 m^3/s,洪水演进到潼关水文站,因在小北干流河段衰减,洪峰流量仅为 2 150 m^3/s,但由于三门峡出库洪水含沙量高,洪水在小浪底水库形成异重流,并在坝前产生浑水水库。8 月 25 日开始,黄河的支流渭河和伊洛河出现长历时的降雨过程,相继出现洪水。9 月 2 日小花区间洪水过程已经形成,渭河第一次洪水已进入小浪底水库并形成异重流,因有充足的水量、气象水文预报还有降雨过程和洪水过程,为此决定进行第二次调水调沙试验。为了做好这次试验,先减小小浪底水库的下泄流量,并以小花区间的洪水为主先行在黄河下游探路,以确定下游河槽的过流能力,小花区间洪水在花园口的洪峰流量达到

2 780 m³/s,顺利通过下游。确定此次调水调沙试验的模式为小浪底、故县、陆浑三库联合调度,小浪底水库排泄坝前淤积的泥沙和浑水,形成较高含沙水流,在花园口与经过故县、陆浑水库调控的小花区间低含沙量洪水对接,以清驭浑,实现空间尺度的调水调沙。

此次试验是一次多库联合调度的调水调沙试验,洪水属于"上下共同来水",且各区域来水的含沙量不同,小浪底以上洪水含沙量较高,而小花区间洪水基本为清水,通过多水库的联合调度,清浑水对接。其调度理念为今后利用来自不同区间、不同含沙量的径流进行调水调沙提供了技术模式,也为异重流和浑水水库的调度提供了新的方式。

(三)第三次调水调沙试验模式——基于干流水库群水沙联合调度的原型试验

第三次调水调沙试验在 2004 年汛前实施。此时,万家寨、三门峡、小浪底三水库的水位都在汛限水位以上。万家寨水库水位约为 977 m,小浪底水库因上年来水较丰,水位高达 254 m,汛限水位以上蓄水量共计 46.68 亿 m³。但小浪底水库由于蓄水位较高,在回水末端形成了淤积三角洲,占用了部分长期有效库容。同时,黄河下游在经过了两次调水调沙以后,主槽的过流能力有了一定的提高,大部分河段达到 3 000 m³/s 左右,但在山东的徐码头和雷口两个河段,过流能力仅为 2 300 m³/s 左右,成为"卡口"。为了有效利用水库汛限水位以上蓄水,继续提高下游的过流能力,特别是"卡口"河段的过流能力,冲刷小浪底水库上段不利部位的淤积泥沙,决定进行第三次调水调沙试验。此次试验模式是在"卡口"河段和小浪底水库上段实施人工扰沙,以充分利用水流的富余挟沙能力;通过万家寨、三门峡两水库的调度,达到水流的长距离接力,在小浪底水库上段形成冲刷水流,冲刷经过人工扰动的淤积三角洲,并塑造异重流,将泥沙送至坝前并排泄出库。

第三次调水调沙试验的重点是三库的联合调度、异重流的塑造和人工扰沙。通过试验证明,在充分认识自然规律的基础上,能够有效地借用自然的力量,辅以人工干预,塑造适当的水沙过程,实现小浪底水库的淤积形态调整,利用小浪底水库长期有效库容,做到用而不占;实现人工异重流塑造,提高泥沙输送和水库排沙能力。

第二节　不同模式实施效果预测

在原型试验之前,利用黄河实体模型及数学模型检验试验模式和预案的合理性、可靠性及可操作性是黄河调水调沙试验的重要特点之一。

一、实体模型试验

黄河三次调水调沙试验各具特色,且具有不同的技术难点。实体模型围绕黄河三次调水调沙试验中小浪底水库调度的关键技术问题,基于水库实体模型相关试验成果的整理分析,对调水调沙试验过程及现象作出预测,为黄河调水调沙试验提供技术支撑。

参与调水调沙试验的实体模型包括小浪底水库模型和黄河下游小浪底至苏泗庄河道模型。

(一)水库实体模型试验

1.模型概况

小浪底库区模型模拟范围为大坝以上 62 km 库段,该库段包括了库区近 90% 的干流原始库容,有十余条库区内的较大支流在模型范围之内。模型高程模拟范围选择 165 m 至水库正常蓄水位 275 m。

模型设计采用的相似条件包括水流重力相似、阻力相似、挟沙相似、泥沙悬移相似、河床变形相似、泥沙起动及扬动相似,同时考虑异重流运动相似,即满足异重流发生(或潜入)相似、异重流挟沙相似及异重流连续相似。

2.调水调沙试验实体模型关键技术

1)调水调沙试验控制指标模拟

黄河首次调水调沙试验的关键是能否充分发挥水库自身的调节功能,当有高含沙洪水发生时,将天然的入库水沙过程调节为协调的出库水沙过程,满足出库含沙量不大于 20 kg/m³ 的试验指标。

水库实体模型试验边界条件为时间相近的地形条件及蓄水状况。水沙条件为 2001 年 8 月中下旬洪水过程,小浪底入库最大流量为 2 890 m³/s,含沙量大于 100 kg/m³ 的历时约 116 h,其中 300 kg/m³ 含沙量以上维持了 42 h。

试验过程显示,洪水进入水库的壅水段之后,由于沿程水深的不断增加,其流速及含沙量分布从明流状态逐渐变化为异重流状态,水流最大流速由接近水面向库底转移,当水流流速减小到一定值时,浑水开始下潜并且沿库底向前运行。

异重流的输移状况与入库水沙条件及库区边界条件关系密切。入库流量大且持续时间长、水流含沙量大且细颗粒泥沙含量高、河床纵比降大且库区地形比较平顺,则异重流运行距离长,异重流输移泥沙效率高。

在模型试验的水沙条件下,异重流输移至坝前仍可保持较高的含沙量,用排沙洞以异重流形式排沙能够达到较高的含沙量,最大含沙量达到 190 kg/m³(见图 2-1)。

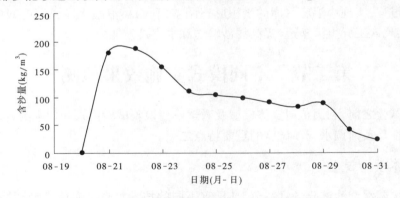

图 2-1　排沙洞出流含沙量过程(2001 年水沙条件)

异重流运行至坝前后,若控制泄流,部分到达坝前的浑水被拦蓄在库内形成浑水水库,浑水面的高程随达到坝前异重流水量的增加而不断抬升,如图 2-2 所示。当坝前浑水层顶高于发电洞底坎 190 m 高程时,发电洞亦会下泄浑水。

从坝前含沙量垂线分布看,浑水层含沙量上小下大,底层含沙量可达每立方米几百公斤,而且含沙量沿垂向的梯度非常大,如图 2-3 所示。因此,时刻关注浑水水库容积及垂线含沙量分布状况,据此调控各泄水洞分流比,对控制出库含沙量至关重要。

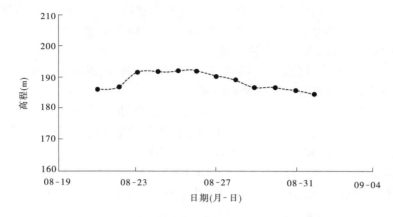

图 2-2　坝前浑水层顶高程变化过程（2001 年水沙条件）

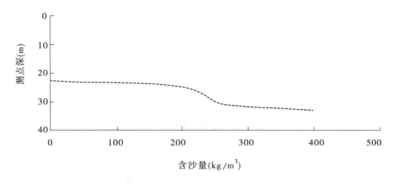

图 2-3　坝前 HH1 断面含沙量沿垂线分布

较小流量的入库水沙过程,在小浪底库区形成异重流后,因后续动力不足,不能运行至坝前,但可以形成浑水水库,并能持续数十天。多次过程重复叠加后,可形成较大体积的浑水水库,并缓慢推移至坝前。

模型试验结果表明,在调水调沙试验过程中,如果有异重流发生,为了控制小浪底水库的出库含沙量,满足调水调沙试验与下游协调水沙关系的控制指标,一是要密切监测异重流的运行推移,特别是异重流到达坝前的变化;二是要根据实测的坝前不同高程的水体含沙量,及时调整泄流孔洞组合,控制位于水库泄水洞群底部的排沙洞的泄流量。

2)异重流排沙临界水沙条件试验

第三次调水调沙试验基于干流水库群联合调度。试验的目标之一是,通过科学调控万家寨、三门峡、小浪底三大水库的泄流时间和流量,在库区塑造人工异重流,并实现异重流出库,从而减少水库淤积。显然,人工塑造异重流的关键技术是确定在现状的边界条件下,小浪底水库异重流排沙出库的临界水沙条件,包括入库流量及历时、水流含沙量及级配等。

模型试验模拟了不同流量和含沙量条件下的异重流形成和演变。从模型试验结果来看:

(1)在水库蓄水状态下,产生异重流需要的水沙条件较低,几百立方米每秒的流量、

10 kg/m³左右的含沙量,并存在一定数量的细颗粒泥沙即可产生异重流。因此,利用小浪底水库以上来水产生的水沙过程,冲刷小浪底水库淤积三角洲的泥沙,使之补充到水流中,进而在回水末端附近形成异重流是可能的。

(2)人工塑造异重流并使之输移至坝前,必须使形成异重流的水沙过程提供给异重流的能量足以克服异重流推移至坝前的能量损失。

异重流能量损失包括沿程损失及局部损失。沿程损失产生于异重流所受的阻力,包括床面阻力和交界面阻力。局部损失产生于边界条件发生突变的部位,如异重流潜入段、扩大段、收缩段、弯道处等流线曲率很大或有不连续处。

异重流流经弯道时产生环流,并产生横向比降。异重流在凹岸受边壁的阻挡作用与清水发生剧烈的掺混,进而使异重流能量减少。图 2-4、图 2-5 显示的弯道处异重流流速及厚度,凹岸均大于凸岸。

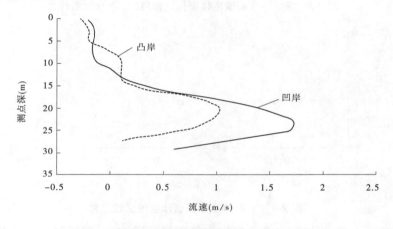

图 2-4　HH23 断面左右岸流速沿垂线分布图

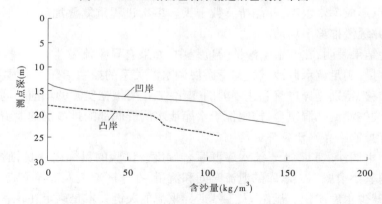

图 2-5　HH23 断面左右岸含沙量沿垂线分布图

异重流进入收缩河段后,流速会因过水面积减小而有所增大,而进入扩展河段,流速会大幅度减小。两者均会产生较大的能量损失。

干流异重流经过支流沟口,异重流会产生侧向流动倒灌支流。图 2-6 为小浪底库区最大一条支流畛水河口门处,干流异重流向支流倒灌时流速垂线分布图。在异重流向支流倒灌时,挟带的泥沙几乎全部沉积在支流内,干流异重流流量随着向沿程支流的倒灌而减少,能量也不断损失。

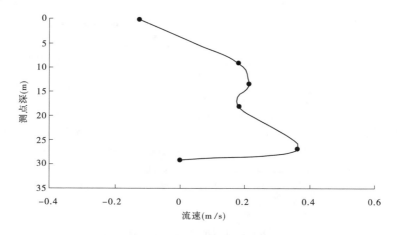

图 2-6　支流畛水河口门处流速沿垂线分布图

由于异重流总是处于超饱和输沙状态,在运行过程中,泥沙沿程淤积,交界面的掺混及清水的析出等,均可使异重流的流量逐渐减小,其动能相应减小。与之相应,其含沙量及悬沙中值粒径均沿程减小。

通过模型试验的模拟,流量 2 000 m³/s 以上洪水,含沙量达到 200 kg/m³ 以上,历时不短于 20 h,异重流可以到达坝前,实现排沙出库。但若单纯依靠小浪底水库淤积三角洲的泥沙作为塑造异重流的沙源,因此处泥沙较粗,则需更大的流量。

3)调整库尾淤积形态的临界冲刷流量试验

调整小浪底水库淤积形态是黄河第三次调水调沙试验的目标之一。这里提到的调整淤积形态体现在两个方面:其一是横向冲刷形态,即能否使三角洲顶坡段的冲刷横贯整个断面;其二是纵向冲刷形态,即能否使库区上段纵剖面得到充分的调整。调整淤积形态的动力条件是存在于万家寨水库与三门峡水库汛限水位以上的水量以及区间来水量。对于一般的沙质河床,河槽宽度 B 与流量 Q 成正比,较大的流量可使横向得到充分的调整,并在纵向充分调整。

分析试验结果表明,当小浪底水库水位下降至淤积三角洲充分出露之后,三门峡水库下泄的水流在三角洲范围内为明流,在水流的作用下,河床冲刷下切,个别部位还出现少量的塌滩现象。因库区上段河谷最宽处约为 400 m,当流量约为 2 000 m³/s 时,基本上可全断面冲刷,随着流量的逐步减小,虽然河槽仍继续下切,但冲刷宽度不断减小,当流量减小至 1 000 m³/s 及以下时,河槽冲刷宽度仅为 200 m 左右,近似呈高滩深槽的断面形态,如图 2-7 所示。因此,调整库尾淤积形态的临界冲刷流量应不小于 2 000 m³/s。

(二)河道实体模型试验

为了预测小浪底水库不同调水调沙试验模式在黄河下游的实施效果,利用"小浪底至苏泗庄河道动床模型"开展了相关预测预报试验。该模型模拟范围自小浪底坝址至山东鄄城苏泗庄险工,原型河道总长 349 km。模型除包括黄河干流外,还模拟了伊洛河、沁河

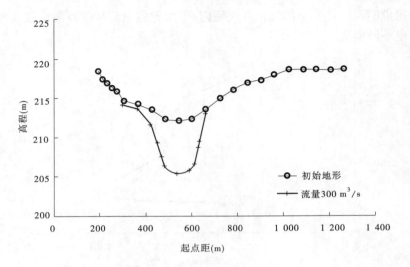

图 2-7　HH36 断面调整过程

两条支流的入汇情况。

　　该模型曾经进行过 1963~1964 年系列和 1999~2001 年系列的验证试验,并利用该模型先后完成了"小浪底水库运用方式研究小浪底至苏泗庄河段模型试验研究"、"小浪底水库 2000 年运用方案研究"、"小浪底至苏泗庄河段 1999 年、2000 年、2002 年汛期洪水预报模型试验"、"黄河下游游荡性河段河道整治方案的试验研究"等多项生产科研任务。所有这些成果都为黄河调水调沙试验提供了技术储备与指导。

　　1.不同调控流量效果对比模拟

　　对比模拟是为了分析小浪底水库运用初期调水调沙最优的调控流量,模拟调控流量(花园口站,下同)选择了 2 600 m³/s、3 700 m³/s 两个方案。同时,为了进一步深入分析、比较,相应调控流量 2 600 m³/s 方案,还进行了 2 000 m³/s 调控流量、小浪底水库自然滞洪运用(相当于调控 2 400 m³/s)的对比试验;相应调控流量 3 700 m³/s 方案,进行了调水调沙与否的对比试验。模型试验目标是分析论证不同调控流量下河床冲淤变化、河势变化、河岸坍塌情况及其效果。

　　1)调控流量 2 600 m³/s 方案对比模拟

　　A.水沙及边界条件

　　调控流量 2 600 m³/s 方案共进行了三组试验。试验一,调控上限流量 2 000 m³/s;试验二,调控上限流量 2 600 m³/s;试验三,水库自然滞洪运用。三组试验均以干流小浪底站来水为主,含沙量小于 10 kg/m³,且来沙较细,以粒径为 0.005~0.01 mm 的泥沙为主。伊洛河和沁河的入汇流量、含沙量过程相似,流量一般小于 300 m³/s,伊洛河含沙量一般小于 3 kg/m³,最大含沙量约为 15 kg/m³,沁河含沙量均小于 3 kg/m³。

　　试验初始边界条件均采用与当时相近的地形、河势及工程状况。试验河段内河道整治工程以 1998 年河务部门提供的资料为基础,模型进口按设计的水沙过程控制,尾部苏泗庄断面的水位参考黄河下游河道排洪能力设计所提供的苏泗庄设计水位~流量关系进行初步确定。

B.试验结果

(1)水位变化。三组试验在试验前后相同流量下水位降低幅度具有同一规律,即上段大于下段,水位降幅自上而下呈递减趋势。其中,试验一试验前后的水位,花园口以上降低 $0.31\sim0.41$ m,花园口以下降低 $0.10\sim0.28$ m;相应于试验二和试验三,试验前后相比,上段水位降低幅度分别为 $0.27\sim0.50$ m 和 $0.25\sim0.35$ m,下段水位降低幅度分别为 $0.13\sim0.25$ m 和 $0.07\sim0.23$ m。从水位变化上看,调控上限流量 2 600 m³/s 方案效果最好,自然滞洪方案效果较差。

(2)河床冲淤变化。三组试验中,模拟河段内河床普遍冲刷,冲刷强度上段大于下段,这与上述水位变化一致。调控上限流量 2 600 m³/s 方案冲刷强度大于 2 000 m³/s 方案,自然滞洪方案冲刷强度均小于前两种调控方案。但由于三组试验来水来沙总量接近,冲刷总量相差并不是很大。

(3)断面形态及深泓点高程变化。根据试验前后典型断面套绘情况,冲刷后断面面积较冲刷前有所增大。比较而言,铁谢至花园口河段主槽以下切为主,花园口以下以断面展宽为主,其中,花园口至东坝头河段展宽幅度最大。三组试验河槽平均展宽和下切幅度相差不大,铁谢至花园口河段、花园口至东坝头河段、东坝头至高村河段河槽平均展宽约为110 m、270 m、150 m。

点绘深泓点高程沿程变化情况,花园口以上河段高程降低幅度一般在 $0.7\sim3.0$ m 之间,花园口以下河段一般在 $0.5\sim2.0$ m 之间,深泓点降幅从大到小依次是试验二、试验一、试验三,与水位变化和断面冲淤变化表现出相同的规律。试验二对河床形态影响最大,说明调水调沙集中大流量下泄具有较强的造床作用。

(4)河势变化。对比三组试验的河势变化,试验前后总体上变化不大。铁谢以上是卵石河床,河势及主流摆幅相对变化较小;铁谢至逯村段,逯村工程靠河部位偏下,显示出铁谢工程送溜不力。温孟滩河段,由于工程较为配套,河道整治工程都能有效地控导河势,靠溜部位上提下挫,均在工程控制范围内。调控流量 2 600 m³/s 方案大流量历时相对较长,漫滩水流在南岸滩地拉沟成槽,而其他两方案依然保持原单股河态势。伊洛河口以下,工程少,河势演变过程中易形成"横河"、"斜河",造成塌滩。驾部至枣树沟,河势相对稳定,沁河口处的滩地塌失后退。桃花峪工程下游河势向好的方向发展。老田庵靠河长度增加,南裹头也由初始靠边溜而在试验结束时靠大溜。花园口至来潼寨之间,工程靠溜较好,河势比较规顺,武庄工程靠河部位靠下,时而有脱河现象。赵口下延工程修建后加大了主流北移的速度,大河滑过九堡,直接送到三官庙。九堡至徐庄工程之间河势比较散乱。顺河街工程靠河长度短,使大宫工程上首塌滩。王庵工程至古城工程之间,因初始畸形河湾的影响,河势散乱。东坝头险工着溜稳定,其下河势较为规顺,主流变化与初始河势相差不大。只是工程靠溜部位上提下挫,主流摆幅较小。

从水流漫滩情况来看,由于前期中小水持续冲刷,铁谢至赵口河段几乎没有出现漫滩现象;赵口以下,因冲刷强度逐渐减弱,大部分河段出现洪水漫滩,但漫滩范围相对不大,且持续时间较短。

2)调控流量 3 700 m³/s 方案试验

该组试验的目的是为了研究调水调沙运用调控流量 3 700 m³/s 方案时,黄河下游水流演进、漫滩情况、河床冲淤变化及河势演变情况等,同时与 2 600 m³/s 调控方案试验结果相对比,分析其合理性。

A.水沙及边界条件

试验水沙过程按黄河、伊洛河、沁河 1981 年 + 1978～1982 年实测过程设计,其中第一年来水以黄河来水为主,第六年伊洛河及沁河来水偏多。第一年及第六年的试验水沙过程见图 2-8。为便于比较,模型初始地形与 2 600 m³/s 方案试验完全相同。

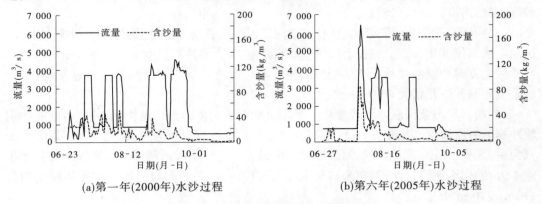

(a)第一年(2000年)水沙过程　　　　　　　　(b)第六年(2005年)水沙过程

图 2-8　试验流量、含沙量过程线

B.模型试验结果

(1)沿程含沙量恢复情况。由于小浪底水库拦沙运用,下泄水流含沙量很低。因此,下游河道河床对新的水沙条件在重新适应的过程中,河床变形相对剧烈。铁谢险工以下,河床沿程冲刷,使水流含沙量逐步加大。含沙量恢复状况随冲刷及时间的推移而不断发展,随着冲刷历时的延长,同流量级最大含沙量减小,而且出现最大含沙量的位置也向下游移动,表明冲刷不断向下游发展。2000 年 7 月份,在 2 000～2 500 m³/s 的流量作用下,河床冲刷使含沙量得到恢复,在官庄峪附近接近最大值,达到 15 kg/m³ 左右;8 月底,相同流量作用下,含沙量至花园口附近接近最大,达到 10～11 kg/m³,较 7 月有所减少;10 月小浪底水库提前蓄水,出库含沙量几乎为零,沿程测得的含沙量随冲刷时间的延长而有所降低,反映了河床粗化影响。试验中还观察到,在上游段实测悬移质含沙量很低、河床基本无悬沙补给的情况下,河床变形主要以沙波运动的形式向下游推移。

(2)河势变化及洪水漫滩情况。在整个试验过程中,温孟滩河段、伊洛河口至马渡河段河势变化与 2 600 m³/s 方案试验结果相似,差异的是河势上提下挫、河道展宽与下切的幅度。其他河段河势演变总体趋势基本一致,但洪水漫滩情况有明显差别,且河势变化的幅度也明显大于 2 600 m³/s 方案试验结果。九堡河段,初始时主流在九堡前坐弯后滑过九堡下首再折向黑石方向,九堡前河势北移,最后曲率半径较小的弯道全部取直,形成了黑石下首、徐庄、大张庄全部靠河的顺直河道。由于大张庄靠河部位靠上,黑岗口上延工程上首坐弯,顺河街工程尚未发挥控导溜势的作用,大宫工程以上滩地坍塌。大宫以下河段,王庵工程逐渐靠河并发挥作用,工程前初始的畸形河湾消失。古城工程以下北岸滩地塌滩。曹岗至东坝头河段,河势比较规顺,漫滩现象较为严重。河出东坝头险工后,由于滩地横比降较大,向东明滩区、长垣滩区漫水也比较严重。东坝头至高村河势变化不大。仅因堡城险工河势下挫,河道工程全线靠河,青庄险工处河势上提至上首,高村险工靠河位置相对变化较小。其下游直至苏泗庄,河势也基本在险工及控导工程控制范围之内。

由于前期河槽平滩流量较小,试验流量达 3 000 m³/s 时即出现漫滩现象,但随着滩唇的淤高,又影响了水流的漫滩。从各河段情况来看,黑岗口以上河段水流漫滩较多,滩地滞洪能力较强,致使下游河段流量减小。但随着冲刷的发展,上游段平滩流量增大,洪峰削减量减少,下游漫滩状况有所增加。2000 年 7 月 8 日小浪底水库下泄 3 724 m³/s 的流量,花园口以上大面积漫滩,下游漫滩较少,而 9 月 21 日随着上游河床的冲刷,平槽流量增大,漫滩范围明显减小,泥沙向下游不断推进,当小浪底站的流量为 3 656 m³/s、伊洛河流量为 28 m³/s 时,下游大留寺至堡城河段漫滩范围较 7 月明显加大。

本次试验反映出,水库运用初期应尽量避免下泄较大的流量过程。因为上游河段剧烈冲刷后,在较短的距离内即达到输沙平衡,使下游平滩流量较小的河段大面积洪水漫滩,降低了对河床冲刷的效果,同时又给滩区群众带来淹没损失。

(3)水位变化。小浪底水库运用初期,下泄水流的含沙量较低,整个河段普遍遭受不同程度的下切,整个试验河段内平滩流量增加,上段可达 4 500～4 800 m³/s,中段为 4 000 m³/s,下段则可达 3 000 m³/s 以上;水位降低更加明显。从整个冲刷过程看,冲刷强度前期大于后期,且自上而下发展。河槽冲刷下切,过洪能力增大,柳园口以上平滩流量可达 6 000 m³/s ,以下也在 4 500 m³/s 左右。

(4)河床冲淤变化及塌滩状况。试验中对每年汛前汛后地形均进行了详细的测量,冲刷主要集中在汛期,非汛期因水量较小,冲刷量不大。图 2-9 为累计冲淤量分布。从横断面套绘情况看,不同时期河道横剖面有较大变化,其中有些断面主槽位置在横向出现很大位移。

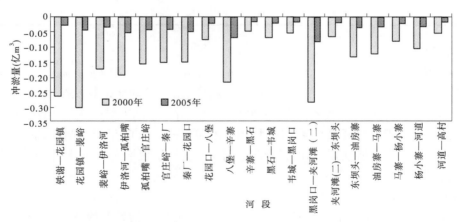

图 2-9　3 700 m³/s 试验方案下游冲淤量沿程分布图

C.调水调沙与否试验结果对比

采用两种水沙条件开展的方案试验结束后,最显著的差别就是下游河段防洪形势的变化。由河势变化与主流线套绘情况可以看出,由于控导工程发挥作用,两组试验中主流线相差不多。但在花园口以下河段,调水调沙时河宽及漫滩范围明显比不进行调水调沙时小,充分说明小浪底水库进行调水调沙可以迅速提高黄河下游河道过洪能力。

另外,从水位比较结果看,前一组试验水位有所降低,而第二组水位一般为升高,后者比前者水位表现高,显而易见,调水调沙减轻了下游的防洪压力。由两种试验冲淤量比较可知,调水调沙减淤作用也是显著的。

两种方案的河势变化相差不多,其中在工程配套情况较差的河段,河势演变规律也较为相近,如沙鱼沟河段的裁弯、官庄峪下游的弯顶塌滩、大王寨和王高寨工程前的大幅度摆动等。

2. 高含沙量水流过程在下游的演进模拟

1)设计水沙条件

2003 年调水调沙试验预案设计出库水沙过程最大出库流量为 2 600 m^3/s,最高含沙量 80 kg/m^3。水沙过程历时 12 天,不考虑伊洛河和沁河入汇,来水量、来沙量分别为 21.1 亿 m^3 和 0.72 亿 t。其中,调水调沙试验洪水过程历时 8 天,平均含沙量为 40 kg/m^3。调水调沙试验设计预案水沙过程见表2-1。

表 2-1　2003 年调水调沙试验设计预案水沙过程(花园口)

历时 (h)	累计天数 (天)	流量 (m^3/s)	含沙量 (kg/m^3)	历时 (h)	累计天数 (天)	流量 (m^3/s)	含沙量 (kg/m^3)
24	1	800	0	24	6	2 600	60
12	1.5	800	0	24	7	2 600	40
12	2	1 700	5	24	8	2 600	20
24	3	2 600	40	24	9	2 600	20
24	4	2 600	40	24	10	2 600	20
24	5	2 600	80	48	12	800	0

2)初始地形

模拟的河段内设有 104 个大断面,初始地形采用 2003 年汛前实测资料,并结合河势资料塑制模型初始河床地形。模型中的滩地、村庄、植被等地貌地物状况按 1999 年 4 月航摄、2000 年 6~7 月调绘成图的 1∶10 000 河道地形图制作,并结合现场查勘情况给予修正。河道整治工程按照现状实际情况进行布设。考虑到 2002 年调水调沙试验后个别河段决口的生产堤又有所恢复,本次试验前专门对此进行了现场查勘,滩地生产堤按照调查的实际情况进行布设。

3)模型试验结果

(1)河势变化。铁谢至马渡河段,除张王庄上下河势由初始两股逐渐演变为一股,且洪峰期有少量漫滩现象外,河势变化均较小,水流基本在主槽中运行,只是随流量增大,水面有所展宽。河出来潼寨下延工程后,河宽明显增大。主流在武庄工程前逐渐刷滩坐弯,横向顶冲武庄工程。随武庄工程前的河势调整,赵口前河势逐渐南摆,试验后期赵口下延工程靠河并发挥控导作用。毛庵工程前主流逐渐北摆,但发展较为缓慢,试验结束时毛庵工程仍离大河约 200 m。毛庵至大张庄河段,因初始大部分工程均不靠河,河势变化较大。在调水调沙第3天,流量增大至 2 600 m³/s 时,三官庙工程前河宽迅速增大,并出现局部漫滩。三官庙至大张庄河段的河势较初始变化很大,该河段河势一直处于不断调整过程中。黑岗口至顺河街河段河势一直比较稳定,顺河街工程下首大河继续向南淘刷滩地,但发展较为缓慢。主流过顺河街后仍基本沿汛前流路滑过大宫趋向王庵。王庵至古城之间的"S"形河湾未有大的变化,只是南北两弯顶处滩地继续向纵深塌失。古城至东坝头河段,主流走势与初始流路基本相同。调水调沙进行至第3天时,小浪底泄流流量涨至 2 600 m³/s,东坝头至苏泗庄部分河段开始漫滩,但漫滩的水量较小,范围也不大。同初始河势相比除河宽明显展宽外,主流的走向基本不变,各工程的靠河情况变化也较小。随着洪水历时的增加,部分河段的漫滩水流在试验中后期开始归槽。

(2)洪水水位表现。从模型试验各主要测站的最高水位看,一般均较 2002 年调水调沙试验原型最高水位偏低。其中,2 600 m³/s 流量下,花园口站最高水位为 93.36 m,夹河滩为 77.39 m,高村为 63.84 m。

(3)洪水传播时间。试验中小浪底至高村洪峰传播时间为 128.5 h。其中,小浪底至花园口河段为 20.5 h,花园口至夹河滩为 23.3 h,夹河滩至高村为 84.7 h。通过与 2002 年调水调沙原型实测相应河段洪峰传播时间比较,可以看出,小浪底至花园口河段经过 2002 年调水调沙试验,河槽受含沙量较小洪水的冲刷,水流更加集中,在本次模型试验水沙条件下,相应洪峰传播时间有所减少,但减小幅度较小;花园口至夹河滩河段受 2002 年原型调水调沙试验洪水冲刷影响较小,其洪峰传播时间与上年调水调沙试验相比基本接近;夹河滩至高村河段洪峰传播时间较 2002 年调水调沙试验期间有所增加,但增加幅度较小。

(4)河道冲淤变化。在设计的调水调沙试验过程中,小浪底至苏泗庄河段整体表现为冲刷。铁谢至花园口河段全断面冲刷 0.284 亿 t,花园口以下属微冲微淤性质。工程靠溜部位及最大冲深观测结果表明,铁谢、赵沟、裴峪、枣树沟、桃花峪、花园口、马渡、赵口等工程,河势长期比较稳定,且入流一般比较陡,水流集中形成的冲坑深度较大,一般大于 15 m,但最大冲刷坑深度不超过 19 m。

(三)认识与建议

通过对小浪底水库调水调沙前期储备试验研究及 2003 年调水调沙试验设计预案的预报试验成果的综合分析,提出如下认识和建议。

1.小浪底水库调水调沙可明显提高下游河道过洪能力

根据小浪底水库调水调沙调控流量 2 600 m³/s 方案和调控流量 3 700 m³/s 方案调水调沙与否的对比试验结果可以看出,在总的来水量、来沙量基本相同的情况下,试验前后水位的变幅及冲刷量统计结果均反映出小浪底水库进行调水调沙,可明显提高河道过洪能力。

2.小浪底水库运用初期调水调沙调控流量

上游河段剧烈冲刷后,水流在较短的距离内即达到输沙平衡,相应的下游各河段河槽冲刷下切幅度受限,平滩流量的提高尚需一定的时间,因而造成下游平滩流量较小的河段洪水大面积漫滩,不仅降低了对河床冲刷的效果,同时又给滩区群众造成经济损失。因此,小浪底水库运用初期调水调沙调控流量选择 2 600 m³/s 比较合适,随冲刷历时的延长,下游河道平滩流量增加,再适当增加调控流量,以求下游河道在较长距离内发生冲刷。

3.小浪底水库调水调沙应充分发挥异重流排沙对维持水库长期有效库容的效能

由小浪底水库调水调沙异重流排沙方案预报试验看出,虽然最高含沙量达到 80 kg/m³,平均含沙量达到 40 kg/m³,由于下泄泥沙粒径较细(中值粒径在 0.005~0.01 mm 之间),在合理的水沙搭配下,小浪底至苏泗庄河段整体仍表现为冲刷。因此,小浪底水库调水调沙运用,应根据库区淤积情况和淤积物粒径粗细,按"淤粗排细"原则,充分发挥异重流的排沙作用,将细颗粒泥沙适时排出库区,这样既维持了水库长期有效库容,提高小浪底水库死水位以下库容的利用效率,又不会造成下游河道的淤积。

4.适时提高调控流量,尽快提高下游河道的排洪输沙能力

对比调控流量 2 000 m³/s、2 600 m³/s、3 700 m³/s 下游河道的冲淤分布可以看出,大流量过程的冲刷幅度明显大于小流量过程。因此,随着黄河调水调沙的继续,为尽快提高下游河道的排洪输沙能力,应根据下游河道平滩流量的变化,尽可能地提高调控流量,增加对河床的冲刷效果。

另外,在各种模型试验中,我们发现,只要原始资料掌握得全面,初始地形制作能够与原型达到高度一致,对一些局部畸形河湾及其他典型河势的模拟和演变也基本可以达到与原型一致。因此,为便于模型更好地模拟原型的河势演变、滩地坍塌、滩区漫水等情况,对原型一些河段的重点部位、存在畸形河湾河段或其他需要研究河势演变的部位,也应进行加密测量,保证模型试验对原型数据的需求,进而保证试验成果的精度。

二、数学模型模拟

(一)黄河泥沙数学模型的特点

黄河泥沙数学模型是研究库区及下游河道泥沙冲淤变化和河床演变的重要手段之一,按使用范围可分为水库和下游河道两类数学模型,从原理上可分为水动力学和水文学两类数学模型。黄河泥沙数学模型具有以下主要特点:

(1)水动力学模型是根据水流、泥沙运动学及河床演变基本规律建立的,具有较严密的理论基础;水文学模型是以大量的实测资料分析为基础,并以水文学与水动力学因素相结合为理论依据建立的,比较符合黄河的实际情况。无论是库区模型还是下游河道模型,在建模过程中均充分考虑了黄河水沙和库区及下游河道冲淤变化特性,使模型能适应库区及黄河下游河道复杂的冲淤变化。

(2)模型分滩槽或分若干子河段计算,以反映库区和黄河下游河道在横向不同的冲淤特点。

(3)水库泥沙数学模型既可进行明流的输沙计算,也可进行异重流的输沙模拟;既可模拟干流淤积形态的变化,也可模拟支流的淤积倒灌问题。

(4)考虑含沙量对沉速的影响,修正挟沙力计算公式中的泥沙沉降速度,使挟沙力公式适用于高低含沙量。

(5)用分组挟沙力计算粗细泥沙的调整。

(6)根据河床冲淤情况或流量大小对糙率进行适当调整,来反映水流与河床的相互作用及泥沙冲淤对河床阻力的影响。

(7)利用分层储存模式储存床沙级配,跟踪冲淤过程中河床组成的变化。

(8)黄河泥沙数学模型均用库区及下游河道的实测资料进行了率定和验证。

(二)黄河泥沙数学模型模拟

在小浪底水库初期运用方式研究中,结合黄河水沙特点,在以往数学模型研究的基础上,建立了库区和黄河下游河道泥沙数学模型,并利用数学模型进行了大量的方案计算。通过多方案计算,对水库各种运用条件下,水库淤积量、干支流淤积形态变化、小浪底水库拦调水沙对下游河道尤其是艾山至利津河段的减淤效果以及下游河道相应的响应过程等方面进行了对比分析。

在每次调水调沙试验预案研究过程中,利用数学模型对不同的方案进行了分析计算,为调水调沙试验方案的确定提供了有力的技术支撑。

1. 首次调水调沙试验

在小浪底水库初期运用方式研究的基础上,首次调水调沙试验预案研究根据水库初期运用特点及下游河道边界条件,从提高黄河下游河道尤其是艾山至利津河段的减淤效果出发,采用 1986～1999 年历年的实测水沙过程,利用数学模型进行了水库调节计算,论证控制花园口断面调控上限流量 2 600 m^3/s,历时不少于 6 天,出库含沙量小于 20 kg/m^3 的调控指标。计算结果还表明,调控上限流量采用 2 600 m^3/s 时,调控库容采用 8 亿 m^3 基本可以满足调水调沙运用要求。

2. 第二次调水调沙试验

在第二次调水调沙试验预案研究中,利用数学模型对流量 2 600 m^3/s、含沙量 20 kg/m^3、历时 8 天和流量 3 000 m^3/s、含沙量 20～80 kg/m^3、历时 8 天以及流量 3 500 m^3/s、含沙量 80 kg/m^3 以上、历时 8 天三组基本控制指标情况下对下游河道冲淤变化进行了计算分析。计算考虑了不同含沙量的情况,计算结果见表 2-2。

从数学模型计算结果看出,控泄花园口流量 2 600 m^3/s,含沙量不大于 20 kg/m^3,下游河道可以基本全线冲刷,其中高村至艾山河段因水流漫滩,滩地发生淤积。

控泄花园口流量 3 000 m^3/s,当含沙量为 20 kg/m^3 时,全下游沿程冲刷;当含沙量大于 40 kg/m^3 时,因花园口至高村、高村至艾山河段水流均上滩,滩地发生淤积,且随着含沙量的增加,淤积量也增多,全下游整体表现为淤积,但主河槽仍全线冲刷。当含沙量在 50 kg/m^3 左右时,高村以上河段主槽略有淤积,高村以下主槽则仍发生冲刷。

控制花园口流量 3 500 m^3/s,含沙量大于 80 kg/m^3,下游河道总体淤积,但主河槽仍为冲刷。平均含沙量 80 kg/m^3、100 kg/m^3、120 kg/m^3,下游河道总淤积量分别为 1.045 亿 t、1.523 亿 t、1.970 亿 t,主槽的冲刷量分别为 0.332 亿 t、0.162 亿 t、0.092 亿 t。

数学模型计算结果表明,在试验前下游河道边界条件下,相对较大流量和一定含沙量水流下泄,下游河道淤滩刷槽效果明显,有利于增加主河槽的过流能力。

在调水调沙试验方案确定后,又根据制定的调水调沙调度方案和预报可能出现的洪水情况,选择 1992 年、1994 年、1996 年三个典型洪水,利用数学模型对水库排沙、下游河道冲淤变化等方面进行了计算分析,进一步论证和完善了调水调沙试验方案。

表 2-2　　不同方案下游河道的冲淤情况　　　　　（单位：亿 t）

河段	流量级	小黑武平均流量 2 600 m³/s			小黑武平均流量 3 000 m³/s				小黑武平均流量 3 500 m³/s		
	含沙量 (kg/m³)	0	10	20	20	40	60	80	80	100	120
花园口以上	主河槽	−0.201	−0.105	−0.073	−0.119	−0.046	0.066	0.237	0.261	0.431	0.503
	滩地	0	0	0	0	0	0	0	0.147	0.385	0.616
	全断面	−0.201	−0.105	−0.073	−0.119	−0.046	0.066	0.237	0.408	0.816	1.119
花园口—高村	主河槽	−0.077	−0.037	−0.001	−0.125	−0.061	0.032	0.055	−0.050	−0.020	−0.001
	滩地	0	0	0	0.137	0.213	0.298	0.410	0.622	0.670	0.772
	全断面	−0.077	−0.037	−0.001	0.012	0.152	0.330	0.465	0.572	0.650	0.771
高村—艾山	主河槽	−0.059	−0.064	−0.086	−0.135	−0.174	−0.198	−0.218	−0.280	−0.302	−0.312
	滩地	0.043	0.048	0.065	0.181	0.250	0.295	0.335	0.423	0.439	0.472
	全断面	−0.016	−0.016	−0.021	0.046	0.076	0.097	0.117	0.143	0.137	0.160
艾山—利津	主河槽	−0.062	−0.071	−0.088	−0.060	−0.080	−0.092	−0.104	−0.263	−0.271	−0.282
	滩地	0	0	0	0	0	0	0	0.185	0.191	0.202
	全断面	−0.062	−0.071	−0.088	−0.060	−0.080	−0.092	−0.104	−0.078	−0.080	−0.080
利津以上	主河槽	−0.399	−0.277	−0.248	−0.439	−0.361	−0.192	−0.030	−0.332	−0.162	−0.092
	滩地	0.043	0.048	0.065	0.318	0.463	0.593	0.745	1.377	1.685	2.062
	全断面	−0.356	−0.229	−0.183	−0.121	0.102	0.401	0.715	1.045	1.523	1.970

注：表中小黑武指小浪底、黑石关、武陟三站之和，下同。

3. 第三次调水调沙试验

第三次调水调沙试验的核心内容之一是塑造人工异重流，人工异重流的关键控制指标是异重流流量及时机，在 2004 年调水调沙预案制定中，利用数学模型从以下三个方面对上述关键指标进行了分析研究，为本次调水调沙试验小浪底库区人工异重流塑造方案的制定提供了依据。

（1）不同流量的人工异重流排沙计算条件。为了比较不同流量水库异重流排沙及淤积形态调整的效果，分别计算了三门峡水库泄放 2 000 m³/s、2 500 m³/s 流量形成人工异重流的情况。

水库调度过程为，在小浪底库水位下降到 235 m 前，三门峡水库维持库水位不变，按预报的各旬潼关来水流量下泄，潼关含沙量及相应的级配从实测资料中概化得出；当小浪底水库库水位下降到 235 m 左右，按控制花园口流量 1 150 m³/s 下泄 2 天后，库区淤积三角洲已高出回水末端水位十余米，此时利用万家寨和三门峡水库超汛限水位的蓄水进行一定大流量泄放，塑造人工异重流，直至万家寨、三门峡两水库分别达到其汛限水位；小浪底水库仍按控制花园口 2 700 m³/s 流量下泄，直至库水位达汛限水位 225 m（简称 235 m 方案）。

(2)小浪底水库不同库水位形成人工异重流时排沙计算条件。为对比分析小浪底水库在不同库水位形成人工异重流时的排沙效果和库区三角洲的冲刷情况,增加了小浪底水库库水位降至 240 m 左右时塑造人工异重流的计算方案(简称 240 m 方案)。

水库边界条件及调水调沙试验开始时机同 235 m 方案,比较的最小流量为 1 302 m³/s(控制三门峡水库下泄流量1 302 m³/s,在小浪底水库达到汛限水位 225 m 时,万家寨、三门峡两水库蓄水恰好全部泄空)。

(3)天然异重流水库排沙计算条件。据潼关断面 1960 年以来的实测资料分析,6 月份发生最大日流量 1 500 m³/s 以上洪水的几率为 22.7%,最大日流量可达 3 000~4 000 m³/s。因此,调水调沙期间潼关断面仍有可能发生中小洪水。当潼关来洪水时,小浪底库区将形成天然异重流。

选择潼关 1984 年 6 月 27 日~7 月 1 日的洪水过程作为典型洪水进行了排沙计算。该场洪水水量 11.85 亿 m³,沙量 0.29 亿 t,日平均最大流量为 1 830 m³/s。

对选定的典型洪水,分别进行了以下三个方案的排沙计算。其水库边界条件和调水调沙开始时机同 235 m 方案。

方案Ⅰ:开始调水调沙试验后,第三天潼关来洪水。

此种情况,三门峡水库提前 3 天下泄,将库水位降至 298 m,以后维持库水位不变,按典型洪水过程入出库水量平衡,小浪底水库按控制花园口 2 700 m³/s 下泄,直至库水位达到 225 m。除洪水过程以外,入库流量以预报的各旬平均流量计。

方案Ⅱ:当小浪底水库库水位降至 240 m 后,第三天潼关来洪水。水库泄放过程同上。

方案Ⅲ:当小浪底水库库水位降至 235 m 后,第三天潼关来洪水。水库泄放过程同上。

根据上述Ⅰ～Ⅲ三个方案数学模型的计算结果综合分析,小浪底库水位在 235 m 时,开始形成人工异重流的方案,其库区三角洲冲刷及小浪底水库排沙效果均明显优于 240 m 的方案。前者不同流量级塑造的人工异重流排沙量在 0.36 亿~0.49 亿 t,后者水库排沙量较前者减少 0.11 亿~0.14 亿 t。库区三角洲的冲刷量前者在 1.28 亿~1.71 亿 t,后者减少约 25%。

小浪底水库库水位 235 m 形成的人工异重流方案,流量小于 2 000 m³/s 时人工异重流排沙效果较 2 000 m³/s 以上为差,流量约 1 500 m³/s 时水库排沙要比 2 000 m³/s 方案减少约 26%。

控制流量 2 000 m³/s 和 2 500 m³/s,库区三角洲冲刷和水库冲刷相差不大,但 2 000 m³/s 方案异重流持续时间 6 天,而 2 500 m³/s 方案仅 4 天;另一方面,2 500 m³/s 方案流量与小浪底的控制下泄流量接近,异重流实际运行中,有可能在一定范围内扩散而部分形成浑水水库,降低水库排沙效果,这些因素在计算过程中往往难以反映。从水库排沙等方面考虑,2 000 m³/s 方案较为稳妥。

流量 2 000 m³/s 的人工异重流,河槽冲刷宽度约 400 m,可以将库区设计淤积纵剖面以上淤积物冲走,达到改善库区淤积形态的目的。

从 2004 年调水调沙试验目的出发,在小浪底库水位 235 m 时以 2 000 m³/s 的流量塑造人工异重流,水库的排沙效果、库区三角洲的冲刷效果以及库区淤积形态的改善均可基本达到拟定的试验目标。因此,推荐本次调水调沙试验采用该方案。

第三节　基于小浪底水库单库调节为主的原型试验

2002 年 5～6 月份,黄河上中游来水较近几年同期偏丰。在基本保证黄河下游用水的前提下,严格控制小浪底水库下泄流量,为调水调沙试验预留了一定的水量。至 7 月 4 日 9 时,小浪底水库水位已达 236.42 m,水库蓄水量 43.5 亿 m^3,具备了调水调沙试验的水量条件。

2002 年 7 月 4 日 9 时～7 月 15 日 9 时,黄委首次进行了有 15 000 人参加,涉及方案制定、工程调度、水文测验、预报、河道形态和河势监测、模型验证及工程维护等大规模的调水调沙原型科学试验。

一、试验条件和目标

(一)试验条件

2002 年小浪底水库主体工程和泄洪系统全部具备设计挡水条件和设计运用条件,6 台机组已全部投入运行发电。水库泄洪建筑物有 3 条明流洞、3 条排沙洞、3 条孔板洞和溢洪道。

小浪底水库运用初期各年的防洪限制水位因水库淤积、发电和水库调水调沙运用的要求而不同。2002 年主汛期(7 月 11 日～9 月 10 日)防洪限制水位为 225 m,相应库容 29.2 亿 m^3,后汛期(9 月 11 日～10 月 23 日)防洪限制水位为 248 m,相应库容 62.4 亿 m^3。

拦沙初期小浪底水库各年的防洪运用条件主要依移民搬迁高程而不尽相同。根据库区移民安置情况,2002 年水库允许最高蓄水位为 265 m,相应库容 96.3 亿 m^3,水库最大泄流量为 11 355 m^3/s。试验前,小浪底水库坝前断面淤积高程达到 176.5 m,水库总库容为 120.4 亿 m^3。

2002 年 6 月 30 日,万家寨水库库水位 973.85 m,相应蓄水量 6.62 亿 m^3,超汛限水位 7.83 m,超蓄水量 1.92 亿 m^3;三门峡水库库水位 307.72 m,相应蓄水量 0.32 亿 m^3,超汛限水位 2.72 m,超蓄水量 0.22 亿 m^3;小浪底水库库水位 236.09 m,相应蓄量 43.41 亿 m^3,超汛限水位 11.09 m,超蓄水量 14.21 亿 m^3。三个水库总蓄水量 50.35 亿 m^3,合计超蓄水量 16.35 亿 m^3。

(二)试验目标

试验目标:一是研究试验条件下黄河下游河道泥沙不淤积的临界流量和临界时间;二是使下游河道(特别是艾山至利津河段)不淤积或尽可能冲刷;三是检验河道整治成果,验证数学模型和实体模型,深化对黄河水沙规律的认识。

二、试验过程

(一)试验指标

1.调控流量

调控流量既要有利于艾山以下河道不淤或冲刷,同时也应避免艾山以上河段的现状河势发生剧烈变化,且不应对河道整治工程产生重大影响。根据以往的分析研究成果和实体模型、数学模型的模拟,按照汛前制定的调水调沙试验预案,考虑来水和水库蓄水状况及水情预报情况,本次试验以利用小浪底库区的蓄水为主,结合上游河道和三花间来水,流量控制指标确定为花园口站流量 2 600 m³/s,相应艾山站流量 2 300 m³/s 左右,利津站流量 2 000 m³/s 左右。试验结束后控制花园口流量不大于 800 m³/s。

2. 试验历时

考虑到黄河下游从 1999 年以来没有出现过较大洪水过程,洪水传播可能较慢。为了保证试验成功,避免艾山以下河段产生淤积,在原研究成果历时 6 天的基础上,延长为不少于 10 天时间。

3. 过程平均含沙量

前期研究成果表明,在过程平均含沙量不大于 20 kg/m³ 时,艾山以上河段冲刷且不会造成艾山以下河段淤积,确定这一结果为试验的含沙量指标。

为确保试验指标的实现,试验期间拆除所有浮桥,严格控制两岸涵闸引水。

(二)水库调度

1. 小浪底水库调度

试验前,小浪底水库坝前断面淤积高程达到 176.5 m,高于排沙洞底坎高程 1.5 m。为满足设计的出库水沙指标并适当兼顾小浪底水库坝前尽快形成淤积铺盖(小浪底枢纽大坝左岸漏水较严重,主要原因是淤积铺盖尚未完全形成),优先使用明流洞,适时开启排沙洞。为防止闸门振动和洞内可能出现不利流态对建筑物的影响,明流洞工作闸门不允许局部开启。水库流量及含沙量的精确控制主要通过排沙洞进行微调,必要时可利用发电洞进行微调。

试验期间,实时调整小浪底水库的下泄流量及泄水孔洞组合,成功实现试验要求的各项调度指标。

由于试验前期黄河下游沿河各站流量均在 600 m³/s 以下,考虑水流传播和沿程衰减的情况,为使水量尽快充蓄河槽,以便在试验开始后花园口流量能够尽快达到 2 600 m³/s,小浪底水库于 7 月 4 日 9 时全启 2#、3# 明流洞作为基流,同时启用 1# 明流洞、1# ～3# 排沙洞和 5 台机组,在 0.5 h 之内总出库流量凑泄到 3 100 m³/s。

7 月 4 日 9 时 36 分,小浪底水库最大下泄流量达 3 250 m³/s,此后小浪底水库逐渐减小下泄流量,至 7 月 7 日 9 时起调整流量为 2 550 m³/s。于 7 月 6 日后,将含沙量尽量控制在 15～20 kg/m³ 之间,以更符合调水调沙试验预案的要求。

7 月 6 日,中游小洪水在三门峡水库敞泄后演进至小浪底库区,小浪底库区发生异重流并不断增强,7 月 9 日小浪底坝前浑水层顶部高程达到 197.58 m,致使小浪底水库 7 月 8 日 20 时～9 日 8 时出库含沙量较高。为控制出库含沙量并满足小浪底近坝区淤积铺盖的形成,小浪底水库关闭所有排沙洞,全开 2#、3# 明流洞,不足部分用 1# 明流洞调节。

7 月 10 日,根据下游洪水表现,小浪底水库加大了下泄流量,自 10 日 18 时 30 分起,按 2 600 m³/s 控泄,7 月 10 日 22 时起,又调整为出库流量按 2 700 m³/s 控泄。小浪底采用全开 2#、3# 明流洞,不足水量通过局部开启 1# 明流洞补水方式达到调令要求。

7 月 15 日,小浪底水库库水位已接近汛限水位 225 m,鉴于试验历时已达预案要求,自 15 日 9 时起,小浪底水库停止按试验流量控泄,控制日平均下泄流量 800 m³/s。小浪底水库调水调沙试验结束。

　　小浪底水库泄流调令及执行情况见图2-10。

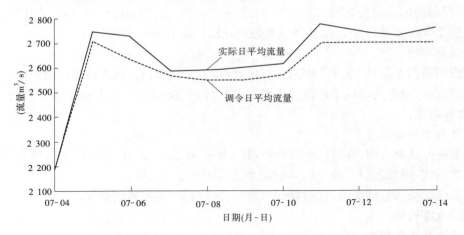

图2-10　试验期间小浪底水库泄流调令日平均流量与实际日平均流量对比

　　2.三门峡水库调度

　　在试验首日,即2002年7月4日23时,黄河中游龙门水文站出现2002年入汛以来最大洪水,洪峰流量为4 600 m³/s,最大含沙量为790 kg/m³。经分析,这次洪水量级、水量不大,含沙量较高,决定按原定预案对三门峡、小浪底两水库进行联合水沙调度,妥善处理中游防洪、淤积小浪底坝前铺盖和满足试验控制指标之间的关系。

　　试验期间,三门峡水库闸门启闭操作118次,先后投入12个底孔、两条隧洞泄洪排沙,控制异重流运行速度和强度,并及时调整小浪底水库泄流孔洞组合,控制出库含沙量,实现了三门峡水库敞泄排沙,最大限度地降低潼关高程;利用洪水将三门峡大量出库泥沙最大限度地输移至小浪底水库坝前,形成坝前防渗铺盖;确保已开始的调水调沙试验按预案顺利进行;有效调蓄洪水,减免黄河下游洪水漫滩损失。

　　(1)7月3~4日,在洪水没有进入三门峡水库前,三门峡水库按照控制305 m水位进出库平衡运用。期间三门峡水库闸门启闭操作22次,平均库水位304.79 m,平均出库流量831 m³/s。

　　(2)7月5日,根据入库洪峰预报和三门峡水库运行情况,为降低潼关高程且在小浪底库区形成异重流,三门峡水库于5日20时开启闸门排沙运用,排沙最低控制水位300 m,为防止库区护岸工程坍塌,库水位降速按不大于0.5 m/h控制。7月5日20时~6日19时30分,三门峡水库最大出库流量3 780 m³/s,最大出库含沙量507 kg/m³。

　　受三门峡水库大流量排沙影响,7月6日,距小浪底大坝上游64.83 km处的河堤水文站出现异重流现象,潜入点位于河堤水文站上游15 km处。

　　(3)为控制小浪底库区异重流运动,避免小浪底出库含沙量大于预案确定的指标,同时又使异重流运行至小浪底水库坝前,不影响调水调沙试验的正常进行,7月6日20时,三门峡水库进入控制运用状态,按滞洪水位不超过305 m控制;水位到达305 m后,加大下泄,逐步降至300 m。调节三门峡水库出库流量和含沙量的量级及历时,对小浪底库区异重流排沙过程起到了重要作用。

(4)为最大限度地降低潼关高程,并使小浪底水库入库泥沙最大限度地输移至小浪底水库坝前,利于形成防渗铺盖,三门峡水库自 7 月 7 日 11 时起,出库流量按 800 m³/s 左右控泄,待库水位到达 305 m 时,再按敞泄运用。在 7 日 11 时至 9 日 11 时,三门峡水库共启闭闸门 28 次,1 条隧洞、8 个底孔参与出库水沙的调节,出库最大洪峰流量为 3 780 m³/s,最大含沙量为 513 kg/m³。

7 月 9 日,考虑潼关站流量已回落到 1 000 m³/s 以下,三门峡水库停止排沙运用,底孔、隧洞相继关闭,水位逐步回升到 305 m,按入出库平衡运用。

(三)水沙过程

2002 年 7 月 4 日 9 时,小浪底库水位 236.42 m,蓄水量 43.5 亿 m³。7 月 15 日 9 时调水调沙试验结束时库水位 223.84 m,蓄水量 27.6 亿 m³,水位共下降了 12.58 m,相应水库蓄水量减少了 15.9 亿 m³。其中,汛限水位(225 m)以上补水 14.6 亿 m³。同期小浪底水库入库水量 10.16 亿 m³、沙量 1.831 亿 t,出库水量 26.06 亿 m³、沙量 0.319 亿 t,平均含沙量 12.2 kg/m³,水库淤积 1.512 亿 t,水库排沙比为 17.4%。

1.黄河中游洪水和潼关、三门峡水文站水沙特征

2002 年 7 月 4 日晨,黄河中游支流清涧河、延河上游骤降暴雨。受降雨影响,子长站 4 日 7 时 6 分出现 4 250 m³/s 洪峰流量,清涧河延川水文站 4 日 11 时出现了 5 050 m³/s 的洪峰流量,最大含沙量达 835 kg/m³。支流洪水先后到达龙门站,4 日 23 时 24 分出现 4 600 m³/s 洪峰流量,过程最大含沙量达 790 kg/m³。洪水在黄河小北干流演进时发生了 1977 年以来罕见的"揭河底"冲刷现象。洪水经过小北干流漫滩滞蓄,7 月 6 日 14 时 18 分到达潼关站,洪峰流量 2 150 m³/s,洪峰削减率 45.6%,过程中最大含沙量 208 kg/m³。7 月 1~15 日,潼关站径流量达 11.5 亿 m³,输沙量 0.92 亿 t。

三门峡水文站既是三门峡水库的出库水文站,也是小浪底水库的入库水文站。试验期间中游出现的洪水经三门峡水库调节后,三门峡站 7 月 6 日 10 时洪峰流量 3 100 m³/s,7 月 7 日 21.8 时又出现洪峰流量 3 780 m³/s。相应流量过程,三门峡站也出现了高含沙量过程,并有三个沙峰,分别是 7 月 6 日 2 时的 513 kg/m³、14 时的 503 kg/m³ 和 8 日 4 时的 385 kg/m³。7 月 11 日再次出现短历时洪峰,8 时洪峰流量 2 390 m³/s。7 月 1~15 日,三门峡水文站的径流量 12.5 亿 m³,输沙量 2.09 亿 t。

2.小浪底水库出库水沙过程

试验期间,小花区间来水只有 0.55 亿 m³,主要水量来自小浪底水库的下泄。试验前,小浪底水库按日均流量不超过 800 m³/s 下泄。7 月 4 日 9 时,小浪底水库加大下泄,流量快速上涨,10 时 54 分达到 3 480 m³/s,3 000 m³/s 以上的流量持续到 4 日 22 时。此后,流量基本维持在 2 500~3 000 m³/s 之间。7 月 15 日 9 时试验过程结束,小浪底水库出流控制到 800 m³/s 以下。试验期间,小浪底站出现两次沙峰,最大含沙量分别为 7 月 7 日 12 时 18 分的 66.2 kg/m³ 和 9 日 4 时的 83.3 kg/m³,而大部分时间含沙量都在 20 kg/m³ 以下,平均含沙量 12.2 kg/m³,过程变化见图 2-11。

3.黄河下游水沙过程

用过程减法计算,小浪底水文站的水量为 26.06 亿 m³,输沙量为 0.319 亿 t,时段平

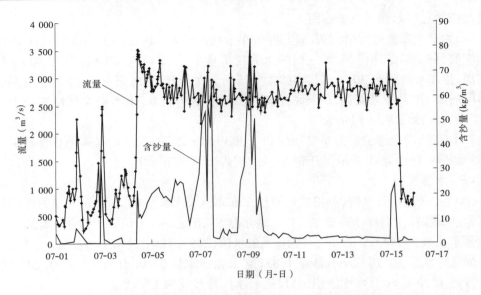

图 2-11 2002 年 7 月 1～16 日小浪底水文站流量、含沙量过程

均含沙量为12.2 kg/m³；小花区间沁河和伊洛河同期来水 0.55 亿 m³；进入下游的水量共 26.61 亿 m³，沙量为 0.319 亿 t。从整个流量过程看，花园口水文站历时 296 h，其中 2 600 m³/s以上流量持续 10.3 天，时段水量为 28.23 亿 m³，输沙量 0.372 亿 t，平均含沙量为 13.3 kg/m³；艾山水文站过程历时 352 h，2 300 m³/s 以上流量持续 6.7 天；利津水文站过程历时 344 h，2 000 m³/s 以上流量持续 9.9 天。下游最后一个观测站丁字路口站从 7 月 7 日 16 时流量开始上涨至 7 月 22 日 0 时洪峰回落，历时 344 h，通过的水量为 22.94 亿 m³，沙量为 0.532 亿 t。

小浪底水文站最大流量和最大含沙量分别为 3 480 m³/s 和 83.3 kg/m³，花园口水文站最大流量和最大含沙量分别为 3 170 m³/s 和 44.6 kg/m³，丁字路口站最大流量和最大含沙量分别为2 450 m³/s和 32.9 kg/m³。2002 年调水调沙试验期间黄河下游各水文站水沙量及特征值见表 2-3 及表 2-4。

用等历时法计算，以最下游的丁字路口水文站的洪水历时作为计算时段，计算各水文站的径流量、输沙量。花园口水文站洪水总量为 29.54 亿 m³，丁字路口水文站水量为 22.51 亿 m³，全程水量损失为 7.03 亿 m³。其中，花园口—夹河滩河段水量损失 0.22 亿 m³，夹河滩—高村河段水量损失 2.59 亿 m³，高村—孙口河段水量损失 1.78 亿 m³，孙口—艾山河段水量损失 0.65 亿 m³，艾山—泺口河段水量损失 1.08 亿 m³，泺口—利津河段水量损失 0.24 亿 m³，利津—丁字路口河段水量损失 0.47 亿 m³。

4.黄河下游流量过程变化

进入下游的水沙过程，尽管流量只相当于小量级洪水，但流量过程出现坦化和变形，不同流量的传播时间相差明显，水量损失大，水位高。

从水文站的流量过程看（见图 2-12、图 2-13），小浪底水库从 7 月 4 日 9 时加大流量，到丁字路口水文站 7 月 7 日 16 时从 545 m³/s 起涨，传播历时为 79 h，起涨以后各水文站的流量过程逐步表现出差异。

表 2-3　黄河下游各水文站水沙量计算

站名	起始时间(月-日 T 时)	结束时间(月-日 T 时)	历时(h)	水量(亿 m³)	沙量(亿 t)
黑石关	07-04T09	07-01T 09	264	0.49	—
武陟	07-04T09	07-15T09	264	0.06	—
小浪底	07-04T09	07-15T09	264	26.06	0.319
小黑武	07-04T09	07-15T09	264	26.61	0.319
花园口	07-04T16	07-17T00	296	28.23	0.372
夹河滩	07-05T00	07-17T12	300	28.14	0.400
高村	07-05T12	07-18T02	302	25.84	0.328
孙口	07-06T04	07-20T16	348	25.76	0.364
艾山	07-06T08	07-21T00	352	25.14	0.449
泺口	07-06T14	07-21T00	346	23.74	0.451
利津	07-07T00	07-21T08	344	23.35	0.505
丁字路口	07-07T16	07-22T00	344	22.94	0.532

表 2-4　黄河下游各水文站特征值统计

站名	最高水位		最大流量		最大含沙量	
	时 间 (月-日 T 时:分)	水位 (m)	时 间 (月-日 T 时:分)	流量 (m³/s)	时 间 (月-日 T 时:分)	含沙量 (kg/m³)
小浪底	07-04T10:54	136.38	07-04T10:54	3 480	07-09T04:00	83.3
黑石关	07-07T12:00	107.88	07-07T12:00	109	07-02T08:00	0.155
武陟	07-07T14:00	103.17	07-07T14:00	13.5	—	—
花园口	07-06T02:00	93.67	07-06T04:00	3 170	07-10T04:00	44.6
夹河滩	07-06T20:00	77.59	07-06T16:30	3 150	07-10T19:42	36.0
高村	07-11T09:00	63.76	07-11T09:10	2 980	07-07T14:00	24.7
孙口	07-17T11:42	49.00	07-17T11:42	2 800	07-08T00:00	30.2
艾山	07-18T00:24	41.76	07-18T00:24	2 670	07-09T20:00	27.7
泺口	07-18T15:24	31.03	07-18T15:24	2 550	07-13T08:06	26.7
利津	07-19T05:00	13.80	07-19T05:00	2 500	07-11T08:00	31.9
丁字路口	07-19T10:00	5.53	07-19T10:00	2 450	07-13T14:18	32.9

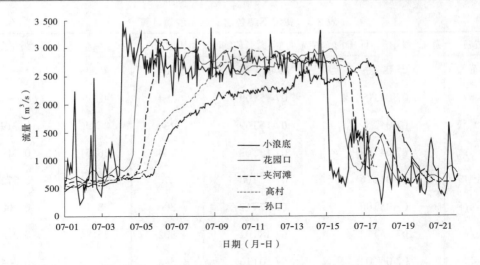

图 2-12　2002 年 7 月小浪底—孙口间水文站流量过程线

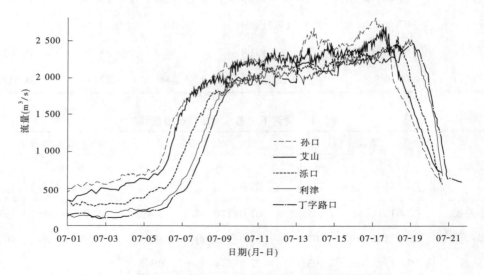

图 2-13　2002 年 7 月孙口—丁字路口间水文站流量过程线

　　小浪底、花园口、夹河滩三个水文站的流量过程线比较相似,基本呈现为矩形波,流量由 1 000 m³/s 以下上涨到 3 000 m³/s,花园口水文站历时 14 h,夹河滩水文站历时 24 h。小浪底水文站过程线受水库出流调节的影响,流量起伏变化频繁;经小花河段的河道调节,花园口、夹河滩两水文站流量过程相对比较平稳,总体看,两站的过程与小浪底水文站的过程基本一致。高村水文站流量过程的起涨段已发生变化,在 1 800 m³/s 以下时涨势较快,流量超过 1 800 m³/s 后呈现出明显的坦化,至涨到 2 500 m³/s,历时 58 h。孙口水文站在流量超过 2 200 m³/s 后进一步坦化,及至流量达到 2 500 m³/s,历时 100 h,到 7 月 17 日 11 时才出现过程的最大流量 2 800 m³/s。比较小浪底至孙口各水文站的流量过程线,小浪底、花园口、夹河滩三站的最大流量出现在过程前期,高村水文站的最大流量出现在过程中期,而孙口水文站的最大流量出现在临近结束时。孙口以下各水文站的过程与孙口站基本一致。

5.黄河下游洪水传播时间及水位沿程表现

本次试验的洪水过程不同于自然洪水。在这种情况下,分析流量过程的传播时间是比较困难的。

小浪底水文站 2002 年 7 月 4 日 10.9 时最大流量 3 480 m^3/s,花园口站 6 日 4 时最大流量3 170 m^3/s,小花河段洪水传播时间长达 41.1 h,为 20 世纪 90 年代以来同流量洪水平均传播时间的 2.3 倍,比传播时间最长的 24.7 h(1997 年 8 月洪水)还要长 16.4 h。

以最大流量计,花园口至利津洪水传播时间达 313 h,是 90 年代同量级流量平均传播时间的 3.5 倍,是历史最长传播时间的 1.6 倍。花园口至孙口洪水传播时间 271.7 h,是 90 年代同量级洪水平均传播时间的 4.9 倍,比 1996 年 8 月洪水传播时间 224.5 h 还长 47.2 h。其中,夹河滩至高村、高村至孙口河段最大流量传播时间分别为 114.2 h、146.5 h,分别是同量级洪水平均传播时间的 3.8 倍、4.8 倍,比 1996 年 8 月洪水传播时间分别长 36.7 h、25.5 h。

从小浪底流量起涨,到丁字路口起涨,历时 94.6 h,其中花园口—利津水文站历时 68 h,比正常洪水传播略快。在 1 500 m^3/s 和 2 000 m^3/s 流量级,花园口—利津河段洪水传播时间分别为 87 h、91.3 h,接近历史同量级流量的平均传播时间。2 000 m^3/s 以上流量级,传播时间逐渐延长。在 2 500 m^3/s 流量级,花园口—利津河段洪水传播时间 136.5 h,其中花园口—孙口河段就达 102 h,约为该河段正常传播时间的 1.9 倍。在 3 000 m^3/s 流量级,花园口—利津河段洪水传播时间则长达 296 h,其中花园口—孙口河段 199 h,是正常洪水传播时间的 3.6 倍。原因是在 2 000 m^3/s 流量时,夹河滩到孙口河段出现了漫滩现象,大大滞缓了流量的传播。

小浪底以及下游的艾山、泺口、利津、丁字路口等水文站,断面较窄,历年来水位～流量关系曲线变化相对比较稳定。而处于宽浅河道的花园口、夹河滩、高村、孙口等站,水位～流量关系曲线变化相对较大。小浪底站的水位～流量关系为单一曲线;花园口站水位～流量关系为顺时针绳套曲线,同流量水位是下降的;夹河滩站表现为一个逆时针绳套曲线,而且涨落时段同水位流量的差值很小,可以近似作为单一线应用,同流量水位变化不大;高村站为一个顺时针绳套曲线,在其低水部分涨落时的同水位流量变化不大,而高水部分(2 000 m^3/s 以上)同水位流量差值明显扩大;孙口为一个逆时针的狭窄绳套曲线,在低水部分同水位流量变化不大;艾山站也为一个逆时针的狭窄绳套曲线,在高水部分绳套曲线变化较大,同水位流量差值变化也较大;泺口为一个顺时针的"8"字形绳套曲线;利津站高水部分为单一关系;丁字路口的水位～流量关系基本为平行线族。

在调水调沙试验过程中,同流量(2 000 m^3/s)水位,花园口站、高村站分别下降 0.35 m、0.24 m,泺口站、丁字路口站分别下降 0.15 m 和 0.5 m,其他水文站断面同流量水位变化不大,全下游只有孙口站同流量水位抬升幅度较大,上升了 0.15 m。

6.黄河下游含沙量过程及其变化

试验过程中黄河下游沿程含沙量取决于出库含沙量及沿程的调整,这些调整包括主槽冲刷、滩地淤积、沙峰坦化等。从小浪底水文站—丁字路口站含沙量过程线(见

图 2-14、图 2-15)可以看出,小浪底站的含沙量过程变化较大,但是沙峰到达花园口和夹河滩水文站时,峰值已经坦化。而后几个水文站的过程更是趋于均匀。从此次过程中各水文站的平均含沙量情况看,小浪底水文站到孙口水文站平均含沙量变化不大,仅从 11.6 kg/m³ 增大到 14.5 kg/m³,其中夹河滩到高村河段还有所减少。但是孙口水文站以下各站含沙量沿程增加较快,丁字路口站的平均含沙量达到 23.8 kg/m³。

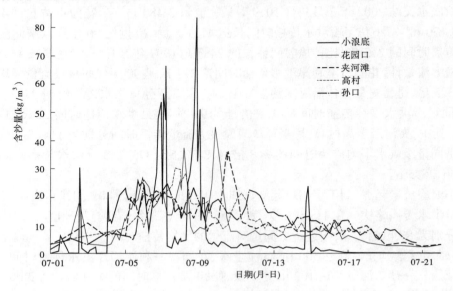

图 2-14　2002 年调水调沙试验期间黄河小浪底至孙口间各站含沙量过程线

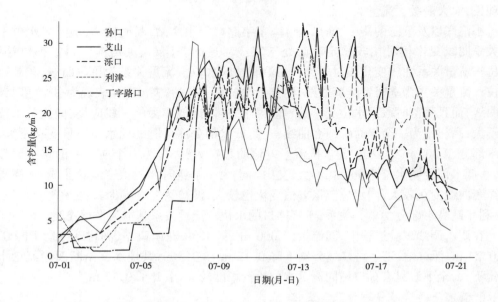

图 2-15　2002 年调水调沙试验期间黄河下游孙口至丁字路口各站含沙量过程线

第四节　基于空间尺度水沙对接的原型试验

2003 年 8 月下旬至 10 月中旬,黄河中游支流泾、渭、洛河流域和三花间出现了历史上少有的 50 余天的持续性降雨,干、支流相继出现 10 多次洪水,其中渭河接连发生了 6 次洪水过程,是历史上少见的"秋汛"。黄委根据汛前制定的调水调沙预案,抓住有利时机,继 2002 年首次调水调沙试验后,于 2003 年 9 月 6~18 日进行了黄河第二次调水调沙试验。

这次试验的主要特点是:通过小浪底、三门峡、故县、陆浑四座水库的水沙联合调度,利用小浪底水库不同泄水孔洞组合,塑造一定历时和不同的流量、含沙量及泥沙颗粒级配的水沙过程,加载于小浪底水库下游伊洛河、沁河的"清水"之上,并使其在花园口站对接,形成花园口站相对协调的水沙关系,实现既排出小浪底水库的淤积泥沙,又使黄河下游河道达到不淤积的目标。

一、试验条件和目标

(一)试验条件

1.前期水情

2003 年 8 月 25 日~9 月 5 日,泾、洛、渭河和小花间各支流相继涨水,潼关站先后出现两次洪峰。根据预报,9 月 5~6 日,晋陕区间局部、汾河及北洛河大部地区、泾渭河大部地区、三花区间还将有一次大的降水过程。

经四库水沙联合调度后,9 月 3 日 22 时花园口站洪峰流量 2 780 m³/s。该次洪峰来自小浪底水库坝下至花园口区间,含沙量在 5 kg/m³ 以下。在向下游演进过程中,洪峰平稳通过利津水文站,起到了"清水探路"的作用。考虑到防洪安全和洪水资源化利用,在上述洪水过程中,采取了以蓄为主的四库联调、削峰错峰运用方式。

2.水库蓄水

9 月 5 日 8 时小浪底水库蓄水位已达 244.43 m,相应蓄水量 53.7 亿 m³,距 9 月 11 日以后的后汛期汛限水位 248 m 相应蓄水量仅差 6.2 亿 m³。若小浪底水库仍按蓄水方式运用,预计 9 月 8 日库水位将达到 248 m。如果后期继续来水,蓄水位将超过 250 m。

9 月 5 日,小浪底坝前(距坝 4 m)淤积面高程 182.8 m。按照设计条件,淤积面高程达到 183.5 m 就要进行防淤堵排沙运用。前期洪水在坝前形成了浑水层厚度达 22.2 m 的浑水水库,悬浮的泥沙为粒径小于 0.006 mm 的细泥沙。

三门峡水库汛期的第三次敞泄排沙仍在进行。

陆浑水库 9 月 5 日库水位为 317.19 m。故县水库 9 月 5 日库水位为 527.29 m。两库均超过汛限水位。

3.下游河道情况

经过 2002 年调水调沙试验,根据冲淤计算结果,采用多种方法综合分析确定出试验前黄河下游河道主槽过流能力有所提高。但在史楼和雷口断面,过流能力还显不足。

(二)试验指导思想和目标

1. 试验指导思想

通过以小浪底水库为主的四库水沙联调,有效地利用小花间的清水,与小浪底水库下泄的较高含沙量水流进行水沙"对接",在下游河道冲刷或不发生淤积的前提下,最大限度地排出小浪底水库的泥沙,减少小浪底水库的淤积,并进一步深化对小浪底水库运用方式和黄河水沙规律的认识。

2. 试验目标

(1)下游河道发生冲刷或至少不发生大的淤积,尽可能多地排出小浪底水库的泥沙。

(2)进行小浪底水库运用方式探索,解决闸前防淤堵问题,确保枢纽运行安全。

(3)探讨、实践浑水水库排沙规律以及在泥沙较细、含沙量较高情况下黄河下游河道的输沙能力。

二、试验过程

(一)试验指标

根据汛前制定的 2003 年黄河调水调沙调度预案,结合当时的水情、工情,通过前期河道排洪能力分析、三花间洪水演进分析、数学模型计算和实体模型试验,考虑下游普遍降雨后引用水较少和小浪底水库已形成浑水水库、出库泥沙颗粒较细的实际情况,将试验时段内调控指标确定为:控制花园口站平均流量 2 400 m^3/s,平均含沙量 30 kg/m^3,流量历时第一阶段按 6 天考虑,延续时间根据后续来水情况滚动确定。

(二)水库调度

1. 三门峡水库调度情况

1)敞泄运用阶段

试验初期,根据当时潼关流量仍在 2 500 m^3/s 左右,渭河防汛形势十分严峻及 9 月 4~6 日渭河流域强降雨预报等情况,综合分析当前防汛形势及对降低潼关高程的影响,在 9 月 10 日 22 时前,三门峡水库实施敞泄排洪运用。

2)回蓄阶段

9 月 10 日,考虑北村站水位降低、水库进出库含沙量减小和潼关流量下降等综合因素,三门峡水库自 22 时起开始逐步回蓄,按 305 m 水位控制运用。9 月 14 日后,为了协助查找华阴市被洪水冲失的弹药,三门峡水库曾经短暂关闭除机组以外的所有泄水孔洞,直到调水调沙结束的 9 月 18 日,三门峡水库蓄水位被迫暂时抬高至 308 m 运用。

2. 陆浑、故县水库调度情况

在试验过程中,陆浑水库适时调控、故县水库控泄运用,尽量拉长、稳定小花间的流量过程,以利于小浪底水库配沙;小浪底水库实时调控下泄水沙量,稳定花园口站水沙过程。

9 月 6 日,伊河、洛河再次发生洪水,东湾和卢氏站洪峰流量分别达 1 440 m^3/s 和 1 310 m^3/s。陆浑、故县两水库开始分别按 500 m^3/s 和 300 m^3/s 的流量下泄。此后,陆浑、故县两水库根据黄河中下游水情对下泄流量进行了调整,陆浑水库 9 月 7 日 13 时起调整为按日均 300 m^3/s 流量控泄,9 月 11 日 12 时起又调整为按 50 m^3/s 下泄。故县水库下泄流量分别在 9 月 7 日 13 时、9 月 8 日 10 时和 9 月 12 日 12 时分别调整为日均

90 m³/s、200 m³/s 和 90 m³/s。陆浑、故县两水库削峰率分别为 65.3% 和 44.7%,最大拦蓄量分别为 0.46 亿 m³ 和 1.27 亿 m³。

　　3.小浪底水库调度情况

　　小浪底水库调度遵照以稳为主、宁小勿大的原则。小浪底水库前期以小水大沙运用为主,中期调整沙量,后期清水冲刷,保证在库区排沙的情况下下游河道不淤积。

　　流量调控:以小花间来水为基流,控制小浪底出库流量在花园口站进行叠加,控制花园口站平均流量在 2 400 m³/s 左右。

　　含沙量调控:含沙量对接主要依据输沙量平衡原理。以伊洛河、沁河含沙量为基数,考虑小花干流河道的加沙量,调控小浪底水库的出库含沙量,控制花园口站平均含沙量在 30 kg/m³ 左右。

　　为做到准确对接,在 6 天河道水量预估的基础上,实施了以 4 h 为一个时段、小花间 36 h 流量过程滚动预报。对小浪底水库实行了 4 h 一个时段,每次两段制的平均流量、平均含沙量的精细调度。

　　小浪底水库进行明流洞、排沙洞和机组多种孔洞组合方式运用,并通过实时监测修正,实现调控的出库流量和含沙量指标。

　　9 月 17 日小浪底水库浑水层全部泄完,坝前淤积面高程降低至 179 m 以下。9 月 18 日,黄河下游兰考蔡集工程前生产堤决口,出现漫滩,堤河水深达几米,对黄河大堤安全产生威胁;引黄济津也已经于 9 月 12 日开始,国家防办对降低引黄济津含沙量提出了要求;小浪底水库库水位接近 250 m,能够实现大坝分阶段蓄水 250~260 m 水位检验的要求。综合考虑以上因素,决定从 9 月 18 日 18 时 30 分结束黄河第二次调水调沙试验调度,小浪底水库暂按日均 400 m³/s 流量下泄。

　　试验期间小浪底水库泄流调令及执行情况见图 2-16。

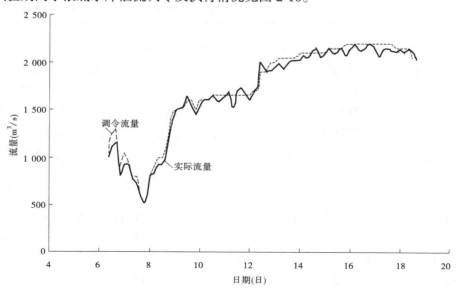

图 2-16　2003 年 9 月试验期间小浪底水库泄流调令流量与实际流量对比

(三)水沙过程

1.试验期间三门峡、小浪底水库入出库水沙过程

1)三门峡水库入库(潼关站)水沙过程

8月25日~9月18日,渭河华县站先后出现3次洪水过程,最大洪峰流量为3 570 m³/s(9月1日10时),最大含沙量为606 kg/m³,径流量为25.07亿 m³,输沙量为1.483 亿t;同期,黄河干流龙门站也先后产生数次小洪水过程,最大洪峰流量为8月26日2.6 时3 150 m³/s,最大含沙量为140 kg/m³,径流量为23.96亿 m³,输沙量为0.289亿 t。

受渭河持续洪水及黄河中游干流来水影响,黄河潼关站8月25日~9月18日产生 了一次持续洪水过程,最大洪峰流量为9月9日7.1时的3 200 m³/s,最大含沙量为8月 28日17时的260 kg/m³,2 000 m³/s以上流量持续时间达16天。潼关站8月25日~9 月18日径流量为47.98亿 m³,输沙量为1.994亿 t。洪水特征值见表2-5,流量及含沙量 过程见图2-17、图2-18。

表2-5　潼关水文站9月6日8时~18日20时洪水特征值统计

站名	时段水量(亿 m³)	时段沙量(亿 t)	最高水位		最大流量		最大含沙量	
			时间(月-日 T时:分)	水位(m)	时间(月-日 T时:分)	流量(m³/s)	时间(月-日 T时:分)	含沙量(kg/m³)
龙门	12.62		09-16T23:18	384.12	09-16T23:18	1 650	09-06T08:00	
河津	0.568		09-06T08:00	374.44	09-06T08:00	120	09-06T08:00	0
华县	8.965	0.059 9	09-08T18:00	341.73	09-08T18:00	2 290	09-10T08:00	19.5
洑头	0.754		09-06T20:00	362.70	09-06T20:00	153		
潼关	22.88	0.211 2	09-08T21:00	328.91	09-09T07:06	3 200	09-07T08:00	35

9月6~18日试验期间,渭河华县站最大洪峰流量为9月8日18时的2 290 m³/s,最 大含沙量为10日8时的19.5 kg/m³,最高水位为8日18时的341.73 m,时段径流量为 8.965亿 m³,时段输沙量为0.059 9亿 t。同期,黄河干流龙门站也先后产生数次小的洪 水过程,最大洪峰流量为9月16日23.3时的1 650 m³/s,但是含沙量很小,时段径流量 为12.62亿 m³。同期黄河干流潼关站也先后产生数次小洪水过程,最大洪峰流量为 9月9日7.1时的3 200 m³/s,最大含沙量为9月7日8时的35 kg/m³,最高水位为8日 21时的328.91 m,相应时段径流量为22.88亿 m³,输沙量为0.211 2亿 t。

2)三门峡水文站水沙过程

试验前和试验期间,黄河中游洪水经三门峡水库的调节后,三门峡水文站于8月25 日~9月18日产生了持续洪水过程,并呈现多次涨落。三门峡水库在试验前有一次明显 的排沙过程,三门峡站8月27日0.2时洪峰流量3 830 m³/s,9月1日4时洪峰流量 3 010 m³/s,9月6日8时洪峰流量3 000 m³/s,9月8日16时洪峰流量3 100 m³/s;最大 含沙量为8月27日8时的486 kg/m³。8月25日8时到9月18日20时径流量为48.1 亿 m³,输沙量为3.602亿 t。

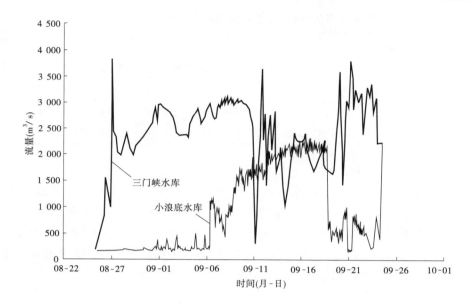

图 2-17　三门峡、小浪底两水库出库流量过程(2003 年 8 月 25 日~9 月 29 日)

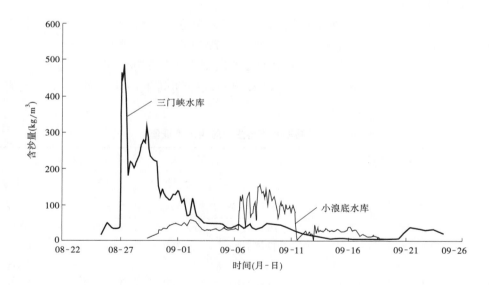

图 2-18　三门峡、小浪底两水库出库含沙量过程(2003 年 8 月 25 日~9 月 29 日)

9 月 6 日 8 时到 9 月 18 日 20 时的试验期间,三门峡站径流量为 24.25 亿 m³,输沙量为 0.58 亿 t;最大流量为 11 日 20 时的 3 650 m³/s,最大含沙量为 8 日 20 时的 48 kg/m³。三门峡站水沙特征值见表 2-6。

表 2-6　三门峡、小浪底出库水沙量特征值统计(9 月 6 日 8 时～18 日 20 时)

站名	时段 水量 (亿 m³)	时段 沙量 (亿 t)	最高水位		最大流量		最大含沙量	
			时间 (月-日 T 时:分)	水位 (m)	时间 (月-日 T 时:分)	流量 (m³/s)	时间 (月-日 T 时:分)	含沙量 (kg/m³)
三门峡	24.25	0.580	09-11T20:00	277.98	09-11T20:00	3 650	09-08T20:00	48
小浪底	18.27	0.815	09-16T23:00	235.72	09-16T09:30	2 340	09-08T06:00	156

3)小浪底站出库水沙过程

9 月 6 日试验开始后,小浪底水库蓄水仍持续增加。至 9 月 13 日,水库蓄水达 64 亿 m³,后缓慢回落。至 9 月 18 日,水库蓄水量 61.7 亿 m³。8 月 25 日 8 时～9 月 18 日 20 时,小浪底水库下泄水量 20.36 亿 m³,输沙量 0.868 亿 t。9 月 6 日 8 时～18 日 20 时,小浪底水库下泄水量 18.27 亿 m³,输沙量 0.815 亿 t。按照输沙率法计算,9 月 6 日 8 时～18 日 20 时,小浪底水库冲刷 0.235 亿 t,有效减少了水库淤积。

2.试验期间黄河下游水沙过程

1)水沙特征

试验期间,小浪底站最大流量为 2 340 m³/s(9 月 16 日 9.5 时),最大含沙量为 156 kg/m³(9 月 8 日 6 时)。

花园口站 9 月 8 日 7.1 时最大流量 2 720 m³/s,相应水位 93.17 m,9 日 7 时最大含沙量 87.8 kg/m³;高村站 11 日 3.2 时最大流量 2 790 m³/s,相应水位 63.52 m,11 日 12 时最大含沙量 85.6 kg/m³;利津站 9 月 13 日 3.1 时最大流量 2 790 m³/s,相应水位 13.93 m,15 日 0 时最大含沙量 80.1 kg/m³。调水调沙试验期间下游主要站水沙特征值见表 2-7、表 2-8 和图 2-19～图 2-22。

表 2-7　试验期间下游主要站洪水特征值

站名	最高水位		最大流量		最大含沙量	
	时间 (月-日 T 时:分)	水位 (m)	时间 (月-日 T 时:分)	流量 (m³/s)	时间 (月-日 T 时:分)	含沙量 (kg/m³)
小浪底	09-16T23:00	135.72	09-16T09:30	2 340	09-08T06:00	156
黑石关	09-07T15:00	111.83	09-07T15:00	1 390	09-12T07:00	0.53
武陟	09-06T08:00	105.00	09-06T08:00	396	09-13T08:00	2.03
花园口	09-08T07:00	93.18	09-08T07:06	2 720	09-09T07:00	87.8
夹河滩	09-08T10:00	77.27	09-08T08:06	2 630	09-10T18:00	80.0
高村	09-11T04:00	63.52	09-11T03:12	2 790	09-11T12:00	85.6
孙口	09-13T12:00	48.88	09-11T10:42	2 720	09-12T08:00	96.6
艾山	09-11T21:00	41.75	09-11T21:00	2 880	09-13T08:00	78.4
泺口	09-12T15:00	31.07	09-12T15:00	2 840	09-13T12:00	71.3
利津	09-13T03:06	13.93	09-13T03:06	2 790	09-15T00:00	80.1

表 2-8　下游各站时段水量特征值统计

序号	站名	开始时间 （月-日 T 时:分）	结束时间 （月-日 T 时:分）	历时 （h）	时段径流量 （亿 m³）
1	黑石关	09-06T08:00	09-18T20:00	300	5.42
2	武陟	09-06T08:00	09-18T20:00	300	2.24
3	小浪底	09-06T08:00	09-18T20:00	300	18.25
4	1＋2＋3				25.91
5	花园口	09-07T03:00	09-20T10:00	319	27.49
6	夹河滩	09-07T12:00	09-21T08:00	332	27.47
7	高村	09-07T20:00	09-21T08:36	324.6	28.35
8	孙口	09-08T01:00	09-22T01:00	336	28.04
9	陈山口	09-08T12:00	09-22T12:00	336	1.950
10	位山闸	09-12T10:00	09-22T10:00	240	0.864
11	艾山	09-08T04:00	09-22T10:00	342	31.08
12	泺口	09-09T01:00	09-22T22:00	333	28.55
13	利津	09-10T00:00	09-23T12:00	324	27.19

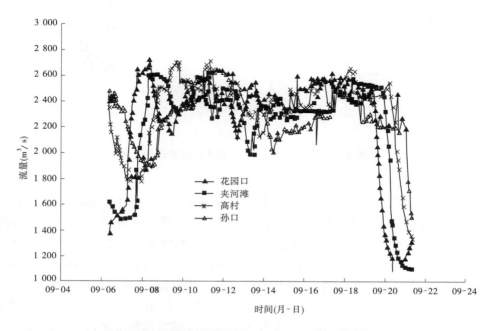

图 2-19　花园口、夹河滩、高村、孙口站流量过程变化

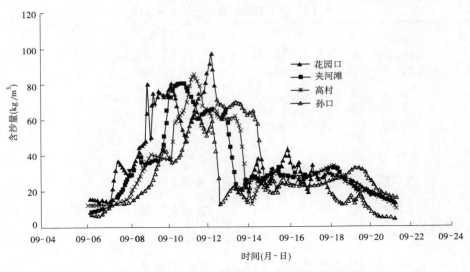

图 2-20　花园口、夹河滩、高村、孙口站含沙量过程变化

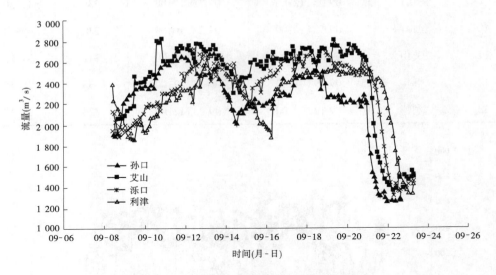

图 2-21　孙口、艾山、泺口、利津站流量过程变化

2)洪水传播时间

试验过程中,以各站 2 500 m³/s 流量统计,花园口至利津洪水传播时间为 122 h。其中,花园口至孙口洪水传播时间为 70 h,孙口以下洪水传播时间为 52 h。在本次流量过程中,若用最大流量出现时间来计算洪水传播时间,较难反映真实的洪水演进情况,用 2 500 m³/s 对本次洪水各量级的传播时间进行统计,河段不计算削减率(不考虑试验期间大汶河来水影响),统计结果见表 2-9。从统计结果可以看出,花园口至利津洪水传播时间与试验前伊洛沁河洪水在下游的传播时间基本相同,要长于 20 世纪 90 年代同量级洪水平均传播时间(90 年代约 90 h),而较黄河首次调水调沙试验期间洪水传播时间大大缩短。这主要反映在花园口—孙口河段(2002 年夹河滩—孙口河段发生了漫滩现象),孙口以下

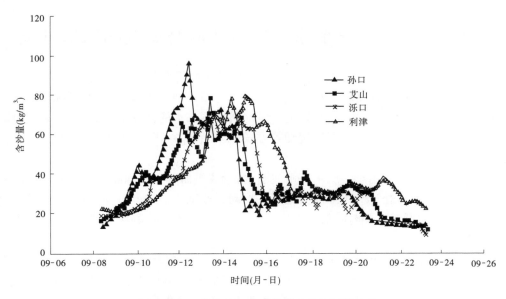

图 2-22　孙口、艾山、泺口、利津站含沙量过程变化

河段传播时间相差不大。随着流量的增加,在不发生洪水漫滩的情况下洪水传播速度变化不大;当发生漫滩洪水时流速就会逐渐变慢,传播时间加长,尤其是夹河滩至高村河段,最大流量的传播时间达 11.6 h。

　　洪水传播时间大大缩短的主要原因:一是由于黄河下游河段在首次调水调沙试验以及 2003 年 8 月底伊洛河首次洪水过后,下游河道发生了不同程度的冲刷,河道行洪能力有所提高;二是由于在试验期间下游河道总体未发生大的漫滩现象,所以滩槽水量交换带来的传播时间延长等影响较小。

表 2-9　黄河下游各河段洪水传播时间对比　　　　　　　　(单位:h)

河段名称	小浪底 — 花园口	花园口 — 夹河滩	夹河滩 — 高村	高村 — 孙口	孙口 — 艾山	艾山 — 泺口	泺口 — 利津	花园口 — 孙口	孙口 — 利津
河段间距(km)	128	96	93	130	63	108	174	319	345
90 年代同级洪水平均传播时间	17.6	23.5	17.1	14.4	9.3	9.9	15.6	55	34.9
90 年代同级洪水最大传播时间	24.7	68.3	30	30.5	20.5	15.2	26.0	78.3	48.0
1996 年 8 月洪水的传播时间	—	26.0	77.5	121	52.5	25.3	64.9	248.5	142.7
2002 年相应最大洪水传播时间	41.1	11.0	114.2	146.5	12.7	15.0	13.6	271.7	41.3
2003 年 2 500 m³/s 流量传播时间	21	14.3	11.6	44.0	—*	44.7	22.9	70.0	67.6*

　　注: *2003 年孙口至艾山间因东平湖水库的泄流,洪峰传播时间无法计算,因此孙口至利津的传播时间为艾山至利津的传播时间。

第五节　基于干流水库群水沙联合调度的原型试验

2004 年 6 月 19 日～7 月 13 日黄委进行了第三次调水调沙试验,历时 24 天。期间,小浪底水库于 6 月 29 日 0 时～7 月 3 日 21 时小流量下泄 5 天,此次试验实际历时 19 天。本次试验和前两次有较大不同,是在上下游河道均不来水的情况下,利用水库蓄水量联合调度,人工塑造异重流和人工泥沙扰动等方式,实现水库减淤、改善水库淤积形态、扩大下游河道过洪能力。

(1)第一阶段。利用小浪底水库下泄清水,形成下游河道 2 600 m³/s 的流量过程,冲刷下游河槽,并在两处"卡口"河段实施人工扰动泥沙试验,对"卡口"河段的主河槽加以扩展并调整其河槽形态。同时降低小浪底库水位,为第二阶段冲刷库区淤积三角洲、人工塑造异重流创造条件。

(2)第二阶段。当小浪底库水位下降至 235 m 时,实施万家寨、三门峡、小浪底三水库的水沙联合调度。首先加大万家寨水库的下泄流量至 1 200 m³/s,三门峡水库下泄 2 000 m³/s 以上的较大流量,实现万家寨、三门峡两水库泄水过程衔接,排泄了三门峡水库非汛期淤积的泥沙;三门峡水库下泄的人造洪峰强烈冲刷小浪底库尾的淤积三角洲,并辅以人工扰沙措施,清除占用长期有效库容的淤积泥沙,调整三角洲淤积形态;三门峡水库槽库容冲出的泥沙和小浪底库尾淤积三角洲被冲起的细颗粒泥沙作为沙源,在小浪底水库塑造人工异重流,并将泥沙向小浪底坝前输移,万家寨水库和三门峡水库泄放的水流接续,维持了异重流的动能,将小浪底水库异重流排出库外。继续利用小浪底水库泄流辅以人工扰动扩大下游河道主槽行洪能力。

一、试验条件和目标

(一)试验条件

1. 水库情况

万家寨水库汛限水位为 966 m, 相应蓄水量为 4.3 亿 m³。三门峡水库汛限水位为 305 m, 相应蓄水量为 0.66 亿 m³。小浪底水库前汛期(7 月 11 日～9 月 10 日)汛限水位为 225 m, 相应蓄水量为 24.69 亿 m³。

截止到 2004 年 6 月 3 日 8 时,万家寨、三门峡、小浪底三库汛限水位以上共计蓄水 48.68 亿 m³,其中小浪底水库汛限水位以上蓄水 41.81 亿 m³,见表 2-10。

表 2-10　干流主要水库蓄水量

主要水库	2004 年 6 月 3 日		汛限水位及相应蓄水量		汛限以上蓄水量 (亿 m³)
	水位(m)	蓄水量(亿 m³)	水位(m)	蓄水量(亿 m³)	
万家寨	976.88	6.45	966	4.30	2.15
三门峡	317.77	4.84	305	0.66	4.72
小浪底	254.01	66.50	225	24.69	41.81
合计		77.79		29.65	48.68

2．下游河道情况

1）现状下游河道主槽过流能力

采用 2003 年汛后大断面计算黄河下游各断面平滩以下面积,运用多种方法对下游河道各断面的过流能力进行了分析。2004 年汛前黄河下游各河段过流能力为:花园口以上 4 000 m^3/s 左右,花园口—夹河滩 3 500 m^3/s 左右,夹河滩—高村 3 000 m^3/s 左右,高村—艾山2 500 m^3/s 左右,艾山以下大部分为 3 000 m^3/s 左右。其中彭楼—陶城铺河段大部分断面过流能力小于 2 600 m^3/s,该河段的徐码头和雷口断面过流能力分别只有 2 260 m^3/s 和 2 390 m^3/s,是两个明显的"卡口"河段。

2）"二级悬河"现状

利用 2003 年 10 月下游大断面资料测量成果,并结合地形资料和卫星遥感资料,重点统计了京广铁路桥以下各淤积大断面平滩水位(滩唇高程,下同)、河槽平均河底高程、临河滩面平均高程和堤河平均高程等断面特征值,同时参考主槽河底高程和堤河平均高程的关系,对下游各河段"二级悬河"的情况进行了初步分析。

从各河段悬河指标来看,彭楼—陶城铺约 110 km 长的河段是"二级悬河"最严重的河段。其中,彭楼—杨集约 45 km 长的河段平滩水位与临河滩面悬差及滩地横比降均较大。杨集—孙口约 27 km 长的河段左岸平滩水位和临河滩面悬差最大,孙口—陶城铺约 36 km 长的河段左岸滩地横比降最大。

(二)试验指导思想和目标

1．试验指导思想

库区以异重流排沙为主,下游河道以低含沙水流沿程冲刷为主,并在库区和下游辅以人工扰动排沙。

调水调沙实施的前一阶段,若中游不来洪水,小浪底水库主要是清水下泄,相应在下游河道开展扰动排沙试验;待库水位降低至三角洲顶点高程以下的适当时机,适时利用万家寨、三门峡两水库的蓄水,加大下泄流量,进行万家寨、三门峡、小浪底三水库的联合调度,形成人工异重流,使小浪底水库排沙出库,下游河道沿程冲刷,实现更大空间尺度的水沙对接,相应地,三门峡水库下泄较大流量前一定时间,小浪底库区开展人工扰动泥沙试验,下游河道在小浪底水库异重流排沙出库后,根据拟定的控制指标,开展人工扰动排沙试验。

若试验期间中游发生一定量级的洪水,根据洪水情况首先三门峡水库敞泄,形成自然条件下的异重流排沙,充分利用异重流的输移规律,排泄小浪底水库的入库泥沙,减缓库容淤损。同时在下游适时进行泥沙扰动,使下游河槽发生长距离冲刷,输沙入海,逐步改变下游平滩流量小、"二级悬河"形势严峻的不利局面。试验结束后,各水库水位基本降到汛限水位。

2．试验目标

根据当前的防洪现状,调水调沙的近期目标是尽快恢复黄河下游河道主槽过流能力,力争平滩流量在相对较短的时期内达到 4 000～5 000 m^3/s。本次调水调沙试验的主要目的是:

(1)实现黄河下游主河槽全线冲刷,进一步恢复下游河道主槽的过流能力。

(2)调整黄河下游两处"卡口"河段的河槽形态,增大过流能力。

（3）调整小浪底库区的淤积部位和形态。

（4）进一步探索研究黄河水库、河道水沙运动规律。

二、试验过程

(一)试验指标

1.花园口断面的控制流量

从恢复主槽过流能力、减少下游河道淹没范围、保证下游用水和水库减淤排沙等方面综合考虑，黄河第三次调水调沙试验分为两个阶段：第一阶段，小浪底水库泄放清水，控制花园口流量 2 600 m^3/s，历时 10 天左右；第二阶段，万家寨、三门峡、小浪底三水库联合调度，人工塑造异重流，控制花园口流量 2 800 m^3/s，直至小浪底库水位降至汛限水位 225 m，历时 10 天左右。

2.各水库的流量、含沙量控制指标

充分利用自然的力量，精确调度万家寨、三门峡、小浪底三水利枢纽，是实现本次试验目标和成功塑造人工异重流的关键。

1)万家寨水库

万家寨水库在本次试验中起着补充试验水量从而冲刷三门峡库区泥沙，为后期小浪底水库人工塑造的异重流补充泥沙来源和后续动力并保证排沙出库的作用。考虑到万家寨水库当时工程情况(7 月 1 日泄流建筑物才具备运用条件)，并考虑比较均匀地给三门峡水库补水、补水时机的安全和对三门峡库区的冲沙效果，万家寨水库按 1 200 m^3/s 流量控泄补水至汛限水位 966 m。

2)三门峡水库

研究成果表明，满足异重流持续运动的临界条件是在满足洪水历时且入库细泥沙的沙重百分数约占 50% 的条件下，还应具备足够大的流量及含沙量，即满足下列条件之一：①入库流量大于 2 000 m^3/s 且含沙量大于 40 kg/m^3；②入库流量大于 500 m^3/s 且含沙量大于 220 kg/m^3；③流量为 500 ～ 2 000 m^3/s 时，所对应的含沙量应满足 $S \geqslant 280 - 0.12Q$。小浪底水库库水位 235 m 回水末端以上库段，上层床沙中细沙百分数在 37.2% ～48.4% 之间，但下层会偏粗，与异重流持续运动所要求的悬沙级配条件比较接近。多家数学模型计算结果表明，小浪底水库库水位降至 235 m 后，三门峡水库以 2 000 m^3/s 流量下泄，水流在 235 m 以上约 50 km 的库段内，经过冲刷调整，含沙量可恢复至 40 kg/m^3 左右。一种结果认为 40 kg/m^3 含沙量处于临界状态，另一种结果认为异重流持续运动的含沙量条件可以满足。经过对国内专家的咨询，认为三门峡水库以 2 000 m^3/s 流量下泄冲刷小浪底库区淤积三角洲，异重流的形成是可以肯定的，但对是否能运行到坝前没有形成统一的意见。为了稳妥起见，建议三门峡水库在小浪底库水位下降至 235 m 左右时，先按 2 000 m^3/s 流量下泄，并视异重流的形成和发展情况，必要时逐渐加大下泄流量。

3)小浪底水库

按照试验预案分析成果，试验第一阶段，小浪底水库按控制花园口断面 2 600 m^3/s 流量下泄。试验第二阶段，小浪底水库按控制花园口流量 2 700 m^3/s 下泄，原则上控制

小黑武洪水平均含沙量不大于 25 kg/m³。泄流过程中,小黑武最大含沙量控制不超过 45 kg/m³,直至库水位达汛限水位 225 m。

(二)水库调度

试验前期防洪控泄阶段(6 月 16 日 0 时~19 日 9 时),为确保水库防洪安全并结合试验预案要求,在试验前,于 6 月 16 日 0 时~19 日 9 时,实施小浪底水库清水下泄,期间考虑小花间加水,小浪底以明流洞泄流为主,加上机组发电严格控制出库流量 2 250 m³/s,日均误差不超过 ±5%;6 月 19 日 6~9 时为减少平头峰对水流传播的影响,同时考虑小花间加水,控制小浪底出库流量在 500~1 150 m³/s 之间。

1. 第一阶段(6 月 19 日 9 时~29 日 0 时)

该阶段控制万家寨水库水位在 977 m 左右,控制三门峡水库水位不超过 318 m。主要是利用小浪底水库下泄的清水同时辅以人工扰沙,扩大下游河道"卡口"处的过洪能力,努力使下游河道主河槽实现全线冲刷。6 月 19 日 9 时~29 日 0 时,小浪底水库下泄清水,按控制花园口流量 2 600 m³/s 运用。期间,小浪底水库 19 日 9 时~22 日下泄流量按日均 2 550 m³/s 控制;23~28 日下泄流量按日均 2 500 m³/s 控制,小浪底库水位由 249.1 m 下降到 236.6 m。

根据试验预案要求,试验过程中,小浪底水库需停泄 2 天大流量过程(由于库区沉船事故,实际停泄历时比预案略长),小浪底水库自 29 日 0 时起关闭泄流孔洞,出库流量由日均 2 500 m³/s 降至 500 m³/s。三门峡水库按 317.5~317.8 m 水位控制运用。

2. 第二阶段(7 月 2 日 12 时~13 日 8 时)

该阶段的调度目标为调整小浪底库尾段淤积三角洲形态,通过人工塑造异重流将其排出库外,实现小浪底水库和三门峡水库减淤。

万家寨水库自 7 月 2 日 12 时起按日均 1 200 m³/s 下泄,直至 7 月 7 日 6 时水位降至 959.89 m,之后即按进出库平衡运用。

7 月 5 日 15 时,三门峡水库开始下泄大流量清水,15 时 24 分三门峡站流量达到 2 540 m³/s,此后至 7 月 7 日,流量基本维持在 1 800~2 500 m³/s 之间。三门峡水库下泄的清水在小浪底水库库区淤积三角洲发生强烈冲刷,河堤站(距坝约 65 km)7 月 6 日 2 时含沙量达 121 kg/m³,以后迅速衰减,7 月 5 日 18 时,在 HH35 断面监测到第一次异重流潜入。HH34 和 HH32 断面采用主流线实测水深分别为 5.7 m 和 16.7 m,异重流厚度分别为 1.49 m 和 2.16 m,异重流层平均流速分别为 1.49 m/s 和 0.78 m/s,最大测点含沙量分别为 970 kg/m³ 和 864 kg/m³。由于三角洲冲刷恢复的含沙量迅速衰减,且颗粒较粗,使得异重流在向坝前推进过程中流速逐渐减小,能量逐渐减弱,至坝前 60 m 处异重流消失。

7 月 7 日 8 时,万家寨水库下泄的 1 200 m³/s 水流在三门峡库水位降至 310.3 m(水库蓄水 1.57 亿 m³)时与之成功对接,三门峡水库开始加大泄水流量,7 日 14 时 6 分三门峡站出现 5 130 m³/s 的洪峰流量,14 时三门峡水库开始排沙至 20 时,出库含沙量由 2.19 kg/m³ 迅速增加至 446 kg/m³,再次形成异重流向小浪底坝前运动。7 月 8 日 13 时 50 分,小浪底库区异重流排沙出库,排沙洞水流平均含沙量约 70 kg/m³,7 月 9 日 2 时,异重流沙峰出库,小浪底站含沙量为 12.8 kg/m³,为过程最大值,排沙持续历时 75.6 h,实现了异重流排沙出库的目标。

随着水流冲刷和人工扰动使下游河道"卡口"河段主槽平滩流量加大,小浪底水库出流自 7 月 3 日 21 时按控制花园口流量 2 800 m³/s 运用,小浪底出库流量由 2 550 m³/s 逐渐增至 2 750 m³/s,7 月 13 日 8 时库水位下降至汛限水位 225 m,水库调水调沙调度结束。

整个试验过程中,三门峡水库泄水建筑物启闭 101 次,小浪底水库泄水建筑物启闭 288 次。调令要求的小浪底水库泄流与实际泄放流量对比见图 2-23。

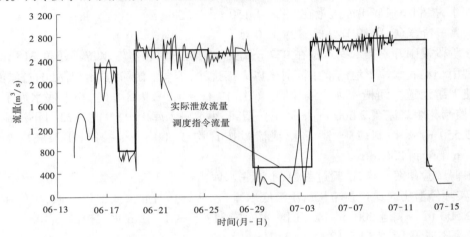

图 2-23　小浪底水库调度指令流量与实际泄放流量对比图

(三)水沙过程

1.水库水沙过程及其水位变化

1)万家寨水库入、出库水沙过程

6 月 16 日~7 月 13 日,头道拐流量从 400 m³/s 逐步减小,7 月上旬,流量一直在 50~100 m³/s 之间波动。

从入库(头道拐)和出库(坝下)的水量差值来看,6 月 24 日以前基本上维持入出库平衡运用,6 月 25 日到 28 日下泄水量略大于入库值,从 29 日到 7 月 4 日,水库加大下泄,最大日均流量达 1 140 m³/s,水库累计补水约 3.3 亿 m³。

头道拐站从 6 月 16 日 8 时到 7 月 14 日 20 时的 684 h,相应来水量约 4.07 亿 m³,平均流量为 165 m³/s;最大流量为 6 月 18 日 6 时的 465 m³/s,最小流量为 7 月 6 日 17 时的 43.5 m³/s。

万家寨坝下站,从 6 月 16 日 8 时到 7 月 14 日 20 时,平均流量 510 m³/s,相应水量 12.56 亿 m³;最大洪峰流量为 7 月 4 日 14 时的 1 730 m³/s,最小流量为 7 月 10 日 8 时的 6.95 m³/s。其中从 7 月 2 日 8 时到 7 月 7 日 8 时的 120 h 中,加大下泄水量约 4.4 亿 m³,平均流量达到 1 020 m³/s。

2)三门峡水库入库的水沙过程

6 月 19 日~7 月 13 日,渭河华县站来水过程平稳,最大流量 161 m³/s,持续时间短,最大含沙量也只有 109 kg/m³。同期,干流龙门站先后产生了两次小的洪水过程,最大洪峰流量为 7 月 5 日 18 时 30 分的 1 610 m³/s,最大含沙量为 6 月 30 日 22 时 12 分的 142 kg/m³。

受万家寨水库泄水及黄河支流来水影响,潼关水文站产生了一次持续洪水过程,最大洪峰流量为 7 月 7 日 0 时的 1 190 m³/s,最大含沙量为 7 月 3 日 14 时的 37.2 kg/m³。6 月 19 日~7 月 13 日(576 h),潼关站平均流量为 526 m³/s,平均含沙量为 7.96 kg/m³,径流量为 9.414 亿 m³,输沙量为 0.080 9 亿 t。

从 7 月 3 日 20 时到 7 月 13 日 9 时的 228 h 中,潼关站平均流量为 667 m³/s,平均含沙量为 12.1 kg/m³,径流量达到 4.535 亿 m³,沙量为 0.055 8 亿 t。流量过程及含沙量过程特征值见表 2-11、表 2-12。

表 2-11 三门峡入库洪水特征值统计(6 月 19 日 9.3 时~7 月 13 日 9 时)

站名	时段水量 (亿 m³)	时段沙量 (亿 t)	最高水位 时间 (月-日 T 时:分)	最高水位 水位 (m)	最大流量 时间 (月-日 T 时:分)	最大流量 流量 (m³/s)	最大含沙量 时间 (月-日 T 时:分)	最大含沙量 含沙量 (kg/m³)
龙门	10.04	0.162 6	07-05T18:30	384.00	07-05T18:30	1 610	06-30T22:12	142
河津	0.181 9	0	07-03T08:00	372.28	07-03T08:00	29	0	0
华县	0.589 6	0.014 6	07-04T04:00	336.15	07-04T04:00	161	07-04T17:48	109
洑头	0.036 0	0	06-20T08:00	361.53	06-20T08:00	5.23	0	0
潼关	9.414	0.080 9	07-08T08:00	327.69	07-07T00:00	1 190	07-03T14:00	37.2

表 2-12 三门峡入库洪水特征值统计(7 月 3 日 20 时~13 日 9 时)

站名	时段水量 (亿 m³)	时段沙量 (亿 t)	最高水位 时间 (月-日 T 时:分)	最高水位 水位 (m)	最大流量 时间 (月-日 T 时:分)	最大流量 流量 (m³/s)	最大含沙量 时间 (月-日 T 时:分)	最大含沙量 含沙量 (kg/m³)
龙门	4.673	0.077 3	07-05T18:30	384.00	07-05T18:30	1 610	07-05T21:00	50.1
河津	0.094 8	0	07-03T20:00	372.20	07-03T20:00	20		0
华县	0.394 5	0.013 9	07-04T04:00	336.15	07-04T04:00	161	07-04T17:48	109
洑头	0.013 8	0	07-12T08:00	361.50	07-12T08:00	5.18	0	0
潼关	4.535	0.055 8	07-08T08:00	327.69	07-07T00:00	1 190	07-03T20:00	37.0

3)小浪底站入、出库水沙过程

试验前期和试验期间黄河中游洪水经三门峡水库的调节和调度后,三门峡水文站于 6 月 19 日~7 月 3 日 20 时为持续的小洪水过程,每天虽然有波动,但变化不大。后期三门峡有一次明显的泄流、排沙过程,期间三门峡站 7 月 7 日 14 时 6 分洪峰流量 5 130 m³/s,最大含沙量为 7 月 7 日 20 时 18 分的 446 kg/m³。从 6 月 19 日 9 时 18 分到 7 月 13 日 9 时径流量为 10.88 亿 m³,输沙量为 0.431 9 亿 t。其中 7 月 3 日 20 时到 13 日 9 时的试验期间,三门峡站径流量为 7.20 亿 m³,输沙量为 0.431 9 亿 t。水沙过程特征值见表 2-13、表 2-14。

表 2-13　三门峡、小浪底水沙量特征值统计(6 月 19 日 9.3 时～7 月 13 日 9 时)

站名	时段水量 (亿 m³)	时段沙量 (亿 t)	最高水位		最大流量		最大含沙量	
			时间 (月-日 T 时:分)	水位 (m)	时间 (月-日 T 时:分)	流量 (m³/s)	时间 (月-日 T 时:分)	含沙量 (kg/m³)
三门峡	10.88	0.431 9	07-07T14:06	279.03	07-07T14:06	5 130	07-07T20:18	446
小浪底	46.8	0.044	06-21T16:30	136.46	06-21T16:30	3 300	07-09T02:00	12.8

从 6 月 19 日到 7 月 13 日,小浪底水库下泄水量为 46.8 亿 m³,沙量为 440 万 t,平均流量约 2 260 m³/s,平均含沙量为 0.94 kg/m³。试验结束时,小浪底水库库水位 224.96 m,相应蓄水量 24.6 亿 m³。

表 2-14　三门峡、小浪底水沙量特征值统计(7 月 3 日 20 时～13 日 9 时)

站名	时段水量 (亿 m³)	时段沙量 (亿 t)	最高水位		最大流量		最大含沙量	
			时间 (月-日 T 时:分)	水位 (m)	时间 (月-日 T 时:分)	流量 (m³/s)	时间 (月-日 T 时:分)	含沙量 (kg/m³)
三门峡	7.20	0.431 9	07-07T14:06	279.03	07-07T14:06	5 130	07-07T20:18	446
小浪底	21.72	0.044	07-10T09:06	136.25	07-10T09:06	3 020	07-09T02:00	12.8

从 6 月 19 日到 6 月 29 日,小浪底水库蓄水量由 57.5 亿 m³(水位 249.0 m)减少到 38.4 亿 m³(水位 236.55 m)。

从 7 月 3 日 20 时到 7 月 13 日 9 时,小浪底水库下泄径流量 21.72 亿 m³,输沙量 440 万 t,平均流量 2 640 m³/s,平均含沙量 2.0 kg/m³,大约 10.2% 的入库泥沙排出水库。

试验期间,小浪底库区水位发生了大的变化,2004 年 6 月 19 日调水调沙试验开始时小浪底水库库水位为 249 m,试验结束后水位降至 224.96 m。试验期间库水位的变化分为几个阶段。

6 月 19 日,小浪底水库以 2 600 m³/s 左右的流量开始下泄,一直到 6 月 29 日关闸为试验的第一阶段。在此阶段小浪底水库的下泄流量平均为 2 600 m³/s 左右,下泄流量变化不大,含沙量基本为 0。

6 月 29 日 8 时～7 月 3 日 20 时小浪底水库采用小流量下泄,出库流量限制在 500～1 000 m³/s 之间,进出库水量基本平衡,水位变化不大。7 月 4 日 8 时～13 日 8 时出库流量一直维持在 2 800 m³/s 左右,水位持续下降。7 月 7 日 9 时后,为增加异重流的后续动力,三门峡水库加大下泄流量,7 月 7 日 14 时 6 分三门峡站流量达到 5 130 m³/s。受三门峡加大入库流量的影响,水位表现出明显的上涨过程。

2. 黄河下游流量过程

6 月 19 日 9 时～7 月 13 日 8 时,第三次试验历时 24 天,扣除 6 月 29 日 0 时～7 月 3 日 21 时小流量下泄的 5 天,实际历时 19 天。

1）流量过程沿程变化

进入下游的流量明显分为两个过程（见图 2-24 和图 2-25），两个洪水过程流量基本都在 2 500 m³/s 以上。从流量过程变化情况看，小浪底水文站受水库出流调节影响，流量起伏变化频繁；经过河道调节，花园口以下各站流量过程相对比较平稳。从峰形上看，下游各站均有明显的两次涨落过程，由于本次调水调沙试验期间下游各河段均未漫滩，洪水过程在下游的传播过程中峰形变化较小，下游各站流量过程线很相似，基本为两个矩形波。

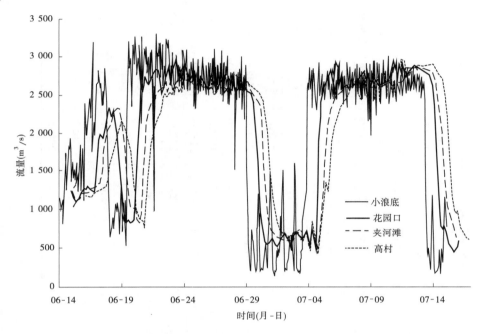

图 2-24　试验期间小浪底—孙口河段流量过程线

两个阶段的流量过程在下游演进过程中呈现出一定程度的坦化。第一阶段小浪底站洪水历时 231.9 h，至花园口洪水历时延长至 242 h，洪水历时增加 10.1 h，最大洪峰流量由小浪底的 3 300 m³/s 削减至 2 970 m³/s，削减程度为 10%；至利津洪水历时延长至 296 h，洪水历时增加 64.1 h，最大洪峰流量由小浪底的 3 300 m³/s 削减至 2 730 m³/s，削减程度为 17.3%。第二阶段小浪底洪水历时 228.6 h，至花园口洪水历时延长至 236 h，洪水历时增加 7.4 h，最大洪峰流量由小浪底的 3 020 m³/s 削减至 2 950 m³/s，削减程度为 2%；至利津洪水历时延长至 288 h，洪水历时增加 59.4 h，最大洪峰流量由小浪底的 3 020 m³/s 削减至 2 950 m³/s，削减程度为 2%。试验期间整个洪水过程历时由小浪底的 575.7 h 延长至利津的 648 h，洪水历时延长 72.3 h。小浪底以下各水文站洪水演进特征值见表 2-15。

2）流量过程传播时间变化

试验中两个洪水过程最大洪峰流量传播时间统计见表 2-16。第一阶段，小浪底水文站最大流量 3 300 m³/s，出现时间为 6 月 21 日 16 时 30 分，花园口站 6 月 23 日 6 时最大

表 2-15　试验期间下游河道洪水演进特征值统计

（流量单位：m³/s）

	项目	黑石关	武陟	小浪底	花园口	夹河滩	高村	孙口	艾山	泺口	利津
第一阶段	起始时间（月-日 T 时:分）	06-19 T09:30	06-19 T08:00	06-19 T09:18	06-20 T00:00	06-20 T12:00	06-20 T22:00	06-21 T06:00	06-21 T12:00	06-21 T16:00	06-22 T04:00
	结束时间（月-日 T 时:分）	06-29 T02:00	06-29 T02:00	06-29 T01:12	06-30 T02:00	06-30 T16:00	07-01 T06:00	07-02 T00:00	07-02 T06:00	07-03 T20:00	07-04 T06:00
	历时（h）	232.5	234	231.9	242	244	248	258	258	292	296
	起始流量	32.0	10.2	811	864	816	996	960	940	780	1 010
	结束流量	10.6	4.18	997	972	928	971	892	847	699	731
	最大流量	30.7	15.6	3 300	2 970	2 830	2 800	2 760	2 830	2 760	2 730
第二阶段	起始时间（月-日 T 时:分）	07-03 T20:00	07-03 T20:00	07-03 T20:24	07-04 T16:00	07-05 T04:00	07-05 T15:00	07-06 T00:00	07-06 T06:06	07-06 T12:30	07-07 T04:00
	结束时间（月-日 T 时:分）	07-13 T09:06	07-13 T08:00	07-13 T09:00	07-14 T12:00	07-15 T04:00	07-15 T17:36	07-16 T12:00	07-16 T17:54	07-17 T20:00	07-19 T02:00
	历时（h）	229.1	228	228.6	236	240	242.6	252.0	251.8	271.5	288
	起始流量	38.8	29.7	893	860	995	1 010	755	897	590	813
	结束流量	34.9	20.9	980	972	995	988	984	969	884	824
	最大流量	153	32.4	3 020	2 950	2 900	2 970	2 960	2 950	2 950	2 950
中段	历时（h）	114	114	115.2	110	108	105	96	96.1	64.5	64
合计	历时（h）	575.6	576	575.7	588	592	595.6	606	605.9	628	648

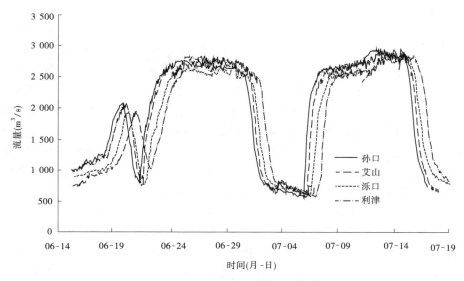

图 2-25　试验期间孙口—利津河段流量过程线

流量 2 970 m³/s,小花河段洪水传播时间 37.5 h;利津 6 月 25 日 20 时 36 分最大流量 2 730 m³/s;小浪底至利津传播时间 100.1 h。第二阶段,小浪底水文站最大流量 3 020 m³/s,出现时间为 2004 年 7 月 10 日 9 时 5 分,花园口站 7 月 10 日 18 时最大流量 2 950 m³/s,小花河段洪水传播时间 8.9 h;利津 7 月 13 日 20 时 6 分最大流量 2 950 m³/s,小浪底至利津传播时间 83 h,较第一阶段传播时间缩短 17.1 h。从整个下游河道来看,两个阶段最大流量传播时间接近。

表 2-16　2004 年调水调沙试验期间下游河道最大洪峰流量传播时间统计

站名	第一阶段			第二阶段		
	最大流量 (m³/s)	相应时间 (月-日 T 时:分)	传播时间 (h)	最大流量 (m³/s)	相应时间 (月-日 T 时:分)	传播时间 (h)
小浪底	3 300	06-21T16:30	37.5	3 020	07-10T09:05	8.9
花园口	2 970	06-23T06:00	10.0	2 950	07-10T18:00	10.0
夹河滩	2 830	06-23T16:00	8.5	2 900	07-11T04:00	3.7
高村	2 800	06-24T00:30	11.5	2 970	07-11T07:42	25.9
孙口	2 760	06-24T12:00	14.0	2 960	07-12T09:36	6.4
艾山	2 830	06-25T02:00	7.3	2 950	07-12T16:00	6.2
泺口	2 760	06-27T17:12	11.3	2 950	07-12T22:12	21.9
利津	2 730	06-25T20:36		2 950	07-13T20:06	

　　从各河段传播时间看,第一阶段,小浪底—高村河段最大流量传播时间 56 h,高村—孙口河段最大流量传播时间 11.5 h,孙口—艾山河段最大流量传播时间 14 h,艾山—利津河段最大流量传播时间 18.6 h。第二阶段,小浪底—高村河段最大流量传播时间 22.6 h,较第一阶段缩短 33.4 h,高村—孙口河段最大流量传播时间 25.9 h,较第一阶段延长 14.4 h,孙口—艾山河段最大流量传播时间 6.4 h,艾山—利津河段最大流量传播时间

28.1 h,较第一阶段延长 9.5 h。

　　三次调水调沙试验对比,首次试验期间小浪底、花园口最大流量分别为 3 480 m³/s、3 170 m³/s,第二次试验期间小浪底、花园口最大流量分别为 2 380 m³/s、2 720 m³/s,第三次试验期间小浪底两个阶段最大流量分别为 3 300 m³/s、3 020 m³/s,花园口两个阶段最大流量分别为 2 970 m³/s、2 950 m³/s。第三次试验小浪底最大流量与第二次基本接近,花园口最大流量相差不大。从传播时间看,由于下游河道经过 2002 年、2003 年的冲刷,河道行洪能力明显提高,第三次下游河道未发生漫滩现象,下游河道最大流量传播时间较首次试验缩短。第三次试验第二阶段,小浪底—花园口河段传播时间较第二次试验河道传播时间缩短 12.1 h,较首次试验传播时间缩短 32.2 h。第三次试验两个阶段,小浪底—利津河段传播时间较首次试验河道传播时间分别缩短 254 h 和 271.1 h。

　　3. 黄河下游含沙量过程沿程变化及水沙平衡

　　1)含沙量过程沿程变化

　　与流量过程相应,下游各站含沙量过程也分为两个阶段,存在两个沙峰,见图 2-26 和图 2-27。第一阶段,小浪底水库清水下泄,出库含沙量为 0。第二阶段,小浪底水库有少量排沙,最大含沙量 12.8 kg/m³。

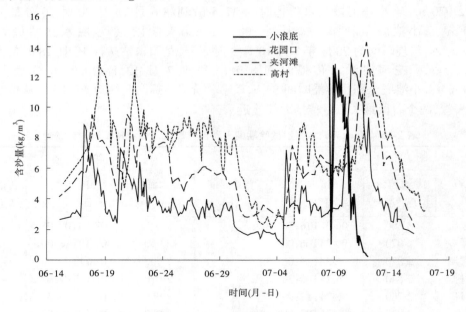

图 2-26　试验期间小浪底—高村河段含沙量过程线

　　经过河道冲刷,下游各站含沙量沿程恢复。第一阶段,花园口最大含沙量 7.22 kg/m³、平均含沙量 3.88 kg/m³;高村最大含沙量 12.60 kg/m³、平均含沙量 8.14 kg/m³;利津最大含沙量 24.0 kg/m³、平均含沙量 15.92 kg/m³;利津以上河段平均含沙量恢复 15.92 kg/m³。第二阶段,花园口最大含沙量 13.1 kg/m³、平均含沙量 5.27 kg/m³;高村最大含沙量 12.6 kg/m³、平均含沙量 7.54 kg/m³;利津最大含沙量 23.1 kg/m³、平均含沙量 13.85 kg/m³;利津以上河段平均含沙量恢复 11.84 kg/m³,稍小于第一阶段平均含沙量恢复值。第一阶段花园口以上及艾山—利津河段含沙量恢复相对较多;第二阶段花园口以上、高村—孙口及艾山—利津河段含沙量恢复相对较多。整个试验期间,小浪底到利津河段含沙量恢复 13.60 kg/m³。

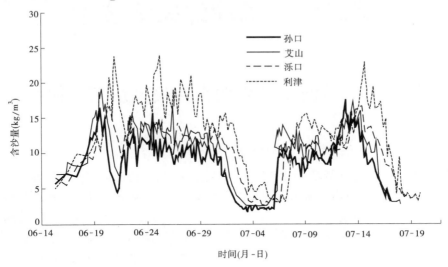

图 2-27 试验期间孙口—利津河段含沙量过程线

2)下游水沙量及其平衡

试验期间,第一阶段小浪底水库清水下泄,小浪底水文站水量 23.01 亿 m³,基本无沙量;伊洛河和沁河同期来水 0.24 亿 m³,小黑武总水量 23.25 亿 m³,总沙量基本为 0。第二阶段,小浪底水库少量排沙,小浪底水文站实测水量 21.72 亿 m³,沙量 0.044 亿 t,平均含沙量 2.01 kg/m³;伊洛河和沁河同期来水 0.54 亿 m³;小黑武总水量 22.26 亿 m³,沙量 0.044 亿 t,平均含沙量 1.97 kg/m³。水库小流量下泄的中间段,小浪底水文站水量 2.06 亿 m³,伊洛河和沁河同期来水 0.31 亿 m³,小黑武总水量为 2.37 亿 m³,沙量为 0。

整个试验过程,小浪底站历时 575.7 h,水量 46.79 亿 m³,沙量 0.044 亿 t。伊洛河和沁河同期来水 1.09 亿 m³,小黑武水量 47.88 亿 m³,沙量 0.044 亿 t,平均含沙量 0.92 kg/m³。利津站历时 648 h,水量为 48.01 亿 m³,沙量为 0.697 亿 t,平均含沙量 14.52 kg/m³,含沙量沿程恢复 13.6 kg/m³。

根据实测逐日引水引沙资料统计,试验期间全下游实测引水量 2.30 亿 m³,引水量主要集中在花园口以上、花园口—夹河滩和高村—孙口河段,分别占总引水量的 21.2%、41.4% 和 21.1%。实测引沙量 117.69 万 t。

小黑武总水量 47.88 亿 m³,下游河道引水量 2.30 亿 m³,利津站水量 46.24 亿 m³,水量基本平衡。

第三章　试验的关键技术

第一节　黄河下游协调水沙关系及指标体系

一、协调的水沙关系

黄河水少、沙多、含沙量高,水沙时空分布复杂多变,不协调的水沙搭配在下游得到充分反映。从时序上看,黄河下游水沙关系的不协调表现在两个方面:一是长期的不协调,这种不协调的水沙关系是由水少、沙多、含沙量高的来水来沙情势决定的,是黄河河道长时期淤积抬高的根本原因;二是短期的不协调,这种不协调的水沙关系,出现在一个汛期,或者一个汛期内一场或连续几场洪水之中,如高含沙洪水、中等流量以下的较高含沙量洪水等,往往造成黄河下游河道在一个较短时期内集中淤积。就空间上说,黄河下游不协调的水沙关系主要是黄河中游来水来沙所形成的。

水沙关系协调与否和河床边界条件以及人们预期的目标密切相关,黄河下游河道河床的可动性很大,不协调的水沙关系通过河道冲淤而改变河床边界。从黄河下游防洪与治理角度考虑,若某种水沙关系即使有所淤积,但未对主槽过洪能力产生较大影响,可认为水沙关系是基本协调的,或者说这种不协调的水沙关系基本上是可以接受的。若进入黄河下游的水沙过程虽然在下游河道的淤积总量不十分显著,但淤积的主体在主槽,使得主槽行洪排沙能力逐步降低,给防洪带来严重的不利影响,则认为这种水沙关系是不协调的。当黄河下游河道或某些河段主槽淤积发展到一定程度,河道行洪排沙的基本功能明显丧失时,协调的水沙关系应是使得下游河道,特别是平滩流量较小的河段发生冲刷。若随着河槽冲刷,河床边界不断调整,则主槽持续冲刷所要求的协调的水沙关系也应随河床边界的变化作出相应的调整。待河槽行洪能力恢复到能够担负起河流行洪排沙的基本功能后,协调的水沙关系应是能够维持中水河槽的水沙搭配比例(含过程、泥沙粒径组成、水沙量等),使具有行洪排沙基本功能的中水河槽在一个较长时期内保持动平衡。

1986 年以后黄河下游主槽持续淤积,至 2002 年汛前,下游河槽平滩流量仅 1 800 m³/s,因此迫切需要尽快恢复下游河槽的行洪排沙功能。此时,协调的水沙关系应是能使得黄河下游特别是平滩流量较小的夹河滩—孙口河段主槽发生明显冲刷的水沙过程。

二、水沙关系变化与河道冲淤

水沙关系是指来水来沙过程中流量(水量)、含沙量(沙量)、悬移质泥沙颗粒级配等三个要素的组合搭配关系。对黄河下游而言,研究水沙关系协调与否及协调程度应首先研究上述三个要素在黄河下游河道冲淤变化中所起的作用。此外,还应考虑前期河床边界条件,如主槽宽度、滩槽高差等因素。

(一)流量对下游河道冲淤影响

表 3-1 统计了不同流量对下游河段冲淤影响。由表可见,含沙量相同时,流量愈大,淤积比愈小,但流量小于某一量级时,淤积比随流量增大而变化不大,当流量增大至某一量级时,淤积比急剧减小。对于含沙量为 20~80 kg/m³ 的一般含沙水流,流量大于 2 000 m³/s 以后,高村以上河段淤积比明显减小,而高村至利津河段则转淤为冲;对于含沙量大于 80 kg/m³ 的较高含沙水流,高村以上河段流量大于 3 000 m³/s 后淤积比明显减小,高村至利津河段流量大于 2 500 m³/s 以后可转淤为冲;对于日平均最大含沙量大于 300 kg/m³ 的高含沙水流,无论是高村以上河段还是高村至利津河段,流量大于 4 000 m³/s 以后,排沙比均急剧增加。

表 3-1　不同流量对下游河段冲淤的影响(淤积比%)

流量(m³/s)	河段	$S = 20 \sim 80$ kg/m³	$S = 80 \sim 300$ kg/m³	$S_{日max} > 300$ kg/m³
1 000~1 500	高村以上 高村至利津	21 5	55 4	80 10
1 500~2 000	高村以上 高村至利津	21 0	49 2	34 4
2 000~2 500	高村以上 高村至利津	8 −5	40 3	51 5
2 500~3 000	高村以上 高村至利津	9 −8	46 −3	88 4
3 000~4 000	高村以上 高村至利津	0 −12	22 −1	55 8
>4 000	高村以上 高村至利津	−26 −10	7 −5	11 −1

注:淤积比指该河段冲淤量与三黑武来沙量之比,两河段冲淤比之和,即为全河冲淤比。

(二)含沙量对下游河道冲淤影响

高村以上河段的冲淤特性主要取决于含沙量大小。含沙量愈低,冲刷比愈大;反之,冲刷比愈小。当含沙量相同时,冲淤比的大小则取决于流量和泥沙粒径。进入黄河下游的高含沙水流都属两相紊流,与一般含沙水流并无本质区别,随含沙量增高,河段淤积比增大,但含沙量愈高,相同流量和粒径的水流输沙能力愈高,呈现多来多排的特性,从而使淤积比随含沙量增高而增加的趋势变缓,见表 3-2。

黄河下游铁谢至河口河道长约 880 km,由上段的宽浅游荡河段至下段的窄深河段,不同量级的水流挟沙能力沿程会发生变化。再者,黄河下游两岸从河道大量取水,年引黄水量占三黑武水量的比例常达 40% 以上,特别是小流量时,引水比例常高达 50%~70%,使沿程流量急剧减少甚至断流,从而使沿程水流挟沙能力不断减小。此外,河床边界的调整相应引起水沙条件沿程变化。这些因素使黄河下游各河段冲淤特性十分复杂。

表 3-2　不同含沙量水流对下游河道冲淤的影响

统计分项		1	2	3	4	5	6
含沙量统计范围(kg/m³)		非汛期低含沙	<20	<20	20~80	80~300	最大日均>300
平均含沙量(kg/m³)		2.06	11.9	10.4	37.4	109	211
平均流量(m³/s)		858	1 487	3 574	2 409	2 315	2 554
统计天数(日)		5 388	493	444	1 592	358	143
总冲淤量(亿 t)	高村以上河段	−30.04	−3.75	−18.92	7.15	28.97	33.93
	高村至利津河段	13.91	1.45	−5.76	−7.03	0.57	3.29
淤积比(%)	高村以上河段	−365	−49.6	−132	5.8	37	51
	高村至利津河段	169	19.3	−40.3	−5.5	0.75	4.9

(三)泥沙粒径对下游河道冲淤影响

表 3-3 列出了 1960～1996 年间含沙量大于 20 kg/m³ 时,细(<0.025 mm)、中(0.025~0.05 mm)、粗(>0.05 mm)三组粒径泥沙的淤积比和总淤积量,除最大日均 $S>300$ kg/m³ 洪水包括部分漫滩洪水外,其余均为非漫滩洪水。由表可以看出,高村以上河段的淤积比均为粗沙最高而细沙最低或甚至为冲刷,而高村至利津河段分组泥沙的调整则似无明显的规律。

表 3-3　高村以上河段淤积时不同粒径泥沙的冲淤情况

统计参数	含沙量(kg/m³)	流量(m³/s)	细沙		中沙		粗沙	
			高村以上河段	高村至利津河段	高村以上河段	高村至利津河段	高村以上河段	高村至利津河段
淤积比(%)	最大日均>300	2 554	36	5	60	4	72	6
	80~300	2 315	23	3	49	−1	62	−5
	20~80	2 409	−8	−4	9	−8	39	−5
淤积量(亿 t)	最大日均>300		11.70	1.58	10.40	0.70	11.83	1.01
	80~300		10.37	1.36	9.93	−0.15	8.67	−0.64
	20~80		−5.47	−2.99	2.93	−2.71	9.69	−1.33

表 3-4 列出了低含沙水流在高村以上河段呈冲刷时,不同粒径泥沙在两大河段的冲淤效率。

分析表 3-4 可看出如下几点规律:

(1)流量小于 1 500 m³/s 的低含沙水流,不同粒径级泥沙在高村以上河段均为冲刷,在高村至利津河段则均为淤积,流量愈小,高村以上河段冲刷愈少,高村至利津河段淤积也愈少。

表 3-4 高村以上河段冲刷时不同粒径泥沙的冲淤效率 （单位:kg/m³）

平均含沙量	平均流量（m³/s）	细沙		中沙		粗沙	
		高村以上河段	高村至利津河段	高村以上河段	高村至利津河段	高村以上河段	高村至利津河段
2.06	858	−1.73	0.37	−1.89	0.74	−3.90	2.37
6.24	584	−2.16	0.54	−1.38	0.59	−0.74	0.25
11.44	1 300	−2.19	0.49	−1.44	4.50	−0.82	0.91
12.29	1 720	−3.24	−0.09	−2.84	1.44	−1.28	0.40
8.93	2 298	−3.90	−7.06	−3.90	0.79	−2.27	1.13
13.42	2 689	−5.72	−5.38	−2.89	−1.53	−2.10	0.11
8.76	3 362	−7.52	−1.97	−3.04	−0.87	−1.67	−0.20

注:表中除第一行为非汛期以外,其余均为汛期。

(2)高村以上河段对细沙的冲刷效率随流量增加而明显增加;中沙的冲刷效率在流量大于 1 500 m³/s 时明显增加,但当流量超过 2 300 m³/s 之后,即使流量继续增加,但冲刷效率不再增加;对粗沙的冲刷效率,这一临界流量为 2 000 m³/s。

(3)高村以上河段非汛期粗沙冲刷最多、细沙冲刷最少,而汛期则反之。究其原因,因为汛期随着水沙条件变化,河床冲淤相间,冲刷时会由于前期的淤积使床面有较多的细沙补给;非汛期因连续清水冲刷,使表层床沙级配中细沙比例较小,从而使细沙补给较少。

(4)流量大于 2 000 m³/s 的低含沙水流,高村至利津河段总体上为冲刷。流量大于 1 500 m³/s 时细沙总体为冲刷,流量大于 2 500 m³/s 时中沙总体上转淤为冲,而粗沙由淤转冲的流量为 3 000～4 000 m³/s。

(5)若将高村至利津河段分为高村至艾山和艾山至利津两段,则任何大流量级,粗沙、中沙均不出现连续冲刷,粗沙总是在某一河段淤积后,其下段恢复冲刷,而细沙则可从上至下沿程冲刷。

(四)河床边界对河道输沙能力影响

河床边界主要是指河道横断面和纵剖面,设某一断面通过流量为 Q 时,相应的水面宽、水深和流速分别为 B、h、v,令断面宽深比 $M = \frac{B}{h}$,则有 $v = \frac{Q}{Mh^2}$,根据黄河下游花园口、高村、艾山、利津水文站实测资料统计分析,h 与 $\frac{Q}{M}$ 成正比,与比降 J 成反比,可表示为 $h = 0.893\,8\left(\frac{Q}{M}\right)^{0.417\,9}J^{-0.224\,5}$,由此可得到 $v = 1.283\,7\left(\frac{Q}{M}\right)^{0.164\,2}J^{0.449}$。当给定某一河段比降、某一流量时,$v \propto M^{-0.164\,2}$,这就是河槽形态影响输沙能力的原因所在。

根据黄河小浪底水库初期运用方式研究中得到的成果,黄河下游的水流输沙能力与河槽形态、河道纵比降、水流流速及悬沙级配等因素密切相关,其形式可表示为

$$Q_S = kQ^\alpha S_{\pm}^\beta \left[\frac{\sqrt{B}}{h} \right]^{m_1} J^{m_2} v^{m_3} \left(\sum P_i d_i^2 \right)^{m_4} \tag{3-1}$$

式中　　Q_S——输沙率,t/s;

　　　　$\sqrt{B}/h$——河段平均河相系数,B 为水面宽,m,h 为水深,m;

　　　　$S_{\pm}$——上断面含沙量,kg/m³;

　　　　J——河段平均比降(‰);

　　　　v——河段平均流速,m/s;

　　　　d_i——分组粒径,mm;

　　　　P_i——对应于 d_i 的沙重百分数;

　　　　k——系数,$k = 9.1 \times 10^{-5}$;

　　　　α、β——指数,$\alpha = 1.2$,$\beta = 0.82$;

　　　　m_1、m_2、m_3、m_4——指数,$m_1 = -0.31$,$m_2 = 0.35$,$m_3 = 0.55$,$m_4 = -0.27$。

式(3-1)表明,黄河下游的水流输沙能力与比降 J、流速 v 成增函数关系,而与 $\sqrt{B}/h$、$P_i d_i^2$ 成减函数关系。该式反映了不同水沙过程中的水流输沙能力随着下游来水流量、含沙量、河道形态、水流流速及悬沙级配等因素的变化而调整。例如,在较长期的清水冲刷过程中,下游河道不断冲深与展宽,河床糙率逐渐增大,流速减小和悬沙组成逐渐变粗,导致水流输沙能力下降、冲刷强度削弱;反之,在高含沙洪水过程中,下游河道不断淤滩刷槽,河槽形态逐渐窄深,河床糙率逐渐减小,流速增大,导致水流输沙能力增大,出现泥沙"多来多排"的现象。

根据黄河下游近 400 组洪水资料,按花园口、高村、艾山和利津四个水文站实测资料检验的结果,式(3-1)相关系数 $R = 0.96$,表明该式与各站的资料均较符合,可以用来分析各河段洪水输沙能力变化和冲淤调整的关系。

三、黄河下游协调水沙关系指标体系

目前,黄河下游河道协调的水沙关系是指各河段基本不淤或发生连续冲刷的水沙关系。为了寻求这种水沙关系,应首先对各种水沙组合条件下的历史洪水资料进行分析,找出各河段基本处于冲淤平衡的临界条件。

(一)各河段临界冲淤条件

1. 低含沙水流下游各河段的冲淤特性

低含沙水流是指含沙量小于 20 kg/m³ 的洪水。据统计,1960 年 9 月~1996 年 6 月黄河下游共发生低含沙量的洪水 110 次,历时 937 天,总水量 2 004.5 亿 m³,总沙量 21.82 亿 t,分别占 36 年总量的 13.9%和 3.9%,利津以上冲刷 26.99 亿 t,其中花园口以上冲刷 11.64 亿 t,花园口至高村冲刷 11.04 亿 t,高村至艾山冲刷 2.42 亿 t,艾山至利津冲刷 1.89 亿 t。若按流量级区分,流量大于 2 500 m³/s 的 35 次低含沙洪水,历时 342 天,三黑武水、沙量分别为 1 168.4 亿 m³ 和 12.48 亿 t,占 36 年总量的 8.1%和 3.2%,全下游冲刷 21.6 亿 t,不仅全下游的冲刷效率达到全部低含沙洪水的 1.4 倍,而且艾山至利津河段明显冲刷,见表3-5。

表 3-5　三黑武含沙量小于 20 kg/m³ 的各级流量的水沙和河道冲淤统计

站名(河段)	W (亿 m³)	$W_{S细}$ (亿 t)	$W_{S中}$ (亿 t)	$W_{S粗}$ (亿 t)	W_S (亿 t)	$DW_{S细}$ (亿 t)	$DW_{S中}$ (亿 t)	$DW_{S粗}$ (亿 t)	DW_S (亿 t)
流量=1 000～1 500 m³/s　　场次=41　　天数=273									
三黑武	306.6	2.00	0.84	0.67	3.51				
						−0.39	−0.41	−0.30	−1.10
花园口	301.6	2.29	1.22	0.95	4.47				
						−0.28	−0.03	0.05	−0.26
高村	284.0	2.48	1.21	0.87	4.56				
						0.04	0.13	0.13	0.30
艾山	273.5	2.29	1.02	0.71	4.01				
						0.11	0.33	0.15	0.59
利津	238.9	1.99	0.59	0.49	3.08				
三一利						−0.52	0.02	0.03	−0.47
流量=1 500～2 000 m³/s　　场次=24　　天数=220									
三黑武	327.0	2.48	0.87	0.66	4.02				
						−0.54	−0.43	−0.24	−1.21
花园口	335.2	2.96	1.29	0.89	5.15				
						−0.52	−0.50	−0.18	−1.20
高村	325.5	3.41	1.76	1.05	6.21				
						0.07	0.16	−0.04	0.19
艾山	329.8	3.25	1.55	1.07	5.87				
						−0.10	0.31	0.17	0.38
利津	308.1	3.23	1.18	0.85	5.25				
三一利						−1.09	−0.46	−0.29	−1.84
流量=2 000～2 500 m³/s　　场次=10　　天数=102									
三黑武	202.5	1.18	0.34	0.29	1.81				
						−0.35	−0.26	−0.13	−0.74
花园口	213.3	1.53	0.59	0.41	2.53				
						−0.44	−0.53	−0.33	−1.30
高村	206.8	1.95	1.11	0.74	3.80				
						−0.83	−0.06	0.18	−0.71
艾山	223.3	2.75	1.15	0.55	4.46				
						−0.60	0.22	0.05	−0.33
利津	217.7	3.33	0.92	0.49	4.74				
三一利						−2.22	−0.63	−0.23	−3.08
流量=2 500～3 000 m³/s　　场次=8　　天数=76									
三黑武	176.6	1.78	0.36	0.24	2.37				
						−0.58	−0.25	−0.09	−0.92
花园口	183.3	2.35	0.60	0.33	3.27				
						−0.43	−0.26	−0.28	−0.97
高村	185.1	2.77	0.86	0.60	4.22				
						−0.62	−0.29	0.18	−0.73
艾山	199.2	3.38	1.14	0.42	4.94				
						−0.33	0.02	−0.16	−0.47
利津	198.4	3.71	1.13	0.58	5.41				
三一利						−1.96	−0.78	−0.35	−3.09

续表 3-5

站名 (河段)	W (亿 m^3)	$W_{S细}$ (亿 t)	$W_{S中}$ (亿 t)	$W_{S粗}$ (亿 t)	W_S (亿 t)	$DW_{S细}$ (亿 t)	$DW_{S中}$ (亿 t)	$DW_{S粗}$ (亿 t)	DW_S (亿 t)
	流量 = 3 000~4 000 m^3/s　　场次 = 11　　天数 = 103								
三黑武	299.2	1.93	0.45	0.24	2.62	−0.81	−0.75	−0.56	−2.12
花园口	315.2	2.74	1.20	0.80	4.74	−1.44	−0.16	0.06	−1.54
高村	312.9	4.16	1.35	0.74	6.24	0.23	−0.32	−0.45	−0.54
艾山	319.4	3.91	1.66	1.18	6.75	−0.82	0.06	0.39	−0.37
利津	316.1	4.69	1.58	0.78	7.05				
三—利						−2.84	−1.17	−0.56	−4.57
	流量 > 4 000 m^3/s　　场次 = 16　　天数 = 163								
三黑武	692.6	5.57	1.32	0.60	7.49	−2.53	−1.84	−1.19	−5.56
花园口	729.9	8.09	3.17	1.79	13.04	−2.30	−2.05	−1.45	−5.80
高村	743.7	10.36	5.20	3.23	18.79	−1.39	0.08	0.41	−0.90
艾山	808.5	11.75	5.12	2.83	19.69	0.13	−0.53	−1.28	−1.68
利津	801.2	11.61	5.65	4.11	21.36				
三—利						−6.09	−4.34	−3.51	−13.94
	流量 > 1 000 m^3/s　　场次 = 110　　天数 = 937								
三黑武	2 004.5	14.94	4.18	2.71	21.82	−5.19	−3.94	−2.51	−11.64
花园口	2 078.4	19.95	8.07	5.18	33.20	−5.40	−3.52	−2.12	−11.04
高村	2 058.0	25.13	11.47	7.23	43.83	−2.50	−0.31	0.39	−2.42
艾山	2 153.7	27.33	11.64	6.75	45.72	−1.60	0.41	−0.70	−1.89
利津	2 080.5	28.56	11.03	7.30	46.90				
三—利						−14.69	−7.36	−4.94	−26.99

注：水流为非漫滩洪水；W、W_S、DW_S 分别为水量、沙量、冲淤量；三—利指三门峡—利津，下同。

　　为了进一步研究黄河下游低含沙水流的冲淤特性，选取三黑武含沙量小于 20 kg/m^3 的非漫滩洪水，建立高村、艾山、利津三站的输沙率与上站流量的关系如下

$$Q_S = K_1 + K_2 Q_{S上站} + K_3 Q_{上站} + K_4 Q_{上站}^2 \tag{3-2}$$

式中　Q_S——输沙率，t/s；

　　　　Q——流量，m^3/s；

　　　　K_1、K_2、K_3、K_4——系数。

　　根据式(3-2)分析计算下游各河段的"清水冲刷"效果，并点绘三门峡—高村、高村—艾山、艾山—利津及全下游的冲淤效率与流量的关系，见图 3-1。由图可见，随着流量的增加，全下游及艾山—利津河段的冲刷均有所增强。当三黑武流量达 900 m^3/s 左右时，

冲刷即可发展到高村;当流量达 1 700 m³/s 左右时,冲刷可发展到艾山;当艾山站流量达 2 300 m³/s 左右时,冲刷可发展到利津;当艾山站流量大于 3 000 m³/s 后,冲刷效率明显加强。

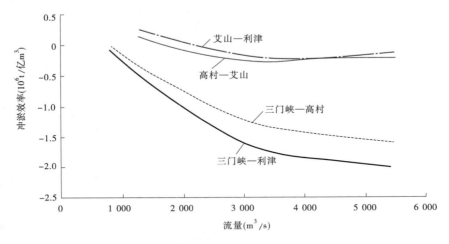

图 3-1　低含沙水流黄河下游各河段冲淤效率与流量关系

2.中等含沙水流下游各河段的冲淤特性

将三黑武平均含沙量 20~80 kg/m³ 的非漫滩洪水定义为中等含沙量洪水。

1960 年 9 月~1996 年 6 月,中等含沙量级的洪水共发生 190 次,平均每年 5.3 次,占全部洪水次数的 47.9%。期间来水量 3 314.2 亿 m³,来沙量 123.99 亿 t,分别占 36 年总量的 23.0% 和 32.2%,平均含沙量 36.1 kg/m³。中等含沙量洪水冲淤情况较为复杂,黄河下游共淤积泥沙 0.12 亿 t。其中,花园口以上淤积 5.05 亿 t,花园口至高村淤积 2.10 亿 t,高村至艾山及艾山至利津河段分别冲刷 2.17 亿 t 和 4.86 亿 t。高村至利津河段的冲刷主要是由于泥沙在高村以上河段大量淤积后,至艾山站含沙量特别是粗沙含沙量降低造成的。洪水冲淤调整过程中除局部河段河势变化引起主河槽形态发生较大变化外,一般变化不大。黄河下游来水来沙及河道冲淤情况见表 3-6。

表 3-6　三黑武含沙量 20~80 kg/m³ 的各级流量的水沙和河道冲淤统计

站名 (河段)	W (亿 m³)	$W_{S细}$ (亿 t)	$W_{S中}$ (亿 t)	$W_{S粗}$ (亿 t)	W_S (亿 t)	$DW_{S细}$ (亿 t)	$DW_{S中}$ (亿 t)	$DW_{S粗}$ (亿 t)	DW_S (亿 t)
流量=1 000~1 500 m³/s　　场次=39　　天数=230									
三黑武	260.5	5.40	2.15	1.80	9.35				
						0.27	0.55	0.73	1.55
花园口	268.3	5.05	1.58	1.05	7.67				
						0.24	0.01	0.20	0.45
高村	243.9	4.49	1.48	0.80	6.77				
						0.36	−0.17	−0.07	0.12
艾山	238.5	3.92	1.57	0.83	6.31				
						−0.18	0.32	0.21	0.35
利津	223.2	3.90	1.18	0.58	5.66				
三一利						0.69	0.71	1.07	2.47

续表 3-6

站名 (河段)	W (亿 m³)	$W_{S细}$ (亿 t)	$W_{S中}$ (亿 t)	$W_{S粗}$ (亿 t)	W_S (亿 t)	$DW_{S细}$ (亿 t)	$DW_{S中}$ (亿 t)	$DW_{S粗}$ (亿 t)	DW_S (亿 t)
流量＝1 500～2 000 m³/s　　场次＝52　　天数＝440									
三黑武	655.1	16.07	7.08	5.34	28.49				
						0.22	1.99	1.77	3.98
花园口	671.0	15.65	5.03	3.53	24.22				
						0.84	0.34	0.71	1.89
高村	623.6	14.03	4.46	2.68	21.16				
						0.71	−0.38	−0.14	0.19
艾山	611.7	12.76	4.66	2.70	20.10				
						−0.93	0.35	0.47	−0.11
利津	559.8	13.08	4.11	2.11	19.30				
三一利						0.84	2.30	2.81	5.95
流量＝2 000～2 500 m³/s　　场次＝32　　天数＝290									
三黑武	556.8	10.71	5.23	4.38	20.32				
						−1.05	0.65	1.29	0.89
花园口	576.8	11.66	4.54	3.06	19.26				
						0.05	0.12	0.56	0.73
高村	551.4	11.24	4.29	2.43	17.96				
						0.10	0	−0.08	0.02
艾山	549.0	10.87	4.18	2.44	17.49				
						−0.67	−0.30	−0.03	−1.00
利津	530.2	11.24	4.36	2.40	18.00				
三一利						−1.57	0.47	1.74	0.64
流量＝2 500～3 000 m³/s　　场次＝24　　天数＝228									
三黑武	546.1	11.76	5.92	4.47	22.15				
						−1.61	0.62	1.47	0.48
花园口	559.4	13.30	5.26	2.98	21.54				
						0.16	0.56	0.86	1.58
高村	531.4	12.68	4.53	2.03	19.24				
						1.37	−0.71	−1.10	−0.44
艾山	527.1	10.89	5.08	3.07	19.04				
						−1.40	−0.30	0.48	−1.22
利津	494.3	11.80	5.15	2.49	19.44				
三一利						−1.48	0.17	1.71	0.40
流量＝3 000～4 000 m³/s　　场次＝29　　天数＝266									
三黑武	769.9	13.88	7.49	5.79	27.16				
						−1.49	0.74	1.55	0.80
花园口	807.8	15.29	6.71	4.21	26.21				
						−0.99	−0.05	0.25	−0.79
高村	773.8	16.01	6.64	3.89	26.54				
						0.20	−0.91	−0.66	−1.37
艾山	774.4	15.55	7.44	4.49	27.47				
						−1.12	−0.74	−0.06	−1.92
利津	737.3	16.38	8.03	4.47	28.88				
三一利						−3.40	−0.96	1.08	−3.28
流量＞4 000 m³/s　　场次＝14　　天数＝138									
三黑武	525.7	8.87	4.40	3.26	16.52				
						−1.61	−0.58	−0.43	−2.62
花园口	541.4	10.43	4.96	3.67	19.05				
						−0.49	−2.01	0.75	−1.75
高村	539.7	10.82	6.92	2.88	20.62				
						−0.87	0.81	−0.64	−0.70
艾山	535.3	11.60	6.05	3.50	21.14				
						−0.57	−0.69	0.29	−0.97
利津	529.0	12.06	6.68	3.18	21.92				
三一利						−3.54	−2.47	−0.03	−6.04
流量＞1 000 m³/s　　场次＝190　　天数＝1 592									
三黑武	3 314.2	66.68	32.27	25.04	123.99				
						−5.28	3.96	6.37	5.05
花园口	3 424.7	71.38	28.06	18.50	117.94				
						−0.19	−1.03	3.32	2.10
高村	3 263.7	69.26	28.31	14.71	112.28				
						1.87	−1.35	−2.69	−2.17
艾山	3 235.9	65.57	28.97	17.03	111.57				
						−4.86	−1.36	1.36	−4.86
利津	3 073.8	68.46	29.51	15.23	113.20				
三一利						−8.46	0.22	8.36	0.12

注：水流为非漫滩洪水；W、W_S、DW_S 分别为水量、沙量、冲淤量。

由表 3-6 可以看出,此种类型的洪水随着流量的增加各河段仍呈现出淤积减弱乃至发生冲刷的趋势。就全下游而言,当流量达 2 800 m³/s 左右时,基本可维持输沙平衡,但就艾山—利津河段而言,由于上河段的淤积,流量在 2 300 m³/s 左右时即可发生冲刷;当流量达 3 300 m³/s 以上时,高村以上河段基本不淤,而高村以下河段则较明显发生冲刷;当流量达 4 000 m³/s 以上时,全下游发生明显的沿程冲刷,冲刷效率上大下小。

为了进一步分析中等含沙量洪水在黄河下游各河段的冲淤调整与来水来沙的关系,统计不同水沙组合情况下各河段的冲淤效率如表 3-7 所示,可以看出:

表 3-7 中等含沙量不同水沙组合下各河段的冲淤效率 (单位:10⁶ t /亿 m³)

流量级(m³/s)	河段	含沙量级(kg/m³)			
		20~30	30~40	40~60	60~80
1 000~1 500	三—花	1.85	0.68	0.60	3.72
	花—高	−0.30	0.22	0.70	1.46
	高—艾	0.93	0.04	0.28	−0.09
	艾—利	0.93	0.26	0.15	0.38
1 500~2 000	三—花	0.09	0.98	0.44	2.20
	花—高	0.03	0.11	0.75	0.29
	高—艾	−0.08	0.01	0.09	0.18
	艾—利	0.01	0.24	−0.04	−0.18
2 000~2 500	三—花	0.01	0.92	0.26	0.27
	花—高	−0.04	0.86	0.86	0.73
	高—艾	−0.10	0.30	0.02	−0.18
	艾—利	−0.08	0.05	−0.15	−0.62
2 500~3 000	三—花	−0.33	0.06	1.60	0.54
	花—高	−0.36	−0.26	0.54	1.20
	高—艾	0.26	0.07	−0.09	−0.41
	艾—利	−0.37	−0.11	−0.37	−0.03
3 000~4 000	三—花	−0.26	0.83	−0.07	1.13
	花—高	0.10	0.21	−0.37	0.26
	高—艾	−0.23	−0.26	−0.26	0.01
	艾—利	−0.20	0.10	−0.47	−0.34
>4 000	三—花	−0.57			
	花—高	−0.61			
	高—艾	−0.27			
	艾—利	−0.17			

注:水流为非漫滩洪水;三、花、高、艾、利分别为三门峡、花园口、高村、艾山、利津的简称,下同。

(1)流量为 1 000~1 500 m³/s 时,高村以上河段随着含沙量增加,淤积量增加,经高村以上淤积调整后,至高村—利津河段部分时段冲淤效率随着三黑武含沙量的增大反而减小。

(2)流量为 1 500~2 000 m³/s 时,冲淤特性与流量 1 000~1 500 m³/s 的洪水相近,只是由于流量的增大艾山以上河段淤积效率减小。艾山以上河段淤积量随含沙量增加而增加。经艾山以上淤积调整后,至艾山—利津河段冲淤效率有随着含沙量的增大反而减小的现象。

（3）流量为 2 000～2 500 m³/s 时，高村以上河段的淤积效率进一步减小，高村—艾山河段微冲微淤，艾山—利津河段发生冲刷。

（4）流量增至 2 500～3 000 m³/s 时，艾山以上河段的淤积效率进一步减小（甚至冲刷），至艾山—利津河段发生明显冲刷。

（5）当流量增至 3 000 m³/s 以上时，由于流量较大，高村—艾山河段及艾山—利津河段沿程冲刷明显。高村以上河段，由于河道宽浅，当含沙量超过 60 kg/m³ 时则发生淤积。

3.较高含沙量一般洪水下游各河段的冲淤分析

较高含沙量一般洪水是指三黑武平均含沙量在 80 kg/m³ 以上，但洪水过程中最大日平均含沙量小于 300 kg/m³ 的非漫滩洪水。

1960 年 9 月～1996 年 6 月该类洪水共发生 51 次，平均每年约 1.5 次，来水量 715.9 亿 m³，来沙量 78.30 亿 t，分别占 36 年总水沙量的 5.0% 和 20.3%，平均含沙量 109.4 kg/m³，为 36 年平均含沙量的 4.1 倍，洪水历时 358 天，占全部天数的 2.7%；三门峡至利津共淤积泥沙 29.54 亿 t，占总淤积量的 81.3%，淤积比为 37.7%，平均每 1 亿 m³ 洪水淤积泥沙 4.1×10^6 t。由此说明，此类洪水在黄河下游造成的淤积是比较严重的，且淤积主要分布在高村以上的宽河段，淤积量为 28.97 亿 t，占全下游的 98.1%，高村—艾山河段淤积 0.70 亿 t，占 2.3%，艾山—利津河段经上游河道淤积调整后，微冲 0.13 亿 t，洪水过程中河槽横向形态也产生较大的调整，并由此影响到河槽输沙能力的调整和河床的冲淤变化。黄河下游各河段的冲淤情况见表 3-8，其冲淤特性可总结如下：

表 3-8　三黑武含沙量大于 80 kg/m³ 各级流量的水沙和河道冲淤统计

站名 （河段）	W （亿 m³）	$W_{S细}$ （亿 t）	$W_{S中}$ （亿 t）	$W_{S粗}$ （亿 t）	W_S （亿 t）	$DW_{S细}$ （亿 t）	$DW_{S中}$ （亿 t）	$DW_{S粗}$ （亿 t）	DW_S （亿 t）
流量 = 1 000～1 500 m³/s　　场次 = 8　　天数 = 36									
三黑武	41.7	2.54	1.07	0.97	4.57				
花园口	43.6	2.19	0.52	0.42	3.13	0.32	0.53	0.54	1.39
高村	38.6	1.36	0.26	0.25	1.87	0.73	0.25	0.15	1.13
艾山	44.0	1.26	0.25	0.22	1.72	0.07	0	0.02	0.09
利津	39.7	1.15	0.26	0.16	1.56	0.07	−0.02	0.05	0.10
三—利						1.19	0.76	0.76	2.71
流量 = 1 500～2 000 m³/s　　场次 = 20　　天数 = 138									
三黑武	212.3	13.43	6.39	5.47	25.28				
花园口	211.5	11.43	3.02	2.42	16.87	1.87	3.32	3.00	8.19
高村	188.0	8.42	2.02	1.50	11.94	2.48	0.86	0.82	4.16
艾山	187.8	7.78	2.20	1.23	11.21	0.24	−0.27	0.22	0.19
利津	169.5	7.08	1.98	1.22	10.28	0.30	0.13	−0.05	0.38
三—利						3.89	4.04	3.99	12.92

续表 3-8

站名 (河段)	W (亿 m³)	$W_{S细}$ (亿 t)	$W_{S中}$ (亿 t)	$W_{S粗}$ (亿 t)	W_S (亿 t)	$DW_{S细}$ (亿 t)	$DW_{S中}$ (亿 t)	$DW_{S粗}$ (亿 t)	DW_S (亿 t)
流量＝2 000～2 500 m³/s				场次＝12			天数＝75		
三黑武	139.7	9.44	4.47	3.05	16.95	1.07	1.63	0.61	3.31
花园口	144.3	8.30	2.81	2.42	13.53	1.28	0.88	1.34	3.50
高村	132.4	6.79	1.86	1.03	9.67	0.60	−0.03	0.02	0.59
艾山	133.8	6.05	1.86	0.99	8.89	0.28	−0.25	−0.04	−0.01
利津	126.0	5.61	2.05	1.00	8.66				
三一利						3.23	2.23	1.93	7.39
流量＝2 500～3 000 m³/s				场次＝3			天数＝29		
三黑武	68.1	3.70	1.93	1.08	6.71	0.38	0.80	0.47	1.65
花园口	71.6	3.29	1.12	0.61	5.02	0.70	0.44	0.31	1.45
高村	60.9	2.43	0.63	0.28	3.34	0.11	−0.15	−0.18	−0.22
艾山	58.7	2.29	0.76	0.45	3.50	0.22	−0.17	−0.05	0
利津	52.9	2.03	0.92	0.50	3.44				
三一利						1.41	0.92	0.55	2.88
流量＝3 000～4 000 m³/s				场次＝6			天数＝55		
三黑武	162.4	9.05	4.39	2.65	16.08	−0.26	1.18	0.55	1.47
花园口	160.8	9.24	3.17	2.08	14.50	1.11	−0.09	1.08	2.10
高村	157.3	7.94	3.20	0.96	12.10	0.17	0.29	−0.51	−0.05
艾山	152.0	7.55	2.83	1.45	11.84	−0.71	0.40	0.20	−0.11
利津	145.6	8.05	2.35	1.21	11.61				
三一利						0.31	1.78	1.32	3.41
流量＞4 000 m³/s				场次＝2			天数＝25		
三黑武	91.8	6.13	1.86	0.72	8.71	−0.29	−0.08	−0.33	−0.70
花园口	92.9	6.39	1.93	1.04	9.36	0.98	0.20	0.13	1.31
高村	94.6	5.37	1.72	0.90	7.99	0.15	−0.05	0	0.10
艾山	95.7	5.20	1.76	0.90	7.86	−0.16	−0.03	−0.31	−0.50
利津	95.9	5.34	1.79	1.20	8.33				
三一利						0.68	0.04	−0.51	0.21
流量＞1 000 m³/s				场次＝51			天数＝358		
三黑武	715.9	44.29	20.09	13.93	78.30	3.09	7.38	4.84	15.31
花园口	724.6	40.85	12.57	8.99	62.41	7.28	2.55	3.83	13.66
高村	671.6	32.32	9.68	4.92	46.91	1.35	−0.21	−0.44	0.70
艾山	672.0	30.13	9.67	5.24	45.03	0.01	0.06	−0.20	−0.13
利津	629.4	29.24	9.36	5.29	43.89				
三一利						11.73	9.78	8.03	29.54

注:水流为非漫滩洪水;W、W_S、DW_S 分别为水量、沙量、冲淤量。

（1）各级流量的洪水，高村以上河段发生淤积，淤积随流量增加而减弱。流量为 1 000～1 500 m³/s 时，淤积比在 55% 以上；当流量增至 3 000 m³/s 以上时，淤积比降至 7%～22%。

（2）由于高村以上河段淤积，高村以下河段在各级流量中淤积量不大，并且随流量的增加而转为冲刷，淤积比为 -3%～2%。当流量在 1 500～2 500 m³/s 时，淤积比在 10% 以下；当流量增至 3 000 m³/s 以上时，表现为微冲。

（3）在艾山以上河段淤积调整作用下，艾山—利津河段流量在 1 500～2 000 m³/s 时微淤，淤积比为 3%～5%；当流量在 2 000～3 000 m³/s 时，艾山—利津河段冲淤基本平衡；当流量超过 3 000 m³/s 以后，冲刷强度有随流量增加而加大的趋势。

4. 不同洪水黄河下游各河段的冲淤效率及临界冲淤条件

不同水沙组合的洪水黄河下游各河段的冲淤效率及临界冲淤条件如表 3-9、表 3-10 所示。

表 3-9　黄河下游各含沙量级洪水冲淤效率统计　　（单位：10⁶ t /亿 m³）

| 流量级
（m³/s） | 河段 | 含沙量级（kg/m³） | | | | | | |
		0～20	20～30	30～40	40～60	60～80	>80 非高含沙	高含沙
1 000～ 1 500	三—花	-0.36	1.85	0.68	0.60	3.72	3.33	19.38
	花—高	-0.08	-0.30	0.22	0.70	1.46	2.72	5.37
	高—艾	0.10	0.93	0.04	0.28	-0.09	0.21	1.20
	艾—利	0.19	0.93	0.26	0.15	0.38	0.25	1.72
1 500～ 2 000	三—花	-0.37	0.09	0.98	0.44	2.20	3.86	2.81
	花—高	-0.36	0.03	0.11	0.75	0.29	1.96	4.05
	高—艾	0.05	-0.08	0.01	0.09	0.18	0.09	0.66
	艾—利	0.11	0.01	0.24	-0.04	-0.18	0.18	0.24
2 000～ 2 500	三—花	-0.36	0.01	0.92	0.26	0.27	2.37	5.74
	花—高	-0.64	-0.04	0.86	0.86	0.73	2.51	5.45
	高—艾	-0.35	-0.10	0.30	0.02	-0.18	0.42	0.89
	艾—利	-0.17	-0.08	0.05	-0.15	-0.62	-0.01	0.17
2 500～ 3 000	三—花	-0.52	-0.33	0.06	1.60	0.54	2.42	8.41
	花—高	-0.54	-0.36	-0.26	0.54	1.20	2.14	10.93
	高—艾	-0.41	0.26	0.07	-0.09	-0.41	-0.31	0.80
	艾—利	-0.27	-0.37	-0.11	-0.37	-0.03	0	0
3 000～ 4 000	三—花	-0.71	-0.26	0.83	-0.07	1.13	0.90	0.68
	花—高	-0.52	0.10	0.21	-0.37	0.26	1.29	11.34
	高—艾	-0.18	-0.23	-0.26	-0.26	0.01	-0.03	1.30
	艾—利	-0.12	-0.20	0.10	-0.47	-0.34	-0.07	0.49
>4 000	三—花	-0.80	-0.57				-0.76	1.08
	花—高	-0.84	-0.61				1.44	1.38
	高—艾	-0.13	-0.27				0.11	0.80
	艾—利	-0.24	-0.17				-0.54	-1.00

表 3-10　黄河下游各含沙量级洪水各河段临界冲淤流量　　（单位:m³/s）

河段	含沙量级（kg/m³）						高含沙
	0～20	20～30	30～40	40～60	60～80	>80 非高含沙	
花园口以上	<1 000	2 300	4 000	4 000	全淤	全淤	全淤
花园口至高村	<1 000	2 000	2 800	3 500	全淤	全淤	全淤
高村至艾山	2 000	2 000	3 000	2 500	2 000	2 500	全淤
艾山至利津	2 300	2 000	2 500	2 000	2 000	2 800	4 000

与上述各级含沙量洪水的临界冲淤流量相对应的悬移质泥沙颗粒级配、河床边界条件及洪水历时均是指该类洪水的平均情况,若这些条件发生了变化,临界冲淤流量也会随之有一定幅度的调整。

(二)指标体系分析确定

1.流量含沙量指标

小浪底水库拦沙初期,水库以异重流排沙为主,这就决定了多数情况下进入下游河道的水流含沙量不可能很高(浑水水库排沙除外,如 2002 年 9 月和 2004 年 8 月泄水)。根据前面分析的下游河道各河段临界冲淤条件及应使各河段主槽尽快发生连续冲刷的需求,进入下游河道洪水平均含沙量在 20 kg/m³ 以下时,应控制艾山流量大于 2 300 m³/s,考虑正常的河道引水,相应进入下游的流量应在 2 600 m³/s 左右;含沙量在 20～30 kg/m³ 时,应使进入黄河下游的流量大于 2 300 m³/s,同时使艾山流量大于 2 000 m³/s,流量越大下游河槽冲刷效果将越明显。同时,黄河下游水沙调控过程中,还应考虑河防工程的安全。为此统计 1986～1996 年铁谢—高村河道工程年均出险情况见表 3-11。

表 3-11　1986～1996 年铁谢—高村河道工程年均出险情况统计

流量级（m³/s）	<1 000	1 000～2 000	2 000～3 000	3 000～4 000	4 000～5 000	5 000～6 000	>6 000	合计
出险次数	23	97	28	43	56	16	25	288
出险几率 P(%)	8.0	33.7	9.7	14.9	19.4	5.6	8.7	100
流量级频率 P_Q(%)	57.2	26.6	7.8	3.6	3.1	0.9	0.8	100
P/P_Q	0.14	1.27	1.24	4.81	6.29	6.22	10.75	

由表 3-11 可以看出,就出险几率 P 占该流量级频率 P_Q 的比例而言,小于 3 000 m³/s 各流量级时均较小,因而水库初期运用调控上限流量不宜太大,应根据河势流路的发展情况以及河道整治工程的设计流量,选择合适的泄放流量,以保证黄河下游防洪的安全。

另外考虑河床边界条件的因素。1986 年以来下游河槽持续淤积,各河段主槽宽度均明显减小,滩槽高差虽也有所降低,但相对于主槽宽度的减小而言,降低幅度较小,总的结果是河相系数 $\frac{\sqrt{B}}{h}$ 多数河段有所减小。根据河道输沙能力与 $\frac{\sqrt{B}}{h}$ 成反比,由上述分析可得,按控制进入下游河道洪水平均流量 2 300 m³/s 以上,可以保证下游河道为全线冲刷。

在实际调控过程中,调控流量的确定还应考虑下游河道各河段沿程的引水要求。

2.含沙量级配指标

根据前述对历史场次洪水资料分析结果,黄河下游河道输沙能力 $Q_S \propto$ $(\sum P_i d_i^2)^{-0.27}$,即在其他因子相同的情况下,悬移质泥沙粒径越细,河道的输沙能力越强。小浪底水库异重流的产生及输移过程中将产生明显的分选淤积,出库泥沙细颗粒含量将大幅度增加。

依据的实测资料中含沙量小于 20 kg/m³ 和含沙量 20～30 kg/m³ 的洪水,对应临界冲淤条件下悬移质细颗粒泥沙平均含量分别约为 70% 和 50%。小浪底水库拦沙初期运用,以异重流排沙为主,出库悬移质泥沙颗粒较细,流量及含沙量满足前述临界指标即可以实现下游河道全线冲刷。若小浪底水库出库细颗粒泥沙含量较临界条件所对应的更高,则冲刷效果更为明显,可根据前述输沙能力公式进行计算。譬如,进入下游的细沙和粗沙组成分别由 70% 和 10% 变为 90% 和 3%,计算表明在流量 2 600 m³/s、含沙量 10 kg/m³ 的条件下可使下游河道冲刷量增加 20% 左右。

3.洪水历时指标

就河床冲刷效果而言,洪水冲刷历时不宜太短,若较大流量的历时太短,则会因下游河道的槽蓄作用而衰减太快,至艾山时无法满足艾山—利津河道冲刷的流量要求。

根据黄河下游实测中常洪水资料分析,洪水历时太短不利于艾山—利津河段的冲刷,一般情况下历时应控制在 6 天以上。

从实测历史洪水统计结果看,对于 2 300～4 000 m³/s 流量级洪水,含沙量小于 20 kg/m³ 和含沙量为 20～30 kg/m³,其洪水平均历时均为 10 天,此类洪水的平均情况是下游河道全线冲刷(见表 3-12、表 3-13)。

表 3-12　平均含沙量小于 20 kg/m³ 洪水统计成果

(三黑武平均流量 2 300～4 000 m³/s)

起始时间 (年-月-日)	历时 (天)	平均流量 (m³/s)	平均含沙量 (kg/m³)	水量 (亿 m³)	冲淤效率 (kg/m³)				沙重百分数 (%)			
		三黑武	三黑武	三黑武	铁—花	花—高	高—艾	艾—利	细	中	粗	全
1961-07-11	10	3 111	2.64	26.881	-7.63	-8.18	-5.39	-0.07	94.4	2.8	2.8	100
1961-07-21	10	3 681	9.796	31.806	-8.83	-10.88	-2.67	-0.60	95.2	2.2	2.6	100
1961-07-31	10	2 653	14.395	22.925	-2.75	-10.08	-11.04	5.32	94.9	2.4	2.7	100
1961-09-13	16	2 485	0.104	34.351	-5.30	-7.57	-7.63	-0.20	100	0	0	100
1961-10-09	4	2 505	0.108	8.656	-3.93	-9.82	-2.31	-1.27	97.0	2.0	1.0	100
1962-07-25	11	2 776	13.493	26.387	-4.85	-3.98	-5.04	-9.21	95.2	2.3	2.5	100
1962-08-05	10	3 035	8.42	26.222	-4.65	-4.27	-6.10	-4.88	95.9	1.8	2.3	100
1962-08-15	10	3 098	11.889	26.766	-3.89	-6.58	-3.33	-5.64	95.6	1.9	2.5	100
1962-09-24	10	2 328	12.951	20.11	-2.14	-10.34	-2.49	-11.98	93.5	4.2	2.3	100
1962-10-04	6	2 513	4.775	13.027	-2.53	-8.44	-2.00	-9.13	95.2	3.2	1.6	100
1962-10-10	12	2 405	4.632	24.938	-2.73	-7.02	-1.32	-4.45	92.2	5.2	2.6	100
1963-08-06	15	2 826	14.155	36.63	-6.31	-3.99	-5.21	-6.85	84.0	11.2	4.8	100
1963-09-27	11	3 990	2.071	37.921	-8.41	-7.17	-3.72	-3.27	91.1	5.1	3.8	100

续表 3-12

起始时间 (年-月-日)	历时 (天)	平均流量 (m³/s)	平均含沙量 (kg/m³)	水量 (亿 m³)	冲淤效率 (kg/m³)				沙重百分数 (%)			
		三黑武	三黑武	三黑武	铁—花	花—高	高—艾	艾—利	细	中	粗	全
1963-10-08	6	3 422	5.291	17.74	−5.58	−5.52	−4.79	−2.03	86.2	9.6	3.2	100
1963-10-14	14	3 341	5.249	40.416	−7.99	−4.53	0.69	2.55	75.5	19.3	5.2	100
1967-07-10	9	3 062	16.209	23.814	−11.67	3.19	−3.57	−2.44	74.1	19.9	6.0	100
1973-10-05	10	2 518	17.865	21.759	−14.94	0.74	−4.55	0.23	64.2	22.9	12.9	100
1976-09-27	3	3 328	17.87	8.625	−4.52	0.12	0.23	−2.78	42.2	29.9	27.9	100
1976-10-01	9	2 948	11.005	22.924	−5.19	−7.02	−1.44	−0.74	71.0	21.1	7.9	100
1976-10-10	11	2 552	19.027	24.257	0.74	−5.61	1.36	1.77	43.0	30.1	26.9	100
1978-10-02	9	2 332	17.812	18.132	−4.80	−0.55	−0.50	0.28	54.5	30.6	14.9	100
1982-10-06	11	2 344	16.551	22.275	−0.36	−4.85	−3.32	3.95	48.0	36.0	16.0	100
1983-10-22	10	3 803	8.201	32.858	−5.60	−8.55	7.46	0.70	52.2	33.7	14.1	100
1984-09-17	10	3 203	14.032	27.672	−13.88	−5.10	−2.49	−1.19	59.1	29.3	11.6	100
1984-09-27	10	3 967	17.424	34.273	−3.38	−10.12	4.23	−4.49	33.8	40.0	26.1	100
1989-09-12	10	3 027	19.447	26.154	−6.46	2.71	−0.96	1.95	48.6	32.1	19.3	100
平均	10	2 850	10.73	24.63	−5.76	−5.49	−2.37	−1.89	68.7	20.0	11.3	100

表 3-13 平均含沙量 20～30 kg/m³ 洪水统计成果

(三黑武平均流量 2 300～4 000 m³/s)

起始时间 (年-月-日)	历时 (天)	平均流量 (m³/s)	平均含沙量 (kg/m³)	水量 (亿 m³)	冲淤效率 (kg/m³)				沙重百分数 (%)			
		三黑武	三黑武	三黑武	铁—花	花—高	高—艾	艾—利	细	中	粗	全
1963-09-07	10	2 841	22.05	24.55	−6.27	0.24	−3.10	−4.85	75.4	16.7	7.9	100
1963-10-27	5	2 353	21.78	10.17	7.08	−5.51	5.11	4.92	56.3	33.8	9.9	100
1965-07-19	10	3 461	26.53	29.90	−12.74	3.31	0.23	−4.72	82.6	13.0	4.4	100
1967-07-01	9	2 679	23.61	20.83	−7.78	−0.05	1.15	−1.54	75.2	12.4	12.4	100
1967-07-19	12	3 537	24.61	36.68	−10.12	0.85	−0.27	−2.32	77.9	15.9	6.2	100
1968-10-02	6	3 838	23.48	19.90	−8.54	−1.86	−1.86	4.07	38.5	38.2	23.3	100
1973-10-24	7	2 423	25.33	14.65	1.16	−8.94	1.50	0.34	33.1	26.6	40.3	100
1975-08-05	11	3 862	28.07	36.70	−5.12	−8.04	1.99	−3.62	61.4	27.7	10.9	100
1976-08-09	10	2 886	29.66	24.94	−1.24	2.25	−0.68	−6.86	68.1	22.6	9.3	100

起始时间 (年-月-日)	历时 (天)	平均 流量 (m³/s)	平均 含沙量 (kg/m³)	水量 (亿 m³)	冲淤效率 （kg/m³）				沙重百分数 （%）			
		三黑武	三黑武	三黑武	铁—花	花—高	高—艾	艾—利	细	中	粗	全
1979-09-03	9	2 355	26.31	18.31	−2.51	−1.37	4.31	−3.66	41.4	21.2	37.4	100
1979-09-12	11	2 751	26.38	26.15	−2.07	−7.08	0.23	−9.94	47.0	21.8	31.2	100
1983-08-10	9	3 857	20.31	29.99	1.00	−2.43	−2.37	−5.57	37.9	24.7	37.4	100
1983-08-24	10	3 748	24.01	32.38	0.71	−0.62	−4.35	−3.52	55.0	30.1	14.9	100
1983-09-23	10	3 375	28.82	29.16	1.03	0.69	−5.97	−0.38	40.8	36.3	22.9	100
1984-07-21	10	3 418	26.72	29.53	−3.32	7.79	−3.86	−0.51	56.1	19.8	24.1	100
1984-08-20	9	2 744	28.10	21.34	5.72	−0.37	−0.70	0.70	51.3	19.2	29.5	100
1984-09-07	10	3 405	29.24	29.42	−4.21	0.54	−3.74	−0.78	47.1	32.8	20.1	100
1985-10-02	12	3 795	20.57	39.35	0.41	−5.62	−2.77	−3.08	36.2	39.9	23.9	100
1985-10-14	10	3 492	22.62	30.17	5.20	−8.85	4.28	3.35	24.9	31.4	43.7	100
1989-08-22	11	2 935	23.59	27.89	−10.54	10.04	−0.29	−1.68	45.4	37.0	17.6	100
1989-09-02	10	3 025	21.80	26.14	−4.32	2.75	−2.26	0.34	46.9	31.5	21.6	100
平均	10	3 214	24.95	26.58	−3.08	−0.91	−0.98	−2.23	53.2	26.3	20.5	100

考虑小浪底水库自 1999 年 10 月蓄水运用至首次调水调沙试验之前，下游河道未出现过 2 000 m³/s 以上的洪水，洪水传播时间还可能加长，为了保证首次调水调沙试验的冲刷效果，推荐控制洪水历时在 9 天以上。

四、小结

(1)水沙关系协调与否和河床边界条件以及人们预期的目标是密切相关的，是一个动态的变化过程。针对目前黄河下游河床的边界条件，协调的水沙关系应是能使得黄河下游特别是平滩流量较小的夹河滩—孙口河段主槽发生明显冲刷的水沙过程。

(2)对于低含沙水流(含沙量小于 20 kg/m³)，随着流量的增加，全下游及艾山—利津河段的冲刷均有所增强。当艾山站流量达 2 300 m³/s 左右时，冲刷可发展到利津，艾山站流量大于 3 000 m³/s 后，冲刷效率明显加强。

(3)中等含沙量洪水(含沙量 20~80 kg/m³)，当流量达 2 800 m³/s 左右时，基本可维持输沙平衡，而就艾山—利津河段，流量在 2 300 m³/s 左右时即可发生冲刷。

(4)较高含沙量(含沙量大于 80 kg/m³)一般洪水，流量为 1 000~1 500 m³/s 时，淤积比在 55% 以上；当流量增至 3 000 m³/s 以上时，该河段淤积比降至 7%~22%。

(5)小浪底水库拦沙初期，进入下游河道洪水平均含沙量在 20 kg/m³ 以下时，应控制艾山流量大于 2 300 m³/s，考虑河道引水，相应进入下游流量应在 2 600 m³/s 左右；含沙量在 20~30 kg/m³ 之间时，应控制进入黄河下游的流量大于 2 300 m³/s，同时控制艾山流量大于 2 000 m³/s，洪水历时一般为 9 天以上。

第二节　协调水沙关系的塑造技术

一、枢纽工程对水沙的调控作用

黄河干流龙羊峡和刘家峡水库联合调度,承担黄河上游河段的防洪和防凌任务。三门峡和小浪底水库与支流伊河陆浑水库、洛河故县水库以及下游堤防、河道整治工程、分滞洪区等构成"上拦下排、两岸分滞"的黄河中下游防洪工程体系,在防洪、防凌、减淤、调水调沙和水量调度等方面发挥了巨大作用。水库的调节亦较大地改变了天然水沙过程。以下仅以三门峡水库实测资料分析枢纽工程对水沙的调控作用。

(一)汛初排沙

在每年的6月末至7月初,三门峡水库坝前水位一般都要下降到305 m或更低,期间有两种情况会使汛初出现较明显的排沙过程:其一是因库水位降低造成溯源冲刷而产生的排沙;其二是潼关站发生洪水并伴随着库水位下降出现的排沙。统计1974～1999年汛初小水期排沙资料见表3-14。

表 3-14　汛初小水期排沙特征值统计(1974～1999 年)

项目	次数 (次)	天数 (天)	平均流量 (m³/s)	水量 (亿 m³)	沙量 (亿 t)	含沙量 (kg/m³)	冲刷量 (亿 t)
潼 关							
降低水位	18	197	605	103.0	1.054	10.2	3.361
小洪水	16	169	1 108	161.8	4.653	28.8	3.392
总计	34	366	837	264.8	5.707	21.6	6.753
三 门 峡							排沙比
降低水位	18	197	693	118.0	4.415	37.4	4.19
小洪水	16	169	1 091	159.4	8.045	50.5	1.73
总计	34	366	877	277.4	12.460	44.9	2.18

可以看出,属于前一种排沙类型的共有197天,平均入库含沙量为10.2 kg/m³,同期出库含沙量为37.4 kg/m³,是入库的3.67倍;入库总沙量为1.054亿 t,相应出库沙量4.415亿 t,冲刷3.361亿 t,排沙比达到4.19。属于后一种排沙类型的共有169天,进出库流量接近,平均入库含沙量为28.8 kg/m³,平均出库含沙量为50.5 kg/m³,是入库的1.76倍;入库总沙量4.653亿 t,相应出库沙量8.045亿 t,排沙比为1.73。

进一步统计显示,汛初小水期冲刷量占汛期总冲刷量的15.7%,而入库沙量仅占汛期来沙量的3.03%,表明这一时段具有较高的冲刷效率。

降低水位和小洪水期排沙的效果主要受入库水沙条件和库区水面比降的影响,由图3-2可见,随着因子 $J_{潼关-史家滩}/(S/Q)^{0.35}$ 的增大,排沙比相应增加。在相同的 $J_{潼关-史家滩}/(S/Q)^{0.35}$ 条件下,降低水位冲刷的排沙比大于小洪水的排沙比。

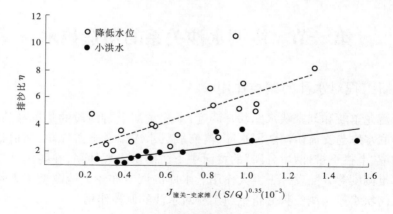

图 3-2　汛初排沙比关系

(二)洪水期排沙

根据对 1974～1999 年 100 余场洪峰流量大于 2 500 m³/s 的洪水资料分析,洪水期入库水量占汛期的 68％,沙量占汛期的 83％,持续时间仅占汛期的 43.1％,冲刷量占汛期的 88％,表明洪水期来沙量大,水库排沙量和冲刷量也大。若将洪水分为一般含沙量洪水和较高含沙量洪水(暂将洪水期潼关站最大含沙量 250 kg/m³ 以上,平均含沙量大于 100 kg/m³ 定义为较高含沙量洪水),前者平均排沙比为 1.29,后者为 1.19。单从排沙比看,一般含沙量洪水排沙比高于较高含沙量洪水。实际上,较高含沙量洪水具有更大的冲刷能力,如果以冲刷效率来表示,较高含沙量洪水的冲刷效率为 0.028 t/m³,是一般含沙量洪水的 3 倍。

由表 3-15 可见,1974～1999 年洪水期坝前平均水位低于 300 m 时,水库的排沙比最

表 3-15　三门峡水库洪水排沙特征

洪水类型	时段	坝前水位 (m)	累计天数 (场次)	潼关水量 (亿 m³)	沙量(亿 t) 潼关	沙量(亿 t) 三门峡	冲刷量 (亿 t)	排沙比	冲刷效率 (t/m³)
较高含沙洪水	1974～1999	＜300	37(4)	53.4	7.81	10.81	3.00	1.38	0.056 2
		300～305	173(16)	337.9	42.79	52.72	9.93	1.23	0.029 4
		＞305	55(7)	111.1	24.94	26.26	1.32	1.05	0.011 9
		总量	265(27)	502.4	75.53	89.78	14.25	1.19	0.028 4
	1974～1985	总量	84(9)	170.1	31.29	33.73	2.44	1.08	0.014 0
	1986～1999	总量	181(18)	332.3	44.24	56.05	11.81	1.27	0.036 0
一般含沙洪水	1974～1999	＜300	92(9)	136.6	6.455	9.46	3.01	1.47	0.022 0
		300～305	634(47)	1 300	43.12	57.5	14.38	1.33	0.011 1
		＞305	386(18)	1 125	32.06	38.21	6.15	1.19	0.005 5
		总量	1 112(74)	2 562	81.63	105.17	23.54	1.29	0.009 2
	1974～1985	总量	834(51)	2 091.4	63.09	79.98	16.89	1.27	0.008 0
	1986～1999	总量	278(23)	470.3	18.54	25.19	6.66	1.36	0.014 0

大。一般含沙量洪水的排沙比达 1.47,较高含沙量洪水为 1.38;当坝前平均水位高于 305 m,水库的排沙比最小,一般含沙量洪水和较高含沙量洪水分别为 1.19 和 1.05。从洪水冲刷效率看,坝前平均水位低于 300 m 时,较高含沙量洪水和一般含沙量洪水冲刷效率分别为0.056 t/m³ 和 0.022 t/m³,是坝前水位为 300～305 m 时同类洪水冲刷效率的 2 倍左右,是坝前水位高于 305 m 时同类洪水冲刷效率的 4～5 倍。可见,坝前水位越低,库区冲刷效果越好。

(三)平水期排沙

通常将流量小于 1 000 m³/s 时作为平水期。由于平水期流量、含沙量小,所以水流输沙能力低。水库排沙量除受来沙量直接影响外,还与前期冲淤状况、库水位等有关,致使汛期不同平水时期的冲淤和排沙特点有很大差异。

据分析,1974～1999 年汛期平水期年均 43.8 天,占汛期的 35.6%,年均入库沙量为 0.436 亿 t,仅占汛期的 6%,冲刷量占汛期的 3.7%,排沙比 1.14。其中 7 月份平水持续时间超过 13 天,冲刷量为 0.075 亿 t,排沙比为 1.43;8 月份平水持续时间为 7 天,冲刷量为 0.029 亿 t,排沙比为 1.24;9、10 月份水库略有淤积,排沙比小于 1。

(四)含沙量的调节幅度

1990 年 10 月初,三门峡水库投放钢围堰施工,水库降低水位历时 12 天,出现溯源冲刷,其冲刷过程见表 3-16。可以看出,10 月 4 日三门峡水库坝前水位较前一日水位下降 4.02 m,日平均出库流量与入库流量接近,出库含沙量 243.7 kg/m³(当日瞬时最大含沙量高达 497 kg/m³),日均含沙量增幅达 216 kg/m³。本次降水冲刷期,流量小,冲刷主要集中在开始的 2～3 天。

表 3-16　1990 年 10 月投放钢围堰施工时的排沙过程

项目	3 日	4 日	5 日	6 日	7 日	8 日	9 日
库水位(m)	304.13	300.11	294.99	295.61	291.05	293.44	300.36
入库流量(m³/s)	1 090	1 290	1 270	1 090	946	889	833
出库流量(m³/s)	983	1 350	1 190	1 140	807	557	673
入库含沙量(kg/m³)	31.56	27.52	30.47	26.24	28.12	20.81	14.65
出库含沙量(kg/m³)	33.27	243.70	136.13	65.26	38.79	27.47	12.79
冲淤量(亿 t)	0.001 5	− 0.253 6	− 0.106 5	− 0.039 6	− 0.004 1	0.002 8	0.003 1

根据 1991 年 10 月 1 日实测大断面资料,三门峡水库距坝 1 km 处淤积面高程约为 302 m,1991 年 10 月 14～18 日,三门峡水库打开底孔排沙,出库含沙量初期较高,10 月 15 日较前一天日均水位下降 10.64 m,当天出库日均含沙量达到最高,为 298 kg/m³,增幅达 291 kg/m³,随后逐渐衰减,10 月 19 日,库水位开始抬升,入、出库含沙量大致相等,见表 3-17。

根据 1993 年 5 月 4 日实测大断面资料,三门峡水库距坝 1 km 处淤积面高程约为 297 m,1993 年 6 月 25～29 日,水库进行了自本年度(运用年)的第一次降低水位排沙过程,降水期入库流量 372~639 m³/s,入库含沙量小于 17 kg/m³,降水的第二天,日平均库水位降幅最大为 9.3 m,相应日均出库含沙量也达到最大,为 251.23 kg/m³,增幅达250.23 kg/m³,排沙历时约 9 天。

表 3-17　1991 年 10 月三门峡水库泄空排沙过程

项目	13 日	14 日	15 日	16 日	17 日	18 日	19 日
库水位(m)	304.8	302.23	291.59	289.95	288.89	289.56	296.97
入库流量(m³/s)	375	376	362	332	336	324	347
出库流量(m³/s)	341	509	483	347	337	208	274
入库含沙量(kg/m³)	6.32	6.09	7.02	6.57	6.16	5.80	6.20
出库含沙量(kg/m³)	3.37	143.03	298.14	145.53	154.90	70.19	5.47
冲淤量(亿 t)	0.001 1	−0.061 0	−0.122 2	−0.041 7	−0.043 3	−0.011 0	0.000 6

二、出库含沙量预测

水库的兴建改变了天然河道的输沙特性,其运用方式的不同将对进入黄河下游的水沙条件产生较大影响。根据入库水沙条件,预测水库排沙情况,不仅对水库的实时调度运用十分重要,而且对黄河中下游实时联合调度亦具有重要意义。

黄河三次调水调沙试验,在吸取各方面研究成果并对大量实测资料整理分析的基础上,采用物理成因分析和水文统计方法,对出库含沙量进行了预测。

(一)三门峡水库汛期出库含沙量预测

1. 汛期出库含沙量影响因子分析

综合分析水库多年运用实践,影响三门峡水库汛期出库含沙量的因素有三个方面:来水来沙变化、调沙库容内淤积量、泄流条件。具体可分解为入库流量 $Q_入$、出库流量 $Q_出$、入库含沙量 $S_入$ 及悬沙级配、床沙组成、库区水面比降、排沙历时与时机、孔洞分流比、调沙库容内淤积量、库水位等因子。

从以上影响因素可知,影响三门峡水库汛期出库含沙量的因子众多。从大量的因素中挑选出主要的影响因子是首要工作。

2. 出库含沙量敏感因子分析

根据河流泥沙动力学理论,以及三门峡水库调度运用经验和水库多年水沙资料整理分析成果,三门峡水库在汛期不同时期出库含沙量敏感因子也有所不同。按照出库含沙量敏感因子变化,把汛期的排沙过程分为非首次排沙和首次排沙两种情况。

1) 汛期非首次排沙

据资料分析,在汛期已发生过大量排沙之后,三门峡水库出库含沙量与入库含沙量、入库流量、出库流量、库区水面比降以及底孔分流比较为敏感。其中,出库含沙量与入库含沙量关系相当密切,入库含沙量增大时出库含沙量也会相应增大;与流量的关系主要表现在与出入库流量之间的对比关系,出入库流量比在一定程度上决定了库区水流冲刷力度,也直接影响着出库含沙量的大小;水面比降的作用主要体现在对水流冲刷力度,水面比降大则水流冲刷力度也大。由于坝前含沙量垂向分布不均匀，底孔分流比 P 对出库含沙量 $S_出$ 有一定影响。

2）汛期首次排沙

水库汛期首次排沙的出库含沙量一般较大，大部分在 50 kg/m³ 以上，有时甚至达到 300 kg/m³ 以上，历时一般为 3 天左右。这时的出库含沙量与入库流量、底孔分流比等并不十分敏感，与入库含沙量关系也不密切。

经分析认为，汛初或汛期首次排沙过程，水库以溯源冲刷为主。这与水库的运用原则有关。三门峡水库自改建完成至今一直采用蓄清排浑运用方式。水库在经历蓄水运用后，如在汛末和翌年汛初，会发生一定的泥沙淤积，因此一般会利用汛末洪水或在汛初的第一场洪水进行排沙运用。在这种情况下，前期淤积量、淤积部位以及淤积物的颗粒级配对出库含沙量影响强烈。

3. 汛期输沙公式

根据目前水库水沙测验资料，建立出库日平均含沙量预测公式。鉴于三门峡水库泄流设施直到 1989 年后才基本趋于稳定，则主要选取 1989~1997 年汛期以及 2002 年调水调沙期间 437 组入出库水沙资料以及水库孔洞组合资料进行分析。

根据敏感因子分析，三门峡水库汛期非首次排沙时的出库含沙量与入库含沙量、入出库流量比值、水面比降以及底孔分流比等参数之间的关系可表达为

$$S_出 = aS_入^b (Q_出 / Q_入)^c J^d (1 + P)^e \qquad (3\text{-}3)$$

式中　　$S_出$——出库含沙量；

$S_入$——入库含沙量；

$Q_出$——出库流量；

$Q_入$——入库流量；

J——水面比降；

P——底孔分流比；

a——系数；

$b、c、d、e$——指数。

式（3-3）中比降 J 可表示为 $(H - H_史)/L$，其中 H 为坝垮断面水位，$H_史$ 为史家滩水位即库水位，由于 L 变化不大，所以可以用 $(H - H_史)$ 反映比降因子。考虑洪水传播时间因素，式（3-3）亦可表示为

$$S_{出_i} = aS_{入_{i-1}}^b (Q_{出_i} / Q_{入_{i-1}})^c (H_i - H_{史_i})^d (1 + P_i)^e \qquad (3\text{-}4)$$

式中　下角标 $i、i-1$ 分别表示本时段及上时段；其余符号含义同前。

根据 1989~1997 年资料，应用非线性逐步回归方法进行回归计算分析，出库含沙量计算公式的复相关系数为 0.88，待定系数 $a、b、c、d、e$ 分别为 0.004 932、0.996、0.752、1.843 和 0.127。验证结果见图 3-3。

（二）小浪底出库含沙量预测

1. 水库异重流排沙比估算

小浪底水库施工期进行的水库运用方式研究实体模型试验结果（见表 3-18）表明，水

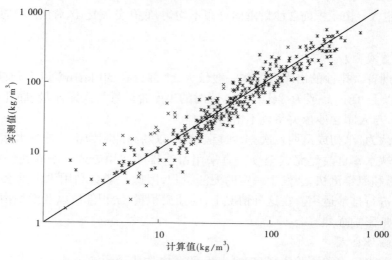

图 3-3　三门峡汛期排沙关系验证

库运用初期1~5年汛期大多时段为异重流排沙,排沙比的大小与来水来沙过程、悬沙组成、异重流潜入点位置、库区平面形态、初始地形、水库调度等因素有关。库区淤积形态为三角洲,异重流潜入点一般位于三角洲的前坡段。随水库运用历时延长,三角洲不断向坝前推进,异重流潜入点亦不断下移。模型试验第5年水库淤积三角洲顶点已推进至距坝约8 km处,由于异重流潜入后运行距离短,在流量及沙量并不太大的条件下,排沙比达到了46.5%。

表 3-18　小浪底水库运用初期模型试验水库历年排沙比统计

年序	入库水量 （亿 m³）	入库沙量 （亿 t）	冲淤量 （亿 t）	排沙比 （%）
1	173.53	11.27	9.76	13.4
2	153.17	8.00	6.65	16.9
3	86.87	4.18	3.69	11.7
4	199.29	9.40	6.92	26.4
5	111.03	4.17	2.23	46.5
合计	723.89	37.02	29.25	21.0

　　小浪底水库自运用以来,洪水期水沙在水库回水区主要以异重流形式输移。2000年异重流运行到了坝前,但由于坝前淤积面高程低于150 m,浑水面高程低于或仅接近水库最低泄水洞底板高程175 m,虽然开启了排沙洞,大部分泥沙也不能排泄出库。2001年8月,较大流量较高含沙水流入库,异重流具有较大能量运行到了坝前,为了使坝前尽快形成铺盖,在异重流排沙期间水库基本为蓄水运用,水库排沙比仅为7.82%。

　　基于对小浪底水库历年异重流及浑水水库观测资料的分析,估计在目前库区淤积状况、水库蓄水条件,以及中小洪水条件下,小浪底水库异重流排沙比平均约为30%,随着水沙条件大幅度的变化及边界条件的改变,异重流排沙比将相应发生变化。

2. 浑水水库排沙分析

水库异重流运行至坝前后,若不能全部排出,则在坝前聚集形成浑水水库。2002 年 9 月 2 日,曾在小浪底水库进水塔前进行悬移质泥沙取样分析,见表 3-19。观测时水位 240.87 m,水深 59.1 m,浑水层厚度 23 m,平均含沙量约 150 kg/m³。181.77 m 高程处 测点含沙量达到 383 kg/m³,而排沙洞底坎高程为 175 m,显然,若打开排沙洞,其瞬时含 沙量将大于 383 kg/m³。

表 3-19　小浪底水库进水塔前浑水层泥沙级配分析结果

测点深 (m)	测点高程 (m)	含沙量 (kg/m³)	小于某粒径(mm)沙重百分数(%)					中值粒径 (mm)
			0.004	0.008	0.016	0.031	0.062	
35.5	205.37	0.32	48.6	77.3	93.1	99.0	100	0.004
37.0	203.87	37.3	49.5	79.4	98.4	100		0.004
39.0	201.87	43.8	48.0	77.3	97.5	100		0.004
43.0	197.87	57.4	44.9	72.3	94.5	100		0.004
47.0	193.87	84.9	42.1	67.2	91.1	99.8	100	0.005
52.0	188.87	273	47.2	74.4	93.1	99.8	100	0.004
56.0	184.87	320	47.1	74.2	93.1	99.8	100	0.004
59.1	181.77	383	45.8	72.2	97.5	97.5	100	0.004

2002 年 9 月 5～10 日,小浪底水库曾经为恢复坝前漏斗而开启排沙洞排沙(见 表 3-20),该时段小浪底水库平均出库流量为 511 m³/s,平均含沙量为 150.2 kg/m³,最大 日平均出库含沙量为 173.9 kg/m³。9 月 7 日 22 时瞬时最大含沙量为 282 kg/m³,相应流 量为 1 390 m³/s。由此可大致看出,若仅排泄坝前浑水水库的水体,其出库平均含沙量与 浑水水库的平均含沙量接近。

表 3-20　2002 年小浪底水库开底孔排沙时出库流量及含沙量

日期 (年-月-日)	入库流量 (m³/s)	入库含沙量 (kg/m³)	坝前水位 (m)	出库流量 (m³/s)	出库含沙量 (kg/m³)
2002-09-05	216	5.32	210.14	532	112.03
2002-09-06	273	6.26	209.77	482	69.92
2002-09-07	360	10.2	209.57	505	155.64
2002-09-08	348	12.9	209.44	498	173.90
2002-09-09	262	9.73	209.31	521	152.02
2002-09-10	236	3.75	208.96	526	87.07
平均	283	8.53	209.62	511	150.20

3. 出库含沙量调控

小浪底水库无论是坝前形成了浑水水库还是异重流运行至坝前,均为上清下浑的分 布状态,对出库含沙量的控制主要是通过对不同高程泄水孔洞的调度而实现。

在制定调度预案或实时调度过程中,可基于水动力学模型、小浪底水库实测资料建立的经验关系,对水库异重流排沙过程进行分析计算。异重流运行至坝前或形成浑水水库后,则利用坝前实测含沙量分布、清浑水交界面高程、小浪底水文站水沙监测反馈等资料,指导水库各泄水孔洞的调度。通过控制不同高程泄水洞的泄量及分流比,在满足泄量要求的同时,使出库含沙量满足调控指标。

三、人工扰沙技术

(一)水库扰沙

根据 2004 年 2 月小浪底水库淤积形态分析,库尾河床的淤积面已高于设计淤积纵剖面,即部分库段淤积物侵占了有效库容。因此,改善水库库尾淤积形态是 2004 年调水调沙试验的重要目标之一。在调水调沙试验实施过程中,借助入库水流的冲刷能力,并同时实施人工扰动试验,对清除设计平衡纵剖面以上的泥沙、降低库尾河段的河底高程、恢复被侵占的有效库容、调整泥沙淤积部位等都具有重大的意义。

1.库尾泥沙扰动方案设计

在河流航道、港口疏浚等领域,泥沙扰动和输移技术已经得到了广泛的应用,比较常用的主要扰动技术有泥浆泵射流技术、水下挖泥船技术、水下爆破技术和高压水泵射流技术等。但上述泥沙扰动技术,在黄河这样的高含沙河流中,用于改善大范围淤积形态的生产实践,尚无成功的经验。由于黄河特殊的水沙特性、多变的河道边界条件和复杂的泥沙运动规律,许多先进、成熟的仪器设备和技术无法得到有效运用;有些设备和技术虽然在理论上可以应用,但相对于黄河巨量泥沙,其高昂的经济代价尚不具备工程意义。

结合小浪底水库的具体情况,在广泛调研了机械扰沙、水下爆破、管道输移等扰沙技术的基础上,确定采用水下射流技术扰动库尾泥沙。目前国内外成熟的泥沙扰动设备主要有射流抽吸式、气力泵式、泵刀式、长臂绞吸式(或斗轮式)、深水抓斗式及潜水泥泵抽吸式等。

经过多种方案的比较,确定采用射流设备实施库尾泥沙的扰动。为了节省时间与经费,采取在小浪底库区就近租船,购置水泵、柴油机、发电机等主要设备,制作部分专用设备,进行现场组装射流扰沙船的方案。在小浪底库区共有吨位 100 t 以上的机船 4 艘,这些船尺度较大,甲板宽敞,可以满足组装试验船的需要。

射流扰沙船主要技术参数:

射流量 1 200 m³/h;

射流速度 10 m/s;

射流喷头口径 35 mm;

射流喷头数量 35 个;

射流喷头间距 0.3 m;

适应水深 1.5～10 m。

扰动库段选择的原则是目前淤积已影响到有效库容的库段,具体作业部位应选择在便于射流冲起的泥沙向下游输移同时又有利于溯源冲刷向上发展的地方。根据 2004 年2 月实测的小浪底库尾淤积三角洲范围的淤积分布情况,选定主要扰动库段位于淤积三角洲的顶点附近,床沙中值粒径约 0.06 mm,以便于冲起泥沙的输移。同时通过在该段河道的射流冲刷也有利于溯源冲刷向上游发展。

2.小浪底库区泥沙扰动工程概况

1)施工设备

扰沙船主要参数如表 3-21 所示。

表 3-21　2004 年小浪底库区扰沙船主要参数

项目	1 号船	2 号船	3 号船	4 号船
功率(kW)	450	249	249	249
射流量(m³/h)	2 100	1 500	1 500	550
喷头口径(mm)	45	35	35	16
喷头数量(个)	21	24	24	20
喷头间距(cm)	30	30	30	30
适应水深(m)	1~10	1~10	1~10	1~10
射流速度(m/s)	21	24	24	24

2)施工河段

调水调沙试验期间,小浪底库区扰沙作业河段在 HH34—HH40 断面间进行,作业河段长 12.39 km,在不同的时间段的扰沙部位,根据实际需求及可操作性进行调整。

试验的第一阶段,库尾泥沙扰动的范围在 HH40—HH37 断面之间,从时间上可以划分为 4 个时段:6 月 19~21 日,作业河段在 HH39—HH40 断面之间;6 月 22~28 日,作业河段选择在 HH38—HH39 断面之间;6 月 29 日以后,作业河段下移至 HH37—HH38 断面之间;7 月 3~5 日,作业河段下移至 HH36—HH37 断面之间。

试验第二阶段,7 月 3~10 日,随着库水位的逐渐降低,上游水深逐渐变浅,泥沙扰动的位置也随之向下移动,从 HH37 断面逐渐下移到 HH34 断面。

为分析扰沙效果,加强了试验观测。累计施测库区断面 60 多个(次),采取河床质沙样 80 多个,观测扰沙船前后、扰动前后垂线含沙量 80 多条,采取试验沙样 400 多个,施测输沙率 2 次,开展冲沙能力试验 3 次、扰动泥沙输移试验 3 次。

3.小浪底库尾泥沙扰动效果分析

1)淤积形态的变化

从图 3-4、图 3-5 可以看出,入库水流的动力并辅以人工扰动,将库尾三角洲扰动起来的泥沙不断地向下游输移,河床断面形态得到大幅度的调整,库尾淤积三角洲的形态得到明显的改善。具体表现为河床高程下降,淤积三角洲顶点高程降低,顶点位置下移,由原来的距坝 70 km 处下移 23 km 至距坝 47 km 处。

2)扰动前后垂线含沙量变化

通过扰动,使得沉积在库底的泥沙悬浮,增大了水流含沙量。在试验过程中,现场观测了扰动前后垂线含沙量变化过程,见图 3-6。扰动前后局部含沙量可增大 10 kg/m³ 左右,最大可增大 30 kg/m³ 以上。

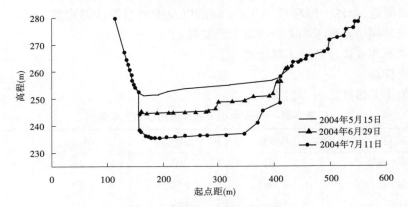

图 3-4　小浪底库尾 HH45 断面变化过程

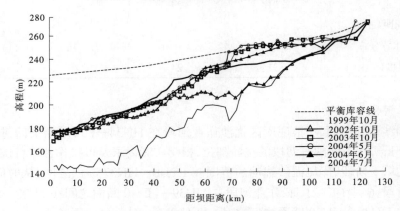

图 3-5　小浪底水库河床深泓点变化过程

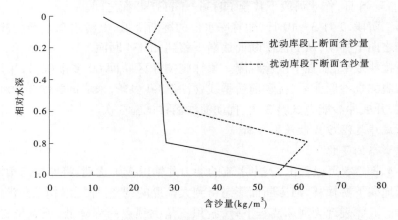

图 3-6　扰动前后垂线含沙量分布

3)颗粒级配变化

(1)扰动前后垂线颗粒级配变化。图 3-7 为 6 月 22 日进行的扰动试验作业前后垂线颗粒级配观测结果。扰动以前,相对水深 0.8 测点的颗粒级配比 0.6 测点偏粗。扰动试验后 0.6 与 0.8 测点颗粒级配曲线基本重合,说明扰动后的垂线泥沙分布相对均匀。

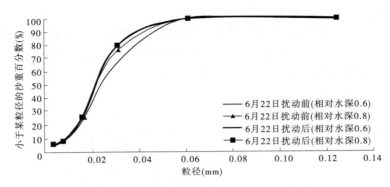

图 3-7　扰动前后垂线平均悬移质颗粒级配对比

图 3-8 为 7 月 7 日观测扰动前后的垂线颗粒级配情况。从图上可以看出,扰动前泥沙组成较细,扰动后泥沙变粗。

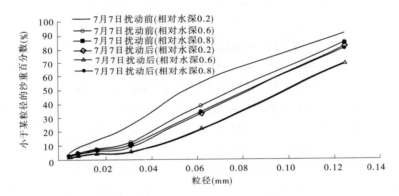

图 3-8　扰动河段扰动前后垂线颗粒级配对比

(2)不同输移距离颗粒级配变化。被扰动起来的泥沙在输移过程中粗沙容易沉降。图 3-9 是 6 月 22 日扰动后不同输移距离泥沙颗粒级配观测结果。从图上看出,由于泥沙的分选作用,距扰动部位愈远,悬移质泥沙组成愈细。

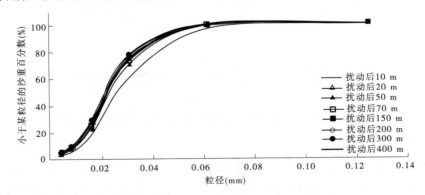

图 3-9　6 月 22 日小浪底扰动后泥沙输移观测

(3)床沙颗粒级配的沿程变化。调水调沙试验前后,在入库水沙条件及扰沙的共同作用下,库区床沙级配发生了改变。

图 3-10 为扰动前、扰动第一阶段结束、扰动终了三次河床质颗粒级配观测结果。扰动前,河床质颗粒级配沿程变化是一条比较规律的曲线,坝前泥沙中值粒径较小,基本在 0.01 mm 以下,距坝里程 65 km 以上粒径明显开始变粗。

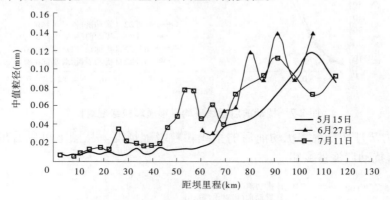

图 3-10　小浪底水库中值粒径沿程变化

从图 3-11 可以看出,扰动前距坝 70 km 以上基本不存在粒径小于 0.004 mm 的泥沙,扰动结束后,距坝 70 km 以下各断面粒径小于 0.004 mm 的泥沙普遍减少,特别是距坝 25~70 km 库段粒径小于 0.004 mm 的泥沙明显减少。90 km 以上库段粒径小于 0.004 mm 的泥沙稍有增加,应是三门峡水库排沙的原因。

从图 3-12 可看出,扰动施工后距坝 45~70 km 库段床沙粗化显著,小于 0.031 mm 粒径的泥沙很少。其原因是该库段试验前处于淤积三角洲顶点以下,而试验后成为淤积三角洲的顶坡段。从图 3-13、图 3-14 可以看出,距坝 50 km 以下基本无粒径大于 0.125 mm 的泥沙,距坝 60 km 以下基本无粒径大于 0.25 mm 的泥沙。

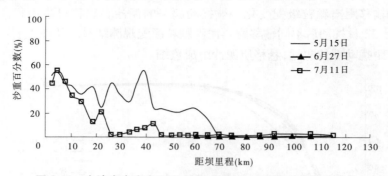

图 3-11　小浪底水库小于 0.004 mm 粒径沙重百分数沿程变化

(二)下游河段扰沙

在黄河下游各河段,由于水沙条件和边界条件的不同,造成泥沙沿程冲淤分布不均匀,某些河段极易淤积或难以冲刷,排洪能力明显小于其他河段,局部过洪不畅给整个下游的防洪带来了被动。

在小浪底水库拦沙运用初期,下泄水流含沙量较低,水流往往处于次饱和状态,仅通

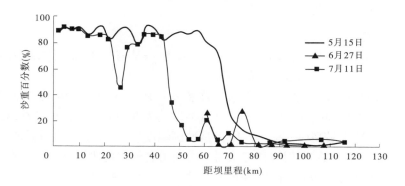

图 3-12 小浪底水库小于 0.031 mm 粒径沙重百分数沿程变化

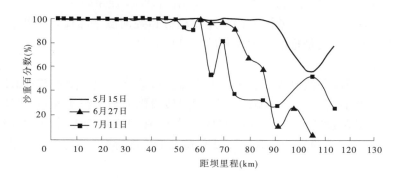

图 3-13 小浪底水库小于 0.125 mm 粒径沙重百分数沿程变化

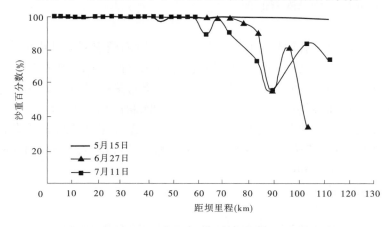

图 3-14 小浪底水库小于 0.25 mm 粒径沙重百分数沿程变化

过水流的冲刷恢复难以达到或接近饱和状态,具有一定的富余能量。"人工扰沙"就是通过人工扰动让河床淤积的泥沙悬浮,并充分利用洪水的富余能量将悬浮的泥沙带走。同时,在"二级悬河"最严重、平滩流量最小的"卡口"河段辅以人工措施扰动加沙,可改善"卡口"河段主槽断面形态,显著增加"卡口"河段平滩流量,扩大主河槽行洪输沙能力,使下游河道行洪能力全线提高。

1.扰动河段及部位选择

1)扰动河段选择

黄河下游人工扰动河段的选取应遵循两个原则:一是与"二级悬河"治理相结合;二是平滩流量最小、河槽断面形态最不利的河段。

根据断面法冲淤量计算结果,小浪底水库蓄水运用以来,1999 年 10 月~2003 年 11 月,下游河道主槽累积冲刷 5.627 亿 m^3,且各河段均发生冲刷,从沿程来看,高村以下河段冲刷量仍偏小,特别是高村—艾山河段仍是冲刷幅度较小、排洪能力最低的河段。

根据大断面测验成果,运用多种方法对下游河道各河段的平滩流量进行分析计算,结果为:花园口以上大于 4 000 m^3/s,花园口—夹河滩大于 3 500 m^3/s,夹河滩—高村在 3 000 m^3/s 左右,高村—艾山约为 2 500 m^3/s,艾山以下大部分在 3 000 m^3/s 以上。可以看出,各河段平滩流量不尽相同,其中高村—艾山河段平滩流量较小。

通过小浪底水库运用后下游河道冲淤发展趋势和各河段平滩流量分析,"二级悬河"较严重的高村—艾山河段是排洪能力薄弱的"卡口"河段。

2)扰动部位选择

弯曲性河道弯道段和浅滩段具有不同的水流泥沙输移特性。洪水期弯道段水流强度和挟沙能力较大,具有更强的排洪输沙能力,而过渡段则因易淤积使得局部河段的侵蚀基面抬升,不利于上游河段的排洪。同时,过渡段淤积,在河底纵剖面(深泓线)上形成局部沙坎,也不利于上游河道的排沙。对过渡段实施人工扰沙,降低局部河床高程,将有利于提高长河段的输沙能力。

以上分析表明,过渡段对洪水期的排洪和输沙具有明显的不利影响。因此,人工扰沙应把重点放在过渡段特别是滩脊断面。

3)扰动深度

根据 2003 年 10 月钻孔取样分析,高村至孙口河段河槽表层床沙组成中值粒径变化范围在 0.08~0.05 mm 之间(见图 3-15),河槽 1 m 处的泥沙中值粒径变化范围在 0.068~0.047 mm 之间。除彭楼和杨集两个断面表层与深层泥沙中值粒径变化不大外,其他三个断面的表层床沙均比深层泥沙要粗。为了增加细泥沙的扰动量,提高扰沙效果,扰动深度应在 1 m 以下。高村至孙口河段河槽表面至 3 m 深泥沙组成平均情况为:小于 0.025 mm 的泥沙占 14.47%,小于 0.05 mm 的泥沙占 37.25%,小于 0.1 mm 的泥沙占 77.07%,中值粒径约为 0.06 mm。

2.扰沙指标控制技术

1)设立前置站和反馈站

为了科学配置扰沙区的加沙量和泥沙颗粒级配,设立监测水沙因子前置站和反馈站。扰沙区上游前置站设在距徐码头扰沙点 76 km 的高村水文站,以前置站水沙搭配来控制扰沙区的加沙时机及加沙量,若高村前置站水流含沙量或某一组粒径泥沙低于控制值(平衡值),则控制扰沙区按其差额补充泥沙。将雷口扰沙点下游 51 km 的艾山水文站设为反馈站,控制进入艾山至利津河道的水沙关系,若出现艾山站含沙量高于控制值(平衡值),则停止扰沙或减少扰沙量,以达到黄河下游全线冲刷的目标。

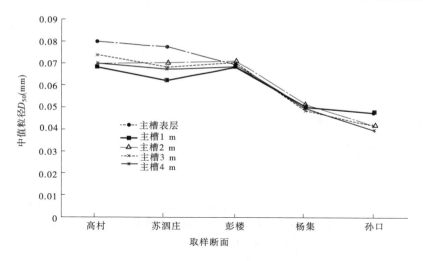

图 3-15　高村至孙口不同深度床沙中值粒径沿程变化

2) 确定扰沙控制指标

第三次调水调沙试验艾山站泥沙主要来源于下游河床冲刷,泥沙颗粒相对较粗,泥沙中值粒径甚至会达到 0.04~0.05 mm 以上。考虑泥沙组成对河道冲淤的影响,艾山站不同水沙条件下临界含沙量可按下式计算

$$S = kQ^{\alpha}P_*^{\beta} \tag{3-5}$$

式中　Q——艾山站流量;

　　　P_*——艾山站小于 0.05 mm 泥沙占的权重;

　　　k、α、β——待定参数,可由实测资料率定。

式(3-5)定性反映了粒径越粗临界含沙量越小的规律。根据式(3-5)计算,若保证艾山至利津段不淤积,当艾山站流量分别为 2 400 m³/s、2 500 m³/s 及 2 600 m³/s,悬沙中值粒径为 0.025 mm 左右时,所允许挟带的最大含沙量分别为 27.3 kg/m³、30.0 kg/m³ 和 32.9 kg/m³;当艾山站泥沙中值粒径为 0.045 mm、流量为 2 600 m³/s 时,艾山站临界含沙量为 18 kg/m³ 左右。

为了简便推求泥沙级配对艾山以下河段输沙能力的影响,又采用下列方法对其进行了论证。

根据黄河下游水流挟沙能力公式

$$S_* = k\left(\frac{v^3}{gh\omega}\ln\frac{h}{6D_{50}}\right)^{0.6} \tag{3-6}$$

式中沉速 ω 表达式为

$$\omega = \frac{1}{18}\frac{\gamma_S - \gamma}{\gamma}g\frac{d^2}{v} \tag{3-7}$$

将式(3-7)代入式(3-6),有

$$S_* \propto \frac{1}{d^{1.2}} \tag{3-8}$$

式中　S_*——水流挟沙力;

　　　　k——系数；

　　　　v——流速；

　　　　g——重力加速度；

　　　　h——水深；

　　　　ω——泥沙沉速；

　　　　D_{50}——床沙中值粒径；

　　　　γ_s——泥沙容重；

　　　　γ——清水容重；

　　　　d——泥沙粒径。

　　由式(3-8)可见，挟沙能力与粒径的高次方成反比，也就是说，粒径越粗，其挟沙能力越低。同时，又采用"黄河下游准二维泥沙数学模型"进行了艾山反馈站不同流量、不同含沙量和不同泥沙组成条件下不淤含沙量的系统计算与分析，从而确定下游扰沙反馈站监控指标。

　　根据实测资料分析，高村前置站不同水沙因子下需要扰动加沙的控制参数为

$$S = k \frac{(TQ)^{2.432}}{m} \tag{3-9}$$

式中　　S——高村站计算含沙量，kg/m^3；

　　　　Q——高村站流量，m^3/s；

　　　　T——流量演算系数；

　　　　m——系数，取值与高村实测含沙量有关；

　　　　k——系数，取 1.023×10^{-7}。

　　根据以上公式，如果已知高村站实测流量和含沙量，代入式(3-9)即可计算控制含沙量 S；若实测值低于控制值，则允许在孙口附近扰动加沙，否则停止扰动加沙。

　　3)扰沙设备选型

　　目前，河湖拖淤疏浚措施主要有船舶疏浚、泥浆泵疏浚、水下爆破疏浚、气动法冲淤疏浚、加压水流扰动疏浚等。泥浆泵主要适用于河道断流或流量较小情况下的挖河，在河道过流条件下的拖淤疏浚机械设备主要有射流冲沙船和挖泥船两种。

　　通过调研和技术咨询对可能方案进行了对比论证和现场试验研究。出于冲沙效果和安全考虑，经过反复研究论证，确定下游扰沙主要采取抽沙扬散和水下射流相结合的措施。

　　抽沙扬散技术是利用渣浆泵直接搅吸河床泥沙，通过出水管将高浓度的泥浆喷洒向大河主流，使其与大河水流充分掺混，达到向大河加沙的目的。该技术具有挖深大、抽沙效率高、抽沙量大、出沙量稳定、抽沙与大河水流掺混均匀等优点，可使扰起的泥沙输移较长距离。

　　为了提高扰沙效果，对以上两项技术进行了室内和现场试验，确定了含沙量控制方法、设备配置、喷头数量、喷射角度等技术指标。

　　扰沙设备布置原则：一是扰沙设备相对集中于平滩流量较小的重点河段；二是同类设备相对集中布置；三是在过渡段的中段和下段采用两种布置方式；四是有利于泥沙的输

移,同时防止泥沙在下一河段的淤积。

根据黄河下游断面流速分布情况,较小的船只或相对固定的设备基本安排在流速小于 1.5 m/s 的区域,即在距水边 50 m 左右的边流区;其他较大设备基本布置在水深 2 m 左右区域(2 m 以下水深占主槽宽度的 25% 左右,宽 100～120 m),尽量靠近主流区,离开固定扰沙设备 100 m 左右。另外,固定扰沙设备应根据河段边滩情况和具体河势变化作出相应调整。

扰沙设备的启动应根据前置站和反馈站的水沙情况决定开启设备的数量,河段先后次序为先启动活动式、大功率,后启动半固定式、小功率。扰沙方式为逆流扰沙。

4)扰沙量及输移量确定

(1)射流船的冲沙量。由射流总宽度、有效流速、喷枪距河底高度、射流角度及泥沙密实度等多种因素来确定,可按下式计算

$$Q_S = \frac{3\,600kBQhT}{n\delta}\left[\frac{1}{\pi(\frac{\varphi}{2}+\frac{h\tan\theta}{\sin\alpha})}\right]\left[\frac{1}{\tan(\alpha-\theta)}-\frac{1}{\tan(\alpha+\theta)}\right] \quad (3\text{-}10)$$

式中　Q_S——时段 T 内的冲沙量,t/h;

n——射流枪的个数,$n=23$;

B——射流总宽度,$B=4.5$ m;

Q——射流量,$Q=0.333\,3$ m³/s;

h——喷嘴距河底距离,$h=0.5$ m;

T——时段,取 $T=3\,600$ s;

δ——床沙密度,取 $\delta=1.35$ t/m³;

φ——射流枪管嘴直径,取 $\varphi=28$ mm;

k——有效冲刷系数,取 $k=0.15$;

α——射流轴线与水平面夹角;

θ——射流扩散角,取 $\theta=2°$。

经计算得 $Q_S=293$ t/h,即每小时可冲起泥沙 293 t,折合 217 m³。

(2)潜吸式扬沙船悬浮泥沙效果。潜吸式抽沙扬散的扰沙原理主要是利用 4 台潜水泵的绞吸将河底的泥沙吸出后喷入大河,汇入河水中向下游输送。另外,泵口扰动的泥沙一小部分会被水流带向下游。

潜水泵的额定流量为 250 m³/h,但由于试验中无须远距离输沙,实际流量预计将增大为 300 m³/h,按试验中实测含沙量计算,扰动泥沙的数量约为 69 m³/h,加上推移质形式带向下游的泥沙(每抽走 1 m³ 泥沙由水流可再冲走 0.4 m³ 泥沙),一个工作台班扰动泥沙的能力约为 $(69+69\times0.4)\times4=386.4$ (m³/h)。

(3)扰动泥沙搬移距离计算。扰动起来的泥沙,由于粒径不同,能够随水流输移的距离也明显不同。颗粒较粗的泥沙大部分在较短的河段内就会沉积落淤,能够变为悬移质长距离输移的泥沙只占扰起泥沙的一部分。

扰动起来的泥沙在水流中一方面随水流向前输移,另一方面在自身重力的作用下下沉。泥沙自水面沉降到河底所运行的水平距离 L 的计算公式为

$$L_{实} = k \frac{vh}{\omega} \tag{3-11}$$

式中　h——河道水深,m;

　　　v——水流平均流速,m/s;

　　　ω——泥沙在浑水中的沉速,m/s;

　　　k——考虑到水流的紊动作用而引入的大于 1 的系数,根据苏联水工手册,建议 $k=1.5$。

根据张红武研究成果,ω 值与泥沙在清水中的沉速关系为

$$\omega = \omega_0 (1 - 1.25 S_V) \left(1 - \frac{S_V}{2.25\sqrt{d_{50}}}\right)^{3.5} \tag{3-12}$$

式中　ω_0——泥沙的清水沉速;

　　　S_V——体积比泥沙浓度;

　　　d_{50}——泥沙的中值粒径。

对于拟扰动的河段,扰动起来的泥沙 $d_{50}=0.06$ mm,$\omega_0=0.348$ cm/s(水温 20 ℃)。当大河流量 2 600 m³/s 时,大河含沙量为 25 kg/m³,取 $v=2.0$ m/s,$h=2.5$ m。

对于不同粒径的泥沙,其输移的距离如表 3-22 所示。

表 3-22　不同粒径泥沙输移距离

d_{50}(mm)	0.01	0.025	0.031	0.05	0.1	0.25	0.5	1.0
ω_0(cm/s)	0.006 24	0.040 5	0.060 47	0.156	0.62	3.045	6.99	11.93
L(km)	141.3	20.59	13.66	5.20	1.28	0.26	0.11	0.06

从前面计算的各粒径泥沙的输移距离可以看出,在调水调沙试验中粒径小于 0.05 mm 泥沙可以输移较远的距离。考虑到扰动起来的主要是浅层的泥沙,同时考虑到在扰动区域内存在不均匀扩散和过饱和问题,因此挖泥船扰动的泥沙中能够实现长距离输移的比例可能比床沙平均粒径 0.05 mm 以下的比例 37.5% 要小一些。因此,将扰动的泥沙中能够实现长距离输移的比例粗略地确定为 30%。实际上,在不饱和输沙状态下,扰动起来的泥沙中相应于悬移质粒径范围内的部分都将随水流一起作悬浮输移,直至到达超饱和输沙的河段。

3.人工扰沙实践

1)扰沙河段

前文已分析,高村—艾山河段 2003 年的平滩流量为 2 500 m³/s 左右,其中大王庄至雷口河段多数断面平滩流量不足 2 500 m³/s,为平滩流量最小的河段,是黄河下游河道过流的"瓶颈"河段,尤其是邢庙—杨楼(其间有史楼、李天开、徐码头、于庄等断面)和影唐—国那里(其间有梁集、大田楼、雷口等断面)平滩流量一般不足 2 400 m³/s,其间的徐码头、雷口两断面平滩流量分别为 2 260 m³/s、2 390 m³/s。因此,本次调水调沙试验期间将邢庙—杨楼和影唐—国那里分别长约 20 km 和 10 km 的两河段确定为人工扰动的重点河段。

2)扰沙设备及辅助设备数量

(1)徐码头河段扰沙设备。扰沙作业平台:80 t 自动驳 2 艘,布设高压射流设备,每个设备配 20 个高压喷头;200 t 双体自动驳 1 艘,浮桥双体压力舟 5 艘,每艘布置 LGS250-35-1 两相流潜水渣浆泵 4 台;120 型挖泥船 2 艘,民船 1 艘,配射流枪 12 个。共计 11 个扰沙作业平台。

同时,配 135 型拖轮 3 艘,260 kW 汽艇 6 艘,作为扰沙平台的动力。另外,配河势巡视兼救护船(150 马力快艇)2 艘,生产人员接送兼救护船(小型冲锋舟)4 艘,共计 6 艘服务船只。

(2)雷口河段扰沙设备。移动扰动采用 2 艘自航驳船和 2 艘移动承压舟进行。自航驳船中的 1 艘为双体船,安装高压射流设备,水泵出水量 1 200 m³/h,12 个喷头;另 1 艘为单体自行驳船,安装 6 台小机泵组,每台小机泵组出水量 100 m³/h,8 个喷头。每艘移动承压舟用 2 台 220 kW(300 马力)机动舟推移,其中一艘移动承压舟安装高压射流设备;另一艘移动承压舟安装 136 kW(185 马力)柴油机带动 10EPN-30 大机泵,配 18 个喷管 18 个喷头,出水量 1 200 m³/h。

相对固定扰动采用 11 艘安装高压射流设备的承压舟或组合式工作平台进行,承压舟选用交通浮桥浮体。其中 4 艘采用组合式工作平台,每艘安装 2 台 90 kW 发电机,6 台小机泵组,每台泵组出水能力 100 m³/h,1 个喷管 8 个喷头;另外 7 艘采用交通浮桥用承压舟,安装设备与组合式工作平台相同。

3)扰沙设备布置

为了达到加深主槽、改善局部河段河道形态、提高水流输沙能力和河道行洪条件并兼有补沙作用增加水流挟沙的目的,确定扰沙河段为史楼至于庄 20 km 和梁集至雷口长 10 km 的两个河段。

根据船舶数量和生产能力,重点扰动段落分 5 段。第一段位于郭集工程至吴老家工程之间,自吴老家工程以上 200 m 开始,向上扰动 2 000 m,布置 3 个工作平台。第二段位于吴老家工程至苏阁险工之间,自苏阁险工以上 500 m 开始,向上扰动 2 500 m,布置 5 个工作平台。第三段位于苏阁险工至杨楼工程之间,自杨楼工程以上 200 m 开始,向上扰动 2 500 m,布置 3 个工作平台。第四段位于影唐险工至大田楼断面之间,自影唐险工以下 500 m 开始,向下扰动 2 500 m,布置 6 个工作平台。第五段位于大田楼断面至国那里险工之间,自国那里险工以上 200 m 开始,向上扰动 2 500 m,布置 9 个工作平台。

4)扰沙时间

根据高村前置站和艾山反馈站水沙过程,通过实时加沙系统计算,本次扰动共分两个阶段:第一阶段为 6 月 22 日 12 时～30 日 8 时,计 188 h;第二阶段为 7 月 7 日 7 时～13 日 6 时,计 143 h。两个阶段总计 331 h。

5)扰沙效果

(1)扰沙量计算。根据两个河段投入的人工扰沙设备数量和性能,利用现场实际观测结果,并参考潼关射流清淤现场试验和射流冲刷室内试验射流扰沙量计算方法,不考虑由于扰动额外增加的冲刷量,计算出两个阶段实际扰起的泥沙量为 164.13 万 m³,其中徐码头河段扰沙 93.79 万 m³,雷口河段扰沙 70.34 万 m³。

(2)平滩流量变化。黄河第三次调水调沙试验之前,徐码头上下 20 km 河段及雷口上下 10 km 河段平滩流量最小。试验过程中与扰沙河段临近的高村水文站 7 月 11 日 12 时和 7 月 12 日 9.6 时流量均达 2 870 m³/s,而扰沙河段始终未出现漫滩,由此说明扰沙河段平滩流量已增加至 2 900 m³/s,即调水调沙试验在水流及人工扰沙的共同作用下,平滩流量增加了 440～550 m³/s。

(3)河道冲淤变化。根据黄河第三次调水调沙试验前后加测的徐码头河段断面资料计算各断面冲淤情况如表 3-23 所示。从表看出,扰沙河段发生明显冲刷,处于扰沙范围内的 4 个断面平均冲刷 135 m²,雷口断面冲刷 104 m²,均大于扰沙上下河段过渡段的平均值。

表 3-23　徐码头河段冲淤情况

断面	间距(m)	冲淤面积(m²)	冲淤量(万 m³)
徐码头 2		− 300	
	1 000		− 22.00
HN1		− 140	
	900		− 11.70
HN2		− 120	
	700		− 9.45
HN3		− 150	
	1 200		− 48.60
苏阁		− 660	
	1 200		− 47.40
HN4		− 130	
徐码头 2—HN4	5 000		− 139.15

从整个调水调沙试验过程看,黄河第三次调水调沙试验下游小浪底—利津河段的冲刷强度为 8.7 万 t/km,花园口以上、高村—孙口及孙口—艾山河段冲刷强度相对较大,分别为 13.1 万 t/km、10.4 万 t/km 和 11.8 万 t/km。高村以上河段冲刷强度沿程减小,可以看出实施人工扰动的高村—孙口及孙口—艾山两河段冲刷强度增大。

利用"黄河下游河道冲淤泥沙数学模型"和"黄河下游河道洪水演进及河床冲淤演变数学模型"计算分析了扰沙效果:①若不进行扰沙,高村—孙口河段平均冲刷面积为 75 m²,人工扰沙使徐码头河段断面面积净扩大约 60 m²;②人工扰沙试验使高村以下河道多冲刷 41 万 m³,约占扰沙总量的 25%,即约有 1/4 的泥沙可以远距离输移,与根据床沙级配粗略估算的能够实现长距离输移的比例相近。

(4)含沙量变化。黄河第三次调水调沙试验期间下游各站含沙量沿程得到恢复(见表 3-24)。第一阶段,花园口平均含沙量 3.88 kg/m³,高村平均含沙量 8.14 kg/m³,利津平均含沙量 16.4 kg/m³,利津以上河段平均含沙量恢复 16.4 kg/m³。第二阶段,花园口平均含沙量 5.27 kg/m³,高村平均含沙量 7.54 kg/m³,利津平均含沙量 14.2 kg/m³,利津以上河段平均含沙量恢复 12.23 kg/m³。整个调水调沙试验期间,下游利津以上河段含沙量恢复 13.77 kg/m³。从表 3-24 中看出两个阶段高村—孙口、孙口—艾山含沙量恢复值平均为 2.42 kg/m³ 和 1.6 kg/m³,均大于上下游的夹河滩—高村和艾山—泺口河段的 1.09 kg/m³ 和 0.32 kg/m³。因此,人工扰沙使两河段的含沙量恢复值有所增大。

表 3-24 黄河第三次调水调沙试验各站含沙量变化 （单位:kg/m³）

项目		花园口	夹河滩	高村	孙口	艾山	泺口	利津
第一阶段		3.88	6.22	8.14	10.16	12.15	12.54	16.4
第二阶段		5.27	7.28	7.54	10.36	11.57	11.83	14.2
含沙量 增加值	第一阶段		2.34	1.92	2.02	1.99	0.39	3.86
	第二阶段		2.01	0.26	2.82	1.21	0.26	2.37
	平均		2.18	1.09	2.42	1.60	0.32	3.12

（5）颗粒级配变化。从各站悬移质泥沙中值粒径沿程变化看（见表 3-25），第一阶段、第二阶段及全过程平均中值粒径沿程变化趋势基本相同。花园口—高村、艾山—利津河段，悬移质泥沙中值粒径沿程均有所减小。高村—艾山河段悬移质平均中值粒径沿程增加，第一阶段平均中值粒径从高村的 0.034 mm 增加到艾山的 0.039 mm;第二阶段平均中值粒径从高村的 0.023 mm 增加到艾山的 0.037 mm。全过程悬沙中值粒径从高村的 0.028 mm 增加到艾山的 0.036 mm。从此也可以得出,由于河床泥沙较粗,扰动后使悬移质中值粒径增大,也说明了人工扰沙的效果。

表 3-25 黄河第三次调水调沙试验各站悬移质中值粒径变化 （单位:mm）

项目	花园口	夹河滩	高村	孙口	艾山	泺口	利津
第一阶段	0.044	0.037	0.034	0.036	0.039	0.037	0.030
第二阶段	0.037	0.030	0.023	0.030	0.037	0.032	0.029
全过程	0.042	0.032	0.028	0.030	0.036	0.035	0.031

同时,从下游各站悬移质粗泥沙($d>0.05$ mm)所占百分数沿程变化可以看出,与平均中值粒径沿程变化情况基本一致。整个调水调沙试验期间,悬移质粗泥沙所占百分数由高村站的 28.5% 增加到孙口站的 30.9%、艾山站的 37.8%,悬移质泥沙组成明显粗化,高村—艾山粗泥沙($d>0.05$ mm)增加 350 万 t。

（6）河槽形态变化。计算试验前后两河段各断面河宽、水深、河相关系如表 3-26 所示。可以看出,除大田楼外,其余断面经人工扰沙后平滩水深增大,河相系数减小,断面趋于窄深。

表 3-26 扰沙河段各断面河宽、水深、河相关系变化

断面	试验前			试验后			河相系数 减小幅度 （%）
	宽度(m)	水深(m)	$B^{0.5}/H$	宽度(m)	水深(m)	$B^{0.5}/H$	
徐码头（二）	230	3.78	4.01	230	5.09	2.98	25.74
HN1	410	2.83	7.15	420	3.10	6.61	7.60
HN2	490	2.69	8.23	470	3.06	7.08	13.90
HN3	430	2.60	7.98	420	3.02	6.79	14.91
苏阁	450	3.58	5.93	420	5.4	3.80	35.95
HN4	1 000	2.82	11.21	1 000	2.95	10.72	4.41
大田楼	384	3.12	6.28	384	3.08	6.36	−1.30
雷口	309	3.23	5.44	310	3.55	4.96	8.87

四、水沙对接技术

(一)水库下泄浑水与下游支流清水对接技术

该项技术以黄河第二次调水调沙试验小浪底水库下泄的浑水与小花间的清水在花园口实现对接为例来说明。

实施基于空间尺度的黄河调水调沙试验要重点解决两大关键问题,一是小浪底至花园口区间洪水、泥沙的准确预报,二是准确对接(黄河干流)小浪底、(伊洛河)黑石关、(沁河)武陟三站在花园口站形成的水沙过程。

1.调控技术路线

(1)充分考虑小浪底水库有较大调洪库容的条件,以小浪底出库水沙为主要调控手段来实现花园口站合适的水沙过程。充分发挥故县、陆浑两水库的调洪空间,在不影响大坝、库区和下游河道防洪安全条件下,使伊洛河黑石关站流量均匀化,并保持一定量级的流量。

(2)根据水文局滚动发布的小花间 24 h(4 h 一时段)的流量过程预报,分析推算出小浪底出库流量、含沙量,实施花园口断面水沙过程对接。在花园口控制断面加强实时监测,一旦发现偏差,实时进行修正,最终使整个过程都达到调控指标。

2.四库水沙联合调度流程

基于上述调控技术路线,绘制出四库水沙联合调度的流程图,见图 3-16。

根据预报(利用洪水预报模型)和实测的龙门、潼关、华县等站流量过程,三门峡水库的调控运用方式和龙门镇、白马寺、武陟、黑石关、小花干(小浪底至花园口区间干流)、五龙口等站(区间)的流量(含沙量)过程,以及陆浑、故县两水库调控运用方式,结合四库联调模型、河道冲淤计算数学模型的分析计算结果,推算出满足花园口站水沙调控指标的小浪底出库水沙过程,并下发调令。若花园口站水沙过程实况在调控指标的允许误差范围之内,保持该调令执行情况;否则,下发修正调令实时修正小浪底出库水沙过程。

3.流量对接

1)小浪底水库

花园口站的调控洪水过程以矩形峰的形式。具体确定方法是根据预报的小花间的流量,绘制小花间预报流量过程和要求的调控流量过程的对照图,反推小浪底水库的出库流量(小浪底至花园口传播时间按 12～16 h 计算)。调控开始时段(0 时段),根据 24 h 小花间洪水预报过程,概化出小花间 16 h 后(4 时段)的平均流量,调控流量减去该平均流量,即为小浪底水库本时段的出库流量(流量对接),按此流量给小浪底建管局下发调令。依此类推,根据滚动预报成果推算得出小浪底水库逐时段出库流量,向小浪底建管局滚动下发调令。

2)陆浑水库

为了削减小花间的洪峰,并使小浪底水库有较大的出库流量,陆浑水库按合适的出库流量控制,允许短期超汛限水位运行。考虑到陆浑水库仍属病险库,其调控能力相应较小,不允许超历史最高水位 318.84 m,黄河第二次调水调沙试验中拟定为 318.5 m。洪水过后尽快回降至汛限水位。当到达 318.5 m 时,按流量进出库平衡方式运用。

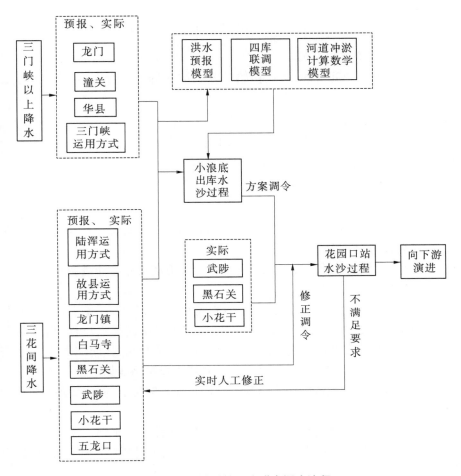

图 3-16　水沙对接四库联合调度流程

3)故县水库

为使小花间洪水过程均匀化,故县水库根据陆浑水库调控情况相应调整调控流量,允许短期超汛限水位运行,但不允许超534.8 m征地水位,拟定为534.3 m。洪水过后以合适流量回降至汛限水位。当到达534.3 m时,水库按流量进出库平衡方式运用。

4)三门峡水库

三门峡水库仍按敞泄运用方式。

4.含沙量对接

根据2003年黄河下游第一次洪水过程,黑石关(黑石关站流量过程传播至花园口站)、武陟(武陟站流量过程传播至花园口站)、小花干(小浪底至花园口区间干流产生的洪水传播至花园口站)在花园口断面叠加后,含沙量在5 kg/m³ 以下。在本次对接过程中,小花间来水的平均含沙量仍采用5 kg/m³。

为避免泥沙在退水期淤积河槽,同时考虑小浪底调控初期出库含沙量大的特点,含沙量过程对接结果为前大后小,即前1/3时段按控制花园口站 60 kg/m³,中间1/3时段按控制花园口站 20 kg/m³,后1/3时段按控制花园口站 10 kg/m³。

具体对接按输沙量平衡原理进行分析计算

$$(Q_1 S_1 + Q_2 S_2)/(Q_1 + Q_2) = S_3 \qquad (3\text{-}13)$$

式中　Q_1——预报的小花间流量；

　　　S_1——预报的小花间含沙量，在初始计算中按 5 kg/m³ 考虑，后期根据实测资料实时修正；

　　　Q_2——小浪底出库洪水演进至花园口时的流量；

　　　S_2——小浪底出库洪水演进至花园口时的含沙量；

　　　S_3——要求的花园口站调控含沙量。

由此可推算小浪底出库含沙量 $S_小$ 为

$$S_小 = S_2 - kS_2$$

式中　k——实测小花间冲刷量与小浪底出库沙量之比，初始计算中按 10% 考虑，后期按实测资料实时修正。

依据以上计算结果向小浪底建管局下发逐时段小浪底出库含沙量调令。

5. 逐时段实时修正调度技术路线

水文预报时，考虑了黑石关站、武陟站、小浪底站、小花干到花园口站的洪水传播时间，以产汇流模型计算加人工修正确定无控制区在花园口站的洪水过程，预见期为 24～36 h，但由于降水时空分布及河道洪水涨落过程不同，必然对花园口洪水对接过程影响较大，故必须在方案实施过程中进行实时修正。实时修正技术路线如下：

(1) 根据沁河五龙口站至武陟站洪水演进规律较稳定的特点，假定武陟站洪水过程为直线渐变(减小趋势)。

(2) 根据区间相应流量级传播规律，不再考虑伊洛河黑石关站到花园口的洪水传播时间，直接以黑石关站预估 4 h 在伊洛河口与小浪底出库洪水过程对接加武陟站，综合考虑小花干加水进行修正。

(3) 以白马寺站、龙门镇站洪水过程预估黑石关站未来 4 h 的洪水流量。以修正后的 $Q_花$ 与调度方案计算的 $Q_花$ 对比分析，本着流量宁小勿大的原则，参考前段调度结果，选择确定较小流量为实时调度流量。计算公式为

$$Q_花 = Q_{黑(预估4h)} + Q_小 + Q_武 + Q_{小花干(修正)} \qquad (3\text{-}14)$$

式中　$Q_花$——修正后的花园口站流量；

　　　$Q_小$——小浪底站流量；

　　　$Q_武$——武陟站流量；

　　　$Q_{黑(预估4\,h)}$——预估黑石关站未来 4 h 的洪水流量；

　　　$Q_{小花干(修正)}$——修正后的小浪底至花园口干流区间流量。

该修正方法主要依据经验，其突出特点是利用黑石关站到花园口站和小浪底站到花园口站的洪水传播时间差为 4 h 左右，来消除黑石关站到花园口站洪水传播时间 16～20 h 的不确定误差。即判断 4 h 与 16～20 h 之间产生的误差，以避免发生调度方案对接产生的偶然性误差(传播时间)结果。

6.过程修正技术路线

除了对各时段流量、含沙量进行实时修正外,还必须对花园口站已出现的水沙过程进行实时监控,计算出从调控开始至当前花园口站水沙过程的平均流量、平均含沙量,以便检验是否达到预期目标。如果出现较大偏差,在后期的调度中给予及时补救,最终使整个过程的平均值达到要求的量值。

向小浪底水库下发的调令以时段制给出时段平均流量、平均含沙量。一次给出时段数依小花间流量变幅大小确定。当变幅较大时,一般一次给出 1～2 个时段,小花间流量较为平稳时,一次可给出 3 个甚至更多时段。向陆浑、故县、三门峡水库下发的调令相应简化,可给出自某时刻开始按什么方式或按多大流量控制运用。

7.水沙对接效果评价

本次水沙对接,实测花园口站平均流量 2 390 m³/s,平均含沙量 31.1 kg/m³,从实测平均流量和平均含沙量来看,完全达到了预案规定的断面平均流量 2 400 m³/s、平均含沙量 30 kg/m³ 的水沙调控指标。

8.该项技术的主要特点

整个试验过程可以概括为"无控区清水负载,小浪底补水配沙,花园口实现对接"。即根据实时雨水情和水库蓄水情况,利用小浪底水库把中游洪水调控为挟沙量较高的"浑水";通过调度故县、陆浑水库,使伊洛河、沁河的清水对"浑水"进行稀释,并且使小浪底水库下泄的"浑水"与小花间清水在花园口站"对接",通过河道输沙入海。

(二)万家寨水库下泄水流与三门峡水库蓄水的对接技术

万家寨水库泄流与三门峡水库蓄水对接的目标,是最大程度冲刷三门峡水库泥沙,为小浪底水库异重流提供连续的水流动力和充足的细泥沙来源。为实现准确对接,要解决以下几个关键技术问题:一是对接时三门峡适当的库水位;二是根据万家寨至三门峡水库的河道情况,尤其是考虑第一场洪水的运行特点,准确计算水流从万家寨至三门峡入库的演进时间,特别是从龙门到潼关河段的洪水传播时间;三是万家寨水库泄流过程及泄流时机,在万家寨水库蓄水量一定的条件下,达到泄流量与泄水历时的最优组合。

1.万家寨与三门峡水库对接库水位分析

经过分析,万家寨水库下泄的水量应在三门峡水库库水位 310 m 及其以下时实现对接,若万家寨水库下泄水量到达三门峡库区过早,三门峡库水位过高,则万家寨来水不能对三门峡水库造成有效冲刷;若万家寨下泄水量到达三门峡库区过晚,两库泄流不能首尾衔接成为一个完整的水沙过程,三门峡水库临近泄空时产生的高含沙水流即使在小浪底库区产生异重流,亦会因无后续动力而迅速消失。

2.万家寨—三门峡水库区间不同量级洪水的传播时间

第三次调水调沙试验的水文预报,北干流河段是重点之一。该河段位于晋陕交界处,从万家寨到三门峡水库之间,相继有黄甫川、窟野河、佳芦河、无定河等支流汇入,每到汛期常常出现峰高量大的高含沙洪水。水文资料显示,该区域较大洪水的演进时间为 3～5天不等,针对万家寨泄水流量小、历时短且调度精确到小时的要求,把万家寨到三门峡坝前河段细分为万家寨—府谷、府谷—吴堡、吴堡—龙门、龙门—潼关等小区间逐段进行计算。与此同时,依托新开发的黄河洪水预报系统,对小区间洪水演进参数进行了率定,建立了北干流洪水的预报模型。经过综合分析作出预报：洪水从龙门到潼关将演进 28 h。黄河干流各河段 100～1 500 m³/s 流量级水流传播时间分析见表 3-27。

表 3-27　万家寨水库泄流至三门峡水库干流各河段传播时间

河段	距离 （km）	预报传播 时间（h）	累计预报 传播时间（h）	实际传播 时间（h）	实际累计 传播时间（h）
万家寨出库—府谷	102	12	12	13	13
府谷—吴堡	242	24	36	21	34
吴堡—龙门	275	22	58	22	56
龙门—潼关	128	28	86	28.5	84.5
潼关—三门峡水库（310 m）	54	10	96	10	94.5
三门峡—小浪底水库（235 m）	60	10	106	10	104.5
合计	861	106	106	104.5	104.5

3. 万家寨水库泄流量与时机分析

综合上述因素,最终确定万家寨水库先于三门峡水库泄流,下泄流量 1 200 m³/s。万家寨水库下泄水流与三门峡水库蓄水模拟对接见图 3-17。

4. 实际对接情况

7 月 7 日 8 时,万家寨水库下泄的 1 200 m³/s 的水流洪峰在三门峡库水位降至 310.3 m（三门峡水库蓄水 1.57 亿 m³）时与之成功对接。

五、下游主槽过流能力分析预测技术

河道过流能力是指某水位下所通过流量的大小,通常主槽过流是主体,主槽过流能力的大小直接反映河道的过流能力,而主槽过流能力大小的一个重要指标是平滩流量,平滩流量的大小又直接限制调水调沙试验的调控指标。因此,预测下游主槽过流能力及平滩流量至关重要。

由于黄河下游河道冲淤变化迅速,不同年份同流量水位值可差数米,同一年份的不同场次洪水,同流量水位表现也不同,即使同一场洪水过程中,水位～流量关系往往是绳套形,涨水期和落水期同流量水位可差 0.7～0.8 m,同一水位下流量可差 4 000～5 000 m³/s。

平滩流量反映的是河道主槽的过洪能力,而黄河下游的主槽是河道冲淤演变的结果,因此平滩流量应与河道冲淤有最直接的关系。但从图 3-18 可以看到,对于黄河下游这种堆积性河道来说,淤积是持续增加的,但平滩流量逐年呈跳跃式变化。因此,平滩流量和河道冲淤量反映的是河道演变的不同方面,冲淤量表示的主要是河道输沙能力,平滩流量则主要体现河道的过洪能力,水沙量及过程是最主要的影响因素,它直接影响泥沙淤积量和淤积部位,进而影响平滩流量的变化。

根据黄河下游各河段的不同特点和断面形态的不同,采取的主槽过流能力分析计算方法主要有水力因子法、冲淤改正法、实测资料分析法和数学模型计算等多种方法。

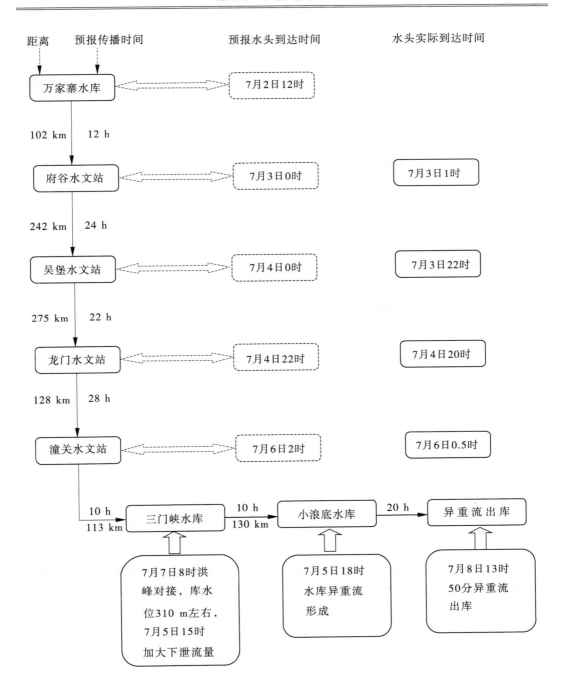

图 3-17 万家寨水库下泄水流与三门峡水库蓄水模拟对接图

(一)水力因子法

1.主要水力因子

水力因子法是利用各水力因素流量 Q、流速 v、断面某高程下过水面积 A 和洪水涨水过程中的冲淤面积 ΔA 之间的变化规律,通过水力计算,推求某测站的水位(Z)~流量

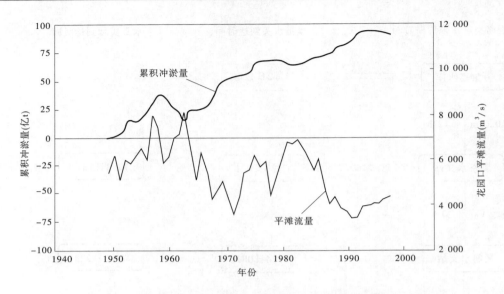

图 3-18　黄河下游冲淤量累积过程和花园口汛前平滩流量变化过程

关系。即

$$Q = Av$$

$$v = f_1(Q), A = f_2(Z)$$

则

$$Q = f_2(Z)f_1(Q) \qquad (3\text{-}15)$$

2. 洪水涨水期断面冲淤变化

由流量计算公式 $Q = Av$ 可以导出涨水阶段主槽在某一涨水时段流量的变化 ΔQ 如下

$$Q_0 = A_0 v_0$$

$$Q = Av$$

$$Q - Q_0 = (A_0 + \Delta A)(v_0 + \Delta v) - A_0 v_0$$

$$\Delta Q = A_0 \Delta v + \Delta A v_0 \qquad (3\text{-}16)$$

由式(3-16)可知,主槽过洪能力的增加由两部分组成:一是由于随流量的增加,主槽平均流速变化而引起过流量的变化 $A_0 \Delta v$;二是由于过水面积的增大所增加的过流量 $\Delta A v_0$,其中包括流速增大而增加的流量。由分析可知,一般主槽平均流速随流量的增大而增大,当主槽流量增大到一定值后,流速随流量的变化幅度较小,即 Δv 较小。可见,洪水过程中主槽的过洪主要靠主槽过水面积的增大来实现。

主槽过水面积的增大包括水位抬升增加的过水面积和洪水冲刷增加的过水面积两部分。

黄河下游河床随来水来沙条件的变化而不断调整,同一洪水过程中滩地、主槽有着不同的冲淤特性,漫滩洪水期滩地淤积,主槽涨水期冲刷、落水期淤积,存在明显的涨冲落淤特性。因此,洪水过程中洪水位的高低不仅取决于前期河床的冲淤状况,而且受洪水过程中主槽和滩地冲淤幅度大小的影响。

为此,利用实测小断面资料分析各水文站断面历次洪水主槽冲刷面积和主槽流量的关系,可以得出洪水期主槽的冲刷随流量的变化而变化,其冲刷幅度随流量的增大而增大。洪水期主槽冲刷面积与流量变幅的关系为

$$\Delta A_c = K(Q_0 - Q_c) + C \tag{3-17}$$

式中　ΔA_c——主槽部分涨水过程冲刷面积;

$\quad\quad Q_0$——主槽冲刷起始流量;

$\quad\quad Q_c$——主槽部分涨水过程的瞬时流量;

$\quad\quad K$——反映主槽冲刷幅度大小的系数;

$\quad\quad C$——常数。

根据下游七个水文站断面实测资料点绘历次大洪水涨水阶段主槽冲刷面积和流量变化之间的关系,二者之间均有较好的相关关系。

通过回归分析,率定下游各测站的系数 K 值、起始流量 Q_0 和常数 C(见表3-28),对于花园口、高村、艾山、泺口断面,K 值变化范围一般在 $0.13\sim0.2$ 之间,夹河滩、孙口、利津断面 K 值较小,基本为 0.10 左右。起始流量 Q_0 宽河道取 $2\ 500\ \mathrm{m^3/s}$,窄河道取 $2\ 000\ \mathrm{m^3/s}$。

表 3-28　式(3-17)中黄河下游各水文站参数选取及相关系数

站名	K	C	$Q_0(\mathrm{m^3/s})$	R
花园口	0.161 8	−261	2 500	0.96
夹河滩	0.103 9	22	2 500	0.96
高村	0.134 0	−23	2 500	0.94
孙口	0.098 0	170	2 500	0.98
艾山	0.187 9	−241	2 000	0.96
泺口	0.161 1	−88	2 000	0.95
利津	0.100 4	66	2 000	0.84

同时夹河滩断面涨水过程中断面的冲刷受前期断面冲淤的影响较大,经分析,该断面洪水期主槽冲刷面积与洪水前同水位主槽面积的关系为

$$\Delta A_c = M_c A_{c0} \tag{3-18}$$

式中　A_{c0}——洪水前同水位主槽面积;

$\quad\quad M_c$——系数,本断面取 $0.1\sim0.2$。

3.断面平均流速

据实测资料分析,黄河下游各控制站的断面平均流速变化有以下特点:主槽平均流速的变率 $\mathrm{d}v_c/\mathrm{d}h$($v_c$ 为主槽平均流速,h 为主槽平均水深),随水深的增大而减小,水深达到某值后,流速变率几乎等于 0。

点绘下游各测站断面主槽流速～流量的关系时发现二者相关关系较好,流速与流量之间可用下式表达

$$v_c = N_1 \lg Q + N_2 \tag{3-19}$$

式中　v_c——主槽的平均流速；

　　　Q——主槽的流量；

　　　N_1、N_2——系数和常数。

利用花园口、夹河滩、高村、孙口、艾山、泺口、利津等水文站历年大洪水的资料，点绘主槽流量（3 000 m³/s 以上）和流速的关系，通过回归计算分析，可得出各站 N_1 值和 N_2 值，如表 3-29 所示。各断面的取值不同，N_1 为 0.36～0.51，N_2 为 −0.42～−1.58。

表 3-29　黄河下游各站（主槽）系数 N_1 和常数 N_2 变化

站名	花园口	夹河滩	高村	孙口	艾山	泺口	利津
N_1	0.51	0.46	0.40	0.45	0.43	0.38	0.36
N_2	−1.58	−1.14	−0.97	−1.45	−1.45	−0.58	−0.42

4. 主槽过流能力计算

对各测验断面均可采用给定水位推求流量和给定流量推求水位的方法。对水文站断面可直接利用建立的相关关系，河道大断面可借助与上下游相邻水文站的相关关系进行预测。

根据汛前测验大断面划分主槽、滩地，并结合附近滩地地形读出滩唇高程，计算主槽水位～面积关系。利用各部位流量～流速关系及主槽涨水期断面冲淤和流量的关系，可得出主槽在一定流量下所需的过水面积。根据某流量下所需的初始面积，由水位～面积关系查得该面积所对应的流量，得到主槽平滩流量。

（二）冲淤改正法

冲淤改正法是利用实测资料建立各级流量水位抬升和断面冲淤幅度之间的关系，从而利用历史实测洪水的水位～流量关系或现状水位～流量关系，根据该断面洪水前期累积冲淤厚度，确定同流量水位的升降值，得出设计的水位～流量关系。

假设某断面为复式河槽，主槽宽 B_c，滩地宽 B_t，若干年后，主槽淤高 Δh_c，滩地淤高 Δh_t，假定滩槽宽度不变，滩地平均流速为 v_t，同流量水位升高值可用下式计算

$$\Delta h = K_c \Delta h_c + K_t \Delta h_t \tag{3-20}$$

式中

$$K_c = B_c v_c / (B_c v_c + B_t v_t)$$

$$K_t = B_t v_t / (B_c v_c + B_t v_t)$$

以上公式适合滩槽比较稳定的断面，但对黄河来说，由于河道冲淤的复杂性，其中断面形态特别是滩槽的宽度变化较大，同时对各级流量的流速及汛前滩槽冲淤厚度的计算都存在难以确定的困难，为此我们对冲淤改正法进行了概化处理。

首先建立长时期主槽冲淤厚度和 3 000 m³/s 流量水位差值之间的关系，然后建立水文站 7 000 m³/s 和 10 000 m³/s 水位升降值和 3 000 m³/s 水位的升降值的关系，从而设计主槽过流能力。

为分析各水文站 3 000 m³/s 水位的升降和断面冲淤厚度的关系,我们把 1960~1997 年长时段按 3 000 m³/s 的升降和冲淤交替划分为五个大的时段,即 1960~1964 年、1964~1973 年、1973~1980 年、1980~1985 年、1985~1997 年。分别计算出各个时段各个河段主槽的冲淤厚度和各河段各站 3 000 m³/s 流量下水位的升降值,从而点绘 3 000 m³/s 流量下水位升降和冲刷厚度的关系图。从中得出,当断面发生淤积时,3 000 m³/s 水位的升降值和断面淤积厚度基本相当;当断面发生冲刷时,3 000 m³/s 水位降低是冲刷厚度的 0.61 倍,其水位下降值小于冲刷厚度。

另外,利用铁谢—利津各个水文站和水位站 1958~1964 年、1964~1976 年以及 1976~1982 年 3 000 m³/s 的水位升降值和 7 000 m³/s 的水位升降值进行对比分析,利用 1958~1964 年、1964~1976 年 3 000 m³/s 的水位升降值 ΔZ_{3000} 和 7 000 m³/s 的水位升降值 ΔZ_{7000} 建立相应关系,可得出

$$\Delta Z_{7000} = k\Delta Z_{3000} + c \tag{3-21}$$

式中 k 值为 0.95,c 值为 0.15。这说明当 3 000 m³/s 的水位抬升时,7 000 m³/s 的水位抬升值大于 3 000 m³/s 的水位抬升值;当 3 000 m³/s 的水位下降时,7 000 m³/s 的水位下降值小于 3 000 m³/s 的水位下降值。

对位于两水文站之间的水位站,各级流量的水位升降值可采用距离加权法。设上下游两水文站河道冲淤变化后各级流量相应水位变化值分别为 $\Delta H_上$、$\Delta H_下$,则在其间的水位站水位变化值 ΔH 为

$$\Delta H = \Delta H_上 + \Delta L / L (\Delta H_下 - \Delta H_上) \tag{3-22}$$

式中　L——水文站间距;

　　　ΔL——上游水文站至水位站间距。

(三)实测资料分析法

实测资料分析法是建立在大量实测资料的基础上,通过对历史洪水的水位~流量关系线趋势的分析,并根据上年实测的水位~流量关系,顺洪水的水位~流量关系的趋势进行高水部分的外延。然后再考虑到上年汛后与当年汛前河道的冲淤情况和幅度,将关系线抬高或降低即可得到所求的水位~流量关系,进而得出主槽过流能力。

实测资料分析法适合有实测水位~流量关系资料的水文测站,或者邻近水文站断面、有较多洪水期水位观测资料的水位站。

(四)数学模型计算法

利用"黄河下游准二维非恒定流数学模型",在已知河道初始边界条件、出口水位~流量关系和一定的水沙条件下,可计算沿程各控制站的主槽过流能力。

根据计算的需要,针对黄河下游河道冲淤变形和洪水预报的特点,对下游河道滩、槽水流交换模式和冲淤过程中河道阻力变化特点进行了改进和修正。通过改进和进一步的完善,使模型的计算结果更接近黄河的实际。

1.下游河道滩、槽水流交换模式

洪峰过程中,当主槽洪水位高于滩唇时,由于滩地横比降较大,入滩水流越过滩唇向大堤方向流动。在靠低洼处汇集后,部分水流滞留在洼地,其余水体顺堤行洪,在下游某

处与主流汇合。在洪水起涨阶段,主槽水位上升快,滩地返回主槽水流受阻,甚至发生回流倒灌入滩;当滩地水位高于滩唇时,滩地水流与主槽共同向下游演进。在模拟过程中,将进滩水流过程概化为宽顶堰过流。在忽略了侧向行近流速水头后,入流量为

$$q_{Lg} = \sigma mb \sqrt{2g} H_1^{3/2} \tag{3-23}$$

$$b = H_1^\alpha \Delta X \tag{3-24}$$

式中 m——堰流系数,一般为 0.3 左右;

σ——宽顶堰淹没出流系数,σ 与堰前、后堰顶以上水深比值有关,当堰后与堰前水深比值 $H_2/H_1 = 0.8 \sim 0.98$ 时,σ 由 1.0 下降至 0.4;

b——堰流宽度,其随堰顶水深增加而增大;

α——指数;

ΔX——计算河段长度。

当二滩水位高于滩唇后,滩地水流与主槽共同演进,并取滩地水深为平堰顶以上的水深,此时二滩分流量与滩地纵向流量模数有关。

2. 河道阻力

河道在冲淤变化过程中,随着床沙级配的调整,糙率必然会作相应的调整。河道淤积时糙率减小,河道冲刷时糙率增大。特别是小浪底水库运用初期水库下泄清水,河道冲刷,床沙由细变粗,逐渐粗化,所以在本模型计算中需根据冲淤情况对糙率进行修正和改进。

糙率随冲淤变化的关系式如下

$$n = n_0 - m \frac{\Delta A_d}{A_0} \tag{3-25}$$

式中 n_0——初始糙率;

m、A_0——常数;

ΔA_d——断面累积冲淤面积。

当河段冲刷或淤积较严重时,n 值有可能很大或很小,为防止糙率在连续冲刷计算过程中的无限制增大和连续淤积计算过程中的无限制减小,以适应黄河下游河道阻力特性的实际变化情况,在计算中须对糙率的变化给予以下限制

$$n = \begin{cases} 1.5n_0 & (n > 1.5n_0) \\ 0.65n_0 & (n < 0.65n_0) \end{cases} \tag{3-26}$$

六、调水调沙试验流程控制技术

黄河调水调沙试验作为大规模的原型科学试验,其控制流程非常复杂,涉及的因素也很多,为确保试验成功,必须对试验流程进行科学设计和控制,从时间上讲分为预决策、决策、实时调度修正和效果评价四个阶段,不同阶段技术路线不同,对试验流程控制技术要求也不同。

(一)预决策阶段

该阶段流程如图 3-19 所示,主要包括以下内容:

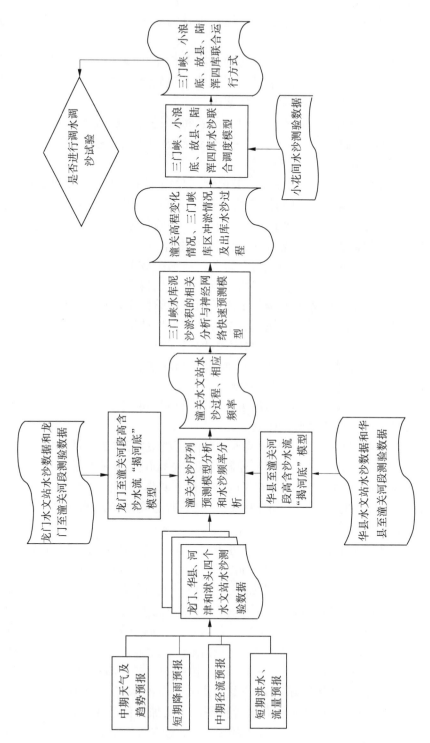

图 3-19　调水调沙试验预决策阶段流程

(1)中期天气及趋势预报(预估)。在6~9月份,每周一次黄河中游中期(未来7~10天)天气过程和趋势预报,如遇有较大天气系统,根据需要和天气形势变化每周增加一次预报。

(2)短期降雨预报。在6~9月份,每日做黄河中、下游未来3天降水量预报,同时,利用卫星云图和测雨雷达等手段对中、小尺度天气系统进行实时监控和分析。出现与降雨有关的重大天气过程时,及时加报降雨等值线图。

(3)中期径流预报(预估)。从6月15日开始,每周进行一次潼关站和小花区间未来7天的径流情势分析和预估(前2天为日平均流量预报,后5天为径流情势分析预估)。如遇有较大天气系统和洪水过程随时预报。

(4)短期洪水、流量预报。7~9月份,根据降雨预报结果,对潼关站和小花区间未来1~2天日平均流量作出预报;每日制作潼关站和小花区间未来1~2天日平均流量预报。

(5)获取龙门、华县、河津和洑头四个水文站水沙测验数据,通过水沙序列预测模型分析和水沙频率分析,预估潼关水文站水沙过程、相应频率。

(6)获取龙门水文站水沙数据和龙门至潼关河段测验数据,通过建立龙门至潼关河段高含沙水流"揭河底"模型,预测分析该河段"揭河底"发生情况。

(7)获取华县水文站水沙数据和华县至潼关河段测验数据,通过建立华县至潼关河段高含沙水流"揭河底"模型,预测分析该河段"揭河底"发生情况。

(8)根据三门峡水库运行方式,通过水库泥沙淤积的相关分析与神经网络快速预测模型,预测潼关高程变化情况、三门峡库区冲淤情况及出库水沙过程。

(9)决策三门峡水库运行方式,即是否敞泄。

(10)根据三门峡、小浪底、故县、陆浑水库蓄水及小花间来水情况,拟定四库水沙联合运行方式,预决策是否进行调水调沙试验。

根据上述流程,在2002年首次调水调沙试验的预决策阶段,确定的预案为:以小浪底水库蓄水为主或小花间来大水、水库相机控制花园口2 600 m³/s流量6天的试验,目的是检验调控指标花园口2 600 m³/s流量6天的合理性。具体如下:

库水位低于210 m时,考虑小花间来水,根据下游必要的用水和保证下游河道不断流,尽可能减少出库流量,增加水库蓄水量。

库水位210~225 m时:①预报河道流量小于800 m³/s时,控制花园口流量不超过800 m³/s。②预报河道流量大于或等于800 m³/s而小于2 600 m³/s时,若水库可调水量和预报2天加预估后4天河道来水量之和不小于13.5亿m³,控制花园口流量2 600 m³/s历时6天,进行调水调沙试验;否则,以下游河道不断流为原则,尽可能减小出库流量,增加水库蓄水量。③预报河道流量大于或等于2 600 m³/s而小于4 000 m³/s时,当预报小花间流量小于2 600 m³/s时,若水库可调水量和预报2天加预估后4天河道来水量之和不小于13.5亿m³,控制花园口流量2 600 m³/s历时6天,进行调水调沙试验;否则,以下游河道不断流为原则,尽可能减小出库流量,增加水库蓄水量。当预报小花间流量在2 600~4 000 m³/s之间时,若水库可调水量和预报2天加预估后4天河道来水量之和满足花园口流量大于2 600 m³/s并持续6天的要求,控制花园口流量2 600~4 000 m³/s不少于6天,即调水调沙正常调度;否则,尽可能减小出库流量。

库水位等于 225 m 时：①当预报小花间流量小于等于 2 600 m³/s 时，控制花园口流量 2 600 m³/s 历时 6 天，进行调水调沙试验。②当预报小花间流量 2 600～4 000 m³/s 时，控制花园口流量 2 600～4 000 m³/s 不少于 6 天，即调水调沙正常调度。

(二)决策阶段

1.流程图及主要内容

该阶段流程如图 3-20 所示，主要包括以下内容：

(1)获取潼关水文站水沙测验数据，包括洪峰流量、峰现时间、时段流量过程、时段平均流量，沙峰、时段含沙量过程、时段平均含沙量，洪水总量。要求洪峰流量预报误差不大于洪峰流量的 ±10% 或预见期内流量变幅的 ±20%；峰现时间预报误差不大于依据站与预报站实际洪水传播时间的 ±30% 或预报误差不大于 4 h。

(2)通过三门峡水库出库含沙量预测模型，预测小浪底水库入库水沙过程，判断是否发生水库异重流，并确定是否动用万家寨水库进行联合调度。根据分析，小浪底水库要产生异重流，入库流量一般应不小于 300 m³/s。当流量大于 800 m³/s 时，相应含沙量约为 10 kg/m³；当流量约为 300 m³/s 时，要求水流含沙量约为 50 kg/m³；当流量介于 300～800 m³/s 之间时，水流含沙量可随流量的增加而减少，两者之间的关系可表达为 $S \geqslant 74 - 0.08Q$。对上述临界条件，还要求悬沙中细泥沙的百分比一般不小于 70%。若细泥沙的沙重百分数进一步增大，则流量及含沙量可相应减少。

(3)根据三门峡水库出库水沙过程，通过小浪底库区异重流分析，预测小浪底库区异重流运行至坝前的时机。

(4)通过小浪底坝前浑水垂线含沙量实测分布，预测小浪底枢纽各高程孔洞出流含沙量。

(5)获取黑石关、武陟水文站洪峰流量、流量过程、时段平均流量。

(6)运用小浪底、三门峡、陆浑、故县四库联合调度模型，按花园口允许流量值调算小浪底出库流量过程。

(7)通过小浪底至花园口水沙对接模型，按花园口允许含沙量，调算修正小浪底出库含沙量，进而确定小浪底枢纽泄流孔洞组合。

2.总体思路

根据上述流程，在 2004 年第三次调水调沙试验中，确定的总体思路如下：

(1)库区以异重流排沙为主，下游河道以低含沙水流沿程冲刷为主，分别辅以人工扰动排沙。

(2)调水调沙试验实施的前一阶段，若中游不来洪水，小浪底水库清水下泄，待库水位降低至三角洲顶点高程以下的适当时机，适时利用万家寨、三门峡水库的蓄水，加大流量下泄，形成人工异重流，使小浪底水库排沙出库，下游河道沿程冲刷。

(3)若调水调沙试验期间中游发生一定量级的洪水，先敞泄三门峡水库，形成天然条件下的异重流排沙。

(4)在调水调沙试验泄放较大流量之前，为了使下游河道自花园口流量 800 m³/s 至 2 700 m³/s 之间有一个过渡过程，以使河道在冲淤及河势调整等方面对相对大流量有一个适应过程，参照 2003 年调水调沙试验的情况，先以控制花园口站 2 300 m³/s 的流量预

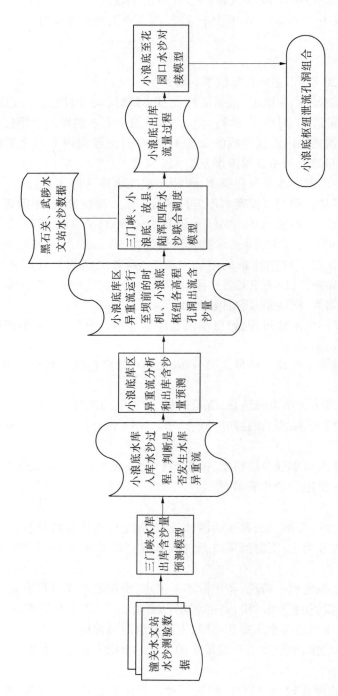

图 3-20　调水调沙试验决策阶段流程

泄 3 天,并控制小黑武三站之和的平均含沙量不超过 25 kg/m³,以保证在水流不出槽的情况下仍能发生一定数量的冲刷,为正式调水调沙试验创造有利条件,预泄过程中下游河道停止引水。

3. 水库调度方案

调水调沙试验开始,黄河中游万家寨按进出库平衡计算,汛限水位 966 m 以上蓄水量为 2.15 亿 m³;三门峡水库按蓄水位 318 m 考虑,汛限水位以上蓄水量 4.72 亿 m³。两库合计可调水量达 6.87 亿 m³。根据中长期来水预报,6 月上、中、下旬和 7 月上、中旬潼关流量分别为 489 m³/s、633 m³/s、612 m³/s、783 m³/s、1 068 m³/s,与多年平均流量相近。6 月下旬以后,即使不考虑洪水发生,当小浪底水库水位降低至淤积三角洲顶点高程 250 m 以下的 235 m 时,利用三门峡水库及万家寨水库蓄水及相应的基流使其对库区的冲刷而使水体中具有一定的含沙量,形成并维持人工异重流,历时在 6 天左右,仍可排出一部分库区淤积泥沙。

按上述水库调度的总体思路和水情预报结果,考虑黄河中游潼关以上发生中小洪水的可能性,提出 2004 年黄河调水调沙试验水库调度方案如下。

1)潼关以上不发生洪水

潼关断面 1919~2002 年多年平均流量 1 142 m³/s,本次预案研究中将日平均流量大于 1 500 m³/s 的情况作为洪水考虑。根据前述实测资料的分析结果,潼关断面 6 月份不发生洪水的情况占 77.3%。对此种最可能发生的情况,水库按以下方案调度。

当预报 2 天并预估后 5 天潼关日平均流量小于或等于 1 500 m³/s(即潼关断面 7 日水量不大于 9.1 亿 m³)时:

若小浪底水库库水位在 235 m 以上,三门峡水库维持库水位不变,按入库流量下泄;小浪底水库按控制花园口断面 2 700 m³/s 下泄,由于此时出库水流相对较清,下游河道按扰动排沙方案实施扰动排沙。

在小浪底水库库水位达 235 m 时,首先按控制花园口流量 1 150 m³/s 下泄两天,库区淤积三角洲面已高出水库蓄水位约 15 m,此时若加大入库流量,回水末端以上可以产生较为明显的沿程冲刷和溯源冲刷,并且挟沙水流进入回水区后可以形成持续时间相对较长的异重流,按本次分析研究成果,从水库排沙和改善库区淤积形态等方面考虑,异重流形成并持续的流量为 2 000 m³/s。在小浪底水库控制小流量结束前 8 h,三门峡水库按出库流量 2 000 m³/s 下泄,直至库水位达 298 m,库区尾部开始泥沙扰动;在三门峡水库库水位达 298 m 前 9 天启动万家寨水库,出库流量按 2 000 m³/s 下泄,直至库水位达汛限水位 966 m;小浪底水库仍按控制花园口流量 2 700 m³/s 下泄,原则上控制小黑武洪水平均含沙量不大于 25 kg/m³。泄流过程中,小黑武最大含沙量控制不超过 45 kg/m³,直至库水位达汛限水位 225 m;在人工异重流的形成和排沙过程中,开展库区回水末端的扰动排沙试验,加强库区和下游河道的水文泥沙测验。根据高村前置站、艾山后置站的流量和含沙量,按下游扰动排沙预案,相机实施人工扰动排沙。

2)潼关以上发生洪水

据潼关断面 1960 年以来的实测资料分析,6 月份发生最大日平均流量 1 500 m³/s 以上的洪水的几率为 22.7%,最大洪峰可达 3 500~4 000 m³/s。因此,调水调沙试验期间潼关以上仍有可能发生中小洪水。若洪水量级在 3 000 m³/s 以下(以最大日平均流量计,下同),平均含沙量一般在 20 kg/m³ 左右;若 6 月份洪水量级在 3 000 m³/s 以上,则平均含沙量可高达 80~130 kg/m³。

针对此种可能发生的情况,水库按以下方案调度:

当预报 2 天并预估 5 天潼关日平均流量大于 1 500 m³/s(潼关断面 7 日水量大于 9.1 亿 m³)时,说明有洪水发生,应尽量利用来水在小浪底库区形成异重流,利用异重流排沙出库并冲刷下游河道。

若预报潼关最大流量不大于 4 000 m³/s,三门峡水库提前降低水位,降水时按补水流量 1 500 m³/s 将库水位降至 298 m,以后维持水位 298 m 不变,按入库流量下泄;小浪底水库按控制花园口 2 700 m³/s 流量下泄,泄流过程中含沙量控制同潼关不来洪水的情况,直至库水位达 225 m。库区回水末端开展扰动排沙试验,下游河道按人工扰动排沙方案实施扰动排沙。

若预报潼关洪峰流量大于 4 000 m³/s,视后期来水预报和当时小浪底水库库水位相机转入防洪或继续实施调水调沙。调水调沙试验时,方案同潼关流量大于 1 500 m³/s 且小于等于 4 000 m³/s 的情况。

(三)实时调度修正阶段

该阶段流程如图 3-21 所示,主要包括以下内容:

(1)根据潼关水文站实测洪峰流量、时段流量过程、时段平均流量,沙峰、时段含沙量过程、时段平均含沙量,修正三门峡库区冲淤情况及出库水沙过程。

(2)根据三门峡水文站实测洪峰流量、时段流量过程、时段平均流量,沙峰、时段含沙量过程、时段平均含沙量,修正小浪底库区异重流预测结果、坝前浑水垂线含沙量、各高程孔洞出流含沙量。

(3)根据小浪底、黑石关、武陟水文站实测水文数据,修正花园口水文站水沙对接方案。

(4)通过花园口水文站实测时段流量过程、时段平均流量,沙峰、时段含沙量过程、时段平均含沙量,修正小浪底出库含沙量,进而确定小浪底枢纽泄流孔洞组合,修正陆浑、故县出库流量。

(5)根据潼关、三门峡、小浪底坝前、小浪底、花园口水文站实测泥沙颗粒级配,修正花园口含沙量允许值。

(6)根据下游夹河滩、高村、孙口、艾山、泺口、利津等水文站实测水文要素和各河段河势、漫滩、断面冲淤等情况,修正花园口水沙过程,并提出下游河道引水指标。

例如,在 2002 年首次调水调沙试验中,综合考虑黄河下游部分河段主槽过洪能力、水库实际蓄水量和试验目标,调度的具体指标为:根据水库蓄水、黄河上中游来水和支流伊洛河、沁河加水,通过科学、合理地调度水库,满足调水调沙试验实时调度预案要求,即控制黄河花园口站流量不小于 2 600 m³/s,时间不少于 10 天,平均含沙量不大于 20 kg/m³,相应艾山站流量为 2 300 m³/s 左右,利津站流量为 2 000 m³/s 左右。

为实现上述指标,黄河首次调水调沙试验总指挥部办公室根据控制流程,密切监视相关环节,特别是小浪底水库出库流量和含沙量变化,并根据水情预报组提供的小花间来水

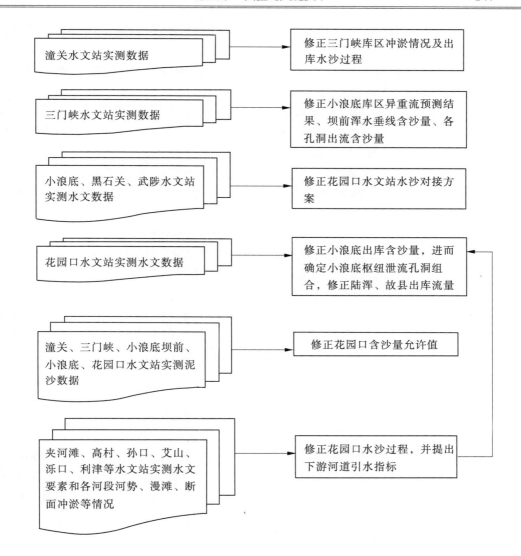

图 3-21 调水调沙试验实时调度修正阶段流程图

预报,实时调整小浪底水库的下泄流量及泄水孔洞组合。调水调沙期间,小浪底水库共进行了 176 次闸门启闭操作。

通过频繁启闭小浪底水库不同高度孔洞组合和联合调度三门峡水库,实现了预案规定的黄河下游主要站水沙过程,使小浪底站出库平均流量 2 741 m³/s、平均含沙量 12.2 kg/m³,花园口站日平均流量 2 649 m³/s、平均含沙量 13.3 kg/m³,其中 2 600 m³/s 以上流量过程持续了 10.3 天,艾山站 2 300 m³/s 以上流量过程持续了 6.7 天,利津站 2 000 m³/s 以上流量过程持续了 9.9 天,完全符合预案要求。同时既实现了调水调沙,又节约了水量。

(四)调度效果评价阶段

为及时、有序和深入地分析小浪底水库调水调沙的效果和作用,每次调水调沙试验结

束后,都要对调度效果进行评价,从而为黄河中下游水沙联调提供有益的经验。主要内容如下:

(1)水沙预报、预测效果评价。包括预报站点的安排和预报内容设置,洪峰、洪量、含沙量预报精度评价等。

(2)各水库防洪、库区冲淤、减淤效果、调度精度等调度评价。包括库区冲淤变化分析、库区淤积过程分析、库区冲淤量及其分布、淤积物颗粒级配沿程分布、近坝区漏斗地形测验分析、水库调度过程及精度分析等。

(3)下游河道河势、过洪能力、冲淤等评价。包括冲淤变化、断面形态变化、主槽床沙粒径变化、断面测验成果合理性分析、河道行洪能力变化、河势变化分析、河道整治工程险情分析等。

(4)河口冲淤分布评价。包括河口拦门沙区冲淤量、冲淤分布等。

(5)输沙效果评价。通过不同方法对黄河下游输沙效果进行分析,进一步总结调水调沙试验中各个控制指标的合理性,从而为以后黄河中下游水沙联合调度提供依据。

总之,调水调沙试验作为世界水利史上大规模的原型试验,其控制流程从时间上分为预决策、决策、实时调度修正和效果评价四个阶段;从空间上涵盖了黄河中游干支流水库群和下游河道的调度与控制;从内容上涉及到水文泥沙预报、水库调度、工程抢险等防汛工作的各个环节。控制流程技术为每次调水调沙试验的顺利进行发挥了重要作用。

七、小结

(1)根据三门峡汛期排沙资料,回归出汛期出库含沙量计算公式,可用于预测水库在不同水沙条件及边界条件下的出库沙量。

(2)小浪底水库在拦沙运用初期,洪水期水沙主要以异重流形式输移。通过实测资料分析估算认为,水库拦沙初期异重流排沙比约为30%。当坝前形成浑水水库后,利用坝前实测含沙量分布、清浑水交界面高程、小浪底水文站水沙监测反馈等资料,指导水库各泄水孔洞的调度。通过控制排沙洞分流比而调配出库含沙量的量值。

(3)黄河第三次调水调沙试验利用天然水流的力量并辅以库尾扰沙,小浪底库尾侵占有效库容的淤积泥沙全部清除,三角洲顶点由距坝70 km下移至距坝47 km,下移23 km。

(4)调水调沙试验使黄河下游扰沙河段冲刷有所增大,平滩流量增加,断面形态趋于窄深。对黄河下游排洪能力薄弱的"卡口"河段辅以人工扰沙具有明显效果。

(5)小浪底水库下泄的浑水与水库下游区间的清水对接技术可以概括为"无控区清水负载,小浪底补水配沙,花园口实现对接"。万家寨水库泄流与三门峡蓄水对接,目标是冲刷三门峡水库泥沙为小浪底水库异重流提供动力和细泥沙来源。关键技术问题包括对接时三门峡库水位、万家寨至三门峡之间洪水演进时间,以及万家寨水库泄流量及时机。

(6)利用多种方法对黄河三次调水调沙试验前黄河下游河道主槽过流能力进行了分析预测。在第三次调水调沙试验中,预报徐码头和雷口河段主槽过流能力不足,是黄河下游过流能力最为薄弱的"卡口"河段,为扰沙部位的选择奠定了基础。

第三节 利用异重流延长小浪底水库拦沙期寿命的减淤技术

小浪底水库拦沙期特别是拦沙初期,水库处于蓄水状态,且保持较大的蓄水体。当汛期黄河中游降雨产沙或者是汛前三门峡水库泄水排沙时,大量泥沙涌入小浪底水库后,惟有形成异重流方能排泄出库。显而易见,若水库调度合理,可充分利用异重流能挟带大量泥沙而不与清水相混合的规律,在保持一定水头的条件下,既能蓄水又能排沙,既能保持较高的兴利效益又能减少水库淤积,达到延长水库寿命的目的。

水库合理调度是实现异重流输沙且高效排沙的前提,而水库合理调度又必须建立在对自然现象和自然演变规律的认知之上。小浪底水库异重流排沙既遵循普遍性规律又有特殊性。其特殊性体现在受三门峡水库调控影响大,库区平面形态复杂,频繁出现局部放大、收缩或弯曲等突变地形,水流在库区地形变化剧烈处会产生能量的局部损失。尤其是库区十余条较大支流入汇,在干支流交汇处往往发生异重流向支流倒灌,使异重流沿程变化特性更为复杂。

在黄河调水调沙试验之前及其过程中,通过异重流实测资料分析,并结合相关试验成果,研究了异重流发生、运行及排沙等基本规律;在黄河调水调沙试验实施过程中,充分利用水库异重流运行规律及排沙特点,通过水库水沙联合调度,达到了减少水库淤积等多项预期目标。

一、异重流运行规律

基础理论与基本规律的研究不仅是对自然现象和自然演变规律的认知过程,而且是掌握进而利用这些自然规律的基础。通过对小浪底水库异重流实测资料整理、二次加工及分析,水槽试验及实体模型相关试验成果,结合对前人提出的计算公式的验证等,提出了可定量描述小浪底水库天然来水来沙条件及现状边界条件下异重流持续运行条件、干支流倒灌、不同水沙组合条件下异重流运行速度及排沙效果的表达式,在调水调沙试验中发挥应有的作用。

(一)综合阻力

从水流流态来讲,属于渐变流范围内的阻力损失叫沿程损失。异重流阻力特性是研究异重流运动的焦点。浑水异重流是一种潜流,与一般明渠流或有压管流的根本差异是具有其特殊的边界条件。异重流的上边界是可动的清水层,一方面清水层对其下面的异重流运动有阻力作用,另一方面本身可被异重流拖动,形成回旋流动,并且在一定条件下清水和异重流交界面会出现波状起伏,此外清浑水还有掺混现象等。上边界会随异重流运动而发生变化,反过来必然对异重流阻力产生不同的影响,使异重流阻力问题显得非常复杂。因此,异重流运动方程和能量方程中的阻力通常用一个包括床面阻力系数 λ_0 及交界面阻力系数 λ_i 在内的综合阻力系数 λ_m 来表示。

异重流的阻力公式与一般明流相同,只是需要考虑异重流的有效重力加速度 $\frac{\Delta\gamma}{\gamma_m}g$（$\Delta\gamma$ 为浑水与清水容重差,$\Delta\gamma = \gamma_m - \gamma$,$\gamma_m$ 为浑水容重,γ 为清水容重;g 为重力加速

度)。异重流的流速 v_e 可写为

$$v_e = \sqrt{\frac{8}{\lambda_m}\frac{\Delta\gamma}{\gamma_m}gR_eJ} \tag{3-27}$$

式中　R_e——异重流的水力半径;

　　　　J——河底比降。

异重流综合阻力系数 λ_m 值采用范家骅的阻力公式计算。即在恒定条件下,$\partial v_e/\partial t = 0$,从异重流非恒定运动方程

$$\frac{\Delta\gamma}{\gamma_m}\left(J - \frac{\partial h_e}{\partial s}\right) + \frac{v_e^2}{gh_e}\frac{\partial h_e}{\partial s} - \frac{\lambda_m v_e^2}{8gR_e} - \frac{1}{8}\frac{\partial v_e}{\partial t} = 0 \tag{3-28}$$

可以得出

$$\lambda_m = 8\frac{R_e}{h_e}\frac{\frac{\Delta\gamma}{\gamma_m}gh_e}{v_e^2}\left[J - \frac{\mathrm{d}h_e}{\mathrm{d}s}\left(1 - \frac{v_e^2}{\frac{\Delta\gamma}{\gamma_m}gh_e}\right)\right] \tag{3-29}$$

式中　h_e——异重流的厚度;

　　　　$\mathrm{d}h_e/\mathrm{d}s$——异重流厚度沿程变化,可根据上下断面求得。

异重流的湿周比明渠流湿周多了一项交界面宽度。用式(3-29)计算小浪底水库不同测次异重流沿程综合阻力系数 λ_m,平均值为 0.022~0.029,见图 3-22。

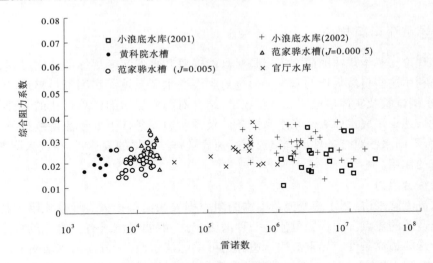

图 3-22　综合阻力系数

(二)异重流挟沙力

运用能耗原理,建立异重流挟沙力公式。对呈二维恒定均匀流的异重流单位浑水水体而言,紊动从平均水流运动中取得的能量就是当地所消耗的能量。令 E_1 表示单位浑水水体在单位时间内本地消耗的能量,可表示为

$$E_1 = \tau_b\frac{\mathrm{d}v_e}{\mathrm{d}z} \tag{3-30}$$

式中　$\mathrm{d}v_e/\mathrm{d}z$——异重流水深 z 处单位浑水水体中的流速梯度；

　　　τ_b——异重流单位浑水水体的切应力。

根据 E_1 的含义，显然它应包括异重流中该点处的单位水体内通过各种途径所消耗的能量。而异重流悬浮泥沙所消耗的能量只是本地耗能的途径之一。于是可列出二维异重流单位浑水水体的能量平衡方程式

$$\tau_b \frac{\mathrm{d}v_e}{\mathrm{d}z} = E_2 + E_3 \qquad (3\text{-}31)$$

式中　E_2——该点处悬浮泥沙所消耗的能量；

　　　E_3——由于黏性作用及其他途径转化为热量的相应能量消耗。

按照物理学常用的方法，将式(3-31)改写为

$$\eta_e \tau_b \frac{\mathrm{d}v_e}{\mathrm{d}z} = E_2 \qquad (3\text{-}32)$$

式中　η_e——比例系数，其物理含义为异重流单位体积浑水在单位时间内就地消耗的能量中悬浮泥沙耗能所占百分数。

在不冲不淤的相对平衡情况下，悬浮泥沙消耗的能量 E_2 实际上就是异重流因悬浮泥沙所做的功 E_4，即

$$E_2 = E_4 = (\gamma_S - \gamma_m) S_{Ve} \omega_S \qquad (3\text{-}33)$$

式中　γ_S——泥沙容重；

　　　ω_S——泥沙群体沉速；

　　　S_{Ve}——距河床为 z 的流层中以体积百分数表示的异重流平均含沙量。

对于二维异重流，剪切力为 0 处以下的 τ_b 可近似表达为

$$\tau_b = \gamma_m (h_e - z) J \qquad (3\text{-}34)$$

Bata G.L. 及 Michon X. 等学者在底部光滑的水槽内测试浑水异重流流速分布规律，认为最大流速以下流速分布符合对数关系。因此，由卡曼－普兰特尔对数流速分布公式，求导得

$$\frac{\mathrm{d}v_e}{\mathrm{d}z} = \frac{u_{*e}}{\kappa} \frac{1}{z} \qquad (3\text{-}35)$$

式中　u_{*e}——摩阻流速；

　　　κ——卡门常数，对于挟沙水流，可按下式计算

$$\kappa = \kappa_0 \left[1 - 4.2 \sqrt{S_{Ve}(0.365 - S_{Ve})} \right] \qquad (3\text{-}36)$$

式中　κ_0——清水卡门常数。

将式(3-33)～式(3-35)代入式(3-32)，整理后得

$$S_{Ve} = \eta_e \frac{h_e - z}{z} \cdot \frac{J u_{*e}}{\kappa \omega_S \dfrac{\gamma_S - \gamma_m}{\gamma_m}} \qquad (3\text{-}37)$$

对上式两边沿垂线积分，取积分区间为 $[\delta, h_e]$（δ 为理论上的床面高程），并视 κ、γ_m、ω_S 仅为异重流平均含沙量 S_{Ve} 的函数，即

$$\int_\delta^{h_e} S_{Ve} \mathrm{d}z = \frac{Ju_{*e}}{\kappa\omega_S \dfrac{\gamma_S - \gamma_m}{\gamma_m}} \int_\delta^{h_e} \eta_e \frac{h_e - z}{z} \mathrm{d}z \tag{3-38}$$

对于上式右端,在区间 $[\delta, h_e]$ 上,$(h_e - z)/z$ 不变号且可积,η_e 为 z 的连续函数,则根据积分的第一中值定理,至少存在一个小于 h_e 而大于 δ 的数 c,使得

$$\int_\delta^{h_e} \eta_e \frac{h_e - z}{z} \mathrm{d}z = \eta_e \int_\delta^{h_e} \frac{h_e - z}{z} \mathrm{d}z = \eta_e \left(h_e \ln\frac{h_e}{\delta} - h_e + \delta \right) \tag{3-39}$$

式中　$\eta_e = \eta_e(c)$,由于 $h_e \gg \delta$,因此

$$\int_\delta^{h_e} \eta_e \frac{h_e - z}{z} \mathrm{d}z = \eta_e h_e \ln\frac{h_e}{\mathrm{e}\delta} \tag{3-40}$$

式中　e——自然对数的底。

参考前人研究,δ 与床沙中值粒径 D_{50} 有关,因此我们取 $\delta = D_{50}$。由于异重流挟沙力 S_{*e} 具有与含沙量相同的单位,S_{Ve} 为体积百分数表示的异重流平均含沙量,故有

$$S_{Ve} = \frac{S_{*e}}{\gamma_S} = \frac{1}{h_e} \int_\delta^{h_e} S_{Ve} \mathrm{d}z \tag{3-41}$$

将式(3-38)~式(3-40)代入式(3-41),又可推演出

$$S_{*e} = \gamma_S \eta_e \frac{Ju_{*e}}{\kappa\omega_S \dfrac{\gamma_S - \gamma_m}{\gamma_m}} \ln\left(\frac{h_e}{\mathrm{e}D_{50}} \right) \tag{3-42}$$

将 $J = f_e v_e^2 / (8R_e g')$ 及 $u_{*e} = \sqrt{(f_e/8)}\, v_e$ 代入式(3-42),得

$$S_{*e} = \gamma_S \frac{f_e^{3/2} \eta_e}{8^{3/2} \kappa \dfrac{\gamma_S - \gamma_m}{\gamma_m}} \frac{v_e^3}{g' R_e \omega_S} \ln\left(\frac{h_e}{\mathrm{e}D_{50}} \right) \tag{3-43}$$

式中　f_e——异重流阻力系数;

　　　g'——修正后的重力加速度。

对于式(3-43)中的 f_e 和 η_e,借助于黄河三门峡水库测验资料,得出

$$f_e^{3/2} \eta_e = 0.021 S_{Ve}^{0.62} \left[\frac{v_e^3}{\kappa g' h_e \omega_S \dfrac{\gamma_S - \gamma_m}{\gamma_m}} \ln\left(\frac{h_e}{\mathrm{e}D_{50}} \right) \right]^{-0.38} \tag{3-44}$$

将式(3-44)代入式(3-43),整理即得异重流挟沙力公式(3-45),该式可反映异重流多来多排的输沙规律,并利用三门峡、小浪底水库实测及模型试验资料进行了检验。

$$S_{*e} = 2.5 \left[\frac{S_{Ve} v_e^3}{\kappa \dfrac{\gamma_S - \gamma_m}{\gamma_m} g' h_e \omega_S} \ln\left(\frac{h_e}{\mathrm{e}D_{50}} \right) \right]^{0.62} \tag{3-45}$$

式(3-45)中单位采用 kg、m、s 制,其中沉速可由下式计算

$$\omega_S = \omega_0 (1 - 1.25 S_{Ve}) \left(1 - \frac{S_{Ve}}{2.25\sqrt{d_{50}}} \right)^{3.5} \tag{3-46}$$

式中　ω_0——泥沙在清水中的沉速;

　　　d_{50}——悬沙中值粒径。

(三)干支流倒灌

基于实体模型试验显示出的物理图形,概化干、支流分流比计算方法,并运用于水库水动力学模型。

(1)若支流位于三角洲顶坡段,则干、支流均为明流,支流分流比 α 为

$$\alpha = K \frac{b_2 h_2^{5/3} J_2^{1/2}}{b_1 h_1^{5/3} J_1^{1/2}} \tag{3-47}$$

(2)若支流位于干流异重流潜入点下游,则干、支流均为异重流,支流分流比 α 为

$$\alpha = K \frac{b_{e2} h_{e2}^{3/2} J_2^{1/2}}{b_{e1} h_{e1}^{3/2} J_1^{1/2}} \tag{3-48}$$

式中 b、h、J——宽度、水深、比降,其下角标 1、2、e 分别代表干流、支流、异重流相应值;

K——考虑干、支流的夹角 θ 及干流主流方位而引入的修正系数。

(四)异重流传播时间

异重流到达坝前的时间是异重流排沙很重要的一个参数。异重流传播时间 T_2 的大小主要受来水洪峰、含沙量、水库回水长度、库底比降等多种因素的影响,异重流前锋的运动属于不稳定流运动,因此到达坝前的时间严格地说应通过不稳定流来计算,但作为近似考虑,异重流运行时间可利用韩其为公式

$$T_2 = C \frac{L}{(qS_iJ)^{\frac{1}{3}}} \tag{3-49}$$

式中 L——异重流潜入点距坝里程(约等于回水长度);

q——单宽流量;

S_i——潜入断面含沙量;

J——库底比降(‰);

C——系数。

利用小浪底水库异重流观测资料对式(3-49)的验证结果见图 3-23。

(五)水库形成异重流的水沙条件

异重流是否发生,与入库流量和含沙量的大小及之间的搭配、泥沙级配、潜入点的断面特征等因素有关。

由小浪底水库观测到的发生异重流的资料分析,产生异重流时的临界水沙条件如下:

(1)入库流量一般不小于 300 m^3/s,流量为 300 m^3/s 左右时,相应水流含沙量为 50 kg/m^3 左右。

(2)流量大于 800 m^3/s 时,相应含沙量为 10 kg/m^3 左右。

(3)流量介于 300~800 m^3/s 之间时,水流含沙量可随流量的增加而减少,两者之间的关系可表达为 $S \geqslant 74 - 0.08Q$。

与上述水沙条件相应的悬沙中细泥沙(中值粒径 $d_{50} \leqslant 0.025$ mm)的百分比一般不小于 70%。若水流细泥沙的沙重百分数进一步增大,则流量及含沙量会相应减少。

(六)异重流持续运动至坝前的临界水沙条件

水库产生异重流并能达到坝前,除需具备一定的洪水历时之外,还需满足一定的流量及含沙量,即形成异重流的水沙过程所提供给异重流的能量足以克服异重流的能量损失。

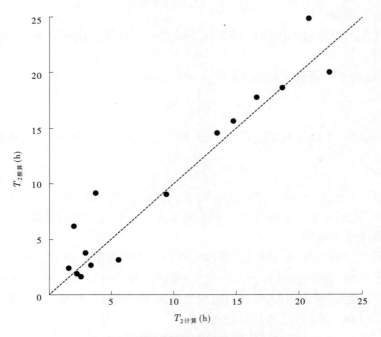

图 3-23　异重流传播时间实测资料验证结果

异重流的流速及挟沙力与其含沙量成正比,形成异重流的流速与含沙量具有互补性。图 3-24 为基于 2001～2004 年小浪底水库发生异重流时入库水沙资料,并根据坝前浑水水库变化情况(粗略判断异重流是否运行至坝前)点绘的小浪底入库流量与含沙量的关系图(图中点群边标注数据为细泥沙的沙重百分数),由该图分析异重流产生并持续运行至坝前的临界条件。从点群分布状况可大致划分为 3 个区域。

A 区为满足异重流持续运动至坝前的区域。其临界条件(即左下侧外包线)是在满足洪水历时且入库细泥沙的沙重百分数约 50% 的条件下,还应具备足够大的流量及含沙量,即满足下列条件之一:①入库流量大于 2 000 m³/s 且含沙量大于 40 kg/m³;②入库流量大于 500 m³/s 且含沙量大于 220 kg/m³;③流量为 500～2 000 m³/s 时,所相应的含沙量应满足 $S \geqslant 280 - 0.12Q$。

B 区涵盖了异重流可持续到坝前与不能到坝前两种情况。其中异重流可运动到坝前的资料往往具备以下三种条件之一:一是处于洪水落峰期,此时异重流行进过程中需要克服的阻力要小于其前锋所克服的阻力。因异重流前锋在运动时必须排开前方的清水,异重流头部前进的力量要比维持继之而来的潜流的力量大。二是虽然入库含沙量较低,但在水库进口与水库回水末端之间的库段产生冲刷,使异重流潜入点断面含沙量增大。三是入库细泥沙的沙重百分数基本在 75% 以上。

C 区基本为入库流量小于 500 m³/s 或含沙量小于 40 kg/m³ 的资料,异重流往往不能运行到坝前。

此外,实测资料表明,悬沙细颗粒泥沙的沙重百分数 d_i 与流量 Q 及含沙量 S 之间有较为明显的相关关系,三者之间基本可用式(3-50)描述

$$S = 980e^{-0.025d_i} - 0.12Q \tag{3-50}$$

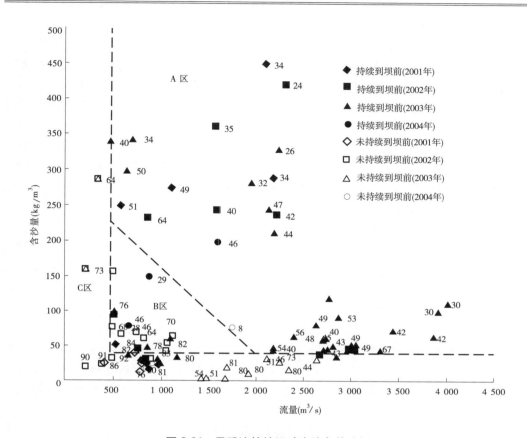

图 3-24 异重流持续运动水沙条件分析

(七)异重流运行规律在调水调沙中的运用

掌握自然现象和自然演变基本规律,旨在调水调沙试验过程中更好地利用。例如,根据异重流产生及持续运行的临界水沙条件,即可根据预估或实际的水沙条件判断异重流是否会发生或能否运行至坝前,甚至可通过多座水库的联合调度,人工塑造出满足异重流排沙的水沙过程;根据异重流运行时间的计算,可判别异重流达到坝前的时间,指导泄水闸门的开启时间,充分提高异重流排沙效果,在水资源短缺的情况下尤为重要;通过异重流排沙计算,掌握异重流出库含沙量,利用水库调度,优化下泄流量与含沙量的组合,或实现不同区域的水沙对接等。因此,对异重流运行规律的研究为黄河调水调沙试验奠定了基础。

需要说明的是,上述计算公式基于小浪底水库运用以来的实测资料拟合,仅适用于与之相近的水沙及边界条件。若两者发生较大变化,例如发生较大洪水或库区淤积形态及水库蓄水位等变化较大,其计算公式及判断指标均会发生相应变化。

二、异重流的利用及塑造

对小浪底水库而言,产生异重流的泥沙可来自其上游,亦可来于自身的补给。来自上游而进入小浪底库区的泥沙大体上有两种来源,其一是黄河中游发生洪水。通过水库调度,可充分利用异重流输移规律,增加异重流排沙比,达到减少水库淤积、延长水库寿命等多种目标。其二是非汛期淤积在三门峡水库中的泥沙。三门峡水库蓄清排浑运用,非汛期进入三门峡水库的泥沙被全部拦蓄,其中部分泥沙随着汛前泄水进入小浪底水库,若通过多座水库联合调度,可塑造出满足异重流排沙的水沙过程,利用异重流排出部分泥沙以减少水库淤积。来于自身的泥沙为堆积在水库上段的淤积物,可随着入库较大流量的冲刷而悬浮,其中较细者会以异重流的形式排泄出库。

黄河三次调水调沙试验过程中,针对不同的来水来沙状况、水库蓄水状况及边界条件,提出不同的调水调沙模式。而不同调度模式中针对小浪底水库泥沙的调度即是针对异重流的塑造或输移的调度。通过合理调度达到利用水库异重流排沙而实现减少水库淤积、增加坝前铺盖、调整淤积形态等多种目标。

(一)自然洪水异重流的调度与利用

黄河中游汛期往往发生较高含沙量洪水,对处于拦沙期的小浪底水库而言,充分利用异重流排沙是减少水库淤积的有效途径。在黄河首次及第二次调水调沙试验中,充分利用水库异重流排沙特点及规律,实现了多目标的调度。

1.利用水库调节异重流满足调度指标

黄河首次调水调沙试验以保证黄河下游河道全线不淤积或冲刷为主要目标之一,因此实时调度预案要求控制黄河花园口站流量不小于 2 600 m^3/s,历时不少于 10 天,平均含沙量不大于 20 kg/m^3。显然,对含沙量的调控,尤其是通过对泄水建筑物众多孔洞的组合实现对含沙量调控是非常困难的。在调水调沙试验过程中,基于对异重流输移规律的认识,通过合理调度而满足了调度指标。

(1)根据中游来水来沙情况,利用掌握的小浪底水库异重流输移特点及规律,对异重流产生、传播时间、输移及排沙、坝前水沙分布等进行预测。

(2)在此基础上,通过频繁启闭三门峡水库的泄水孔洞,对中游天然水沙过程进行了有效调控,使下泄水沙过程能在小浪底水库产生持续的异重流排沙过程。

(3)合理启闭小浪底水库不同高程的泄水孔洞,在满足发电要求的前提下,泄水建筑物使用原则为"先高后低",即优先使用明流洞,适时开启排沙洞。

水库联合调度结果使小浪底出库平均流量 2 741 m^3/s,平均含沙量 12.2 kg/m^3,保证了出库含沙量不大于预案确定的指标。

2.利用异重流形成坝前铺盖

小浪底水利枢纽两岸坝肩渗漏问题急需解决,水库运用需适当兼顾尽快形成坝前铺盖。国内外许多工程实践表明,利用坝前淤积是减少坝基渗漏最经济有效的措施。

黄河首次调水调沙试验将形成坝前铺盖作为试验目标之一。试验过程中,为满足调度预案中对出库含沙量的控制指标,在异重流到达坝前后,控制了浑水泄量,部分含沙水流被拦蓄而形成浑水水库,坝前清浑水交界面最高达 197.58 m。悬浮在浑水中的泥沙最终全部沉积在近坝段,使水库渗水量显著减少。

3.利用异重流形成的浑水水库实现水沙空间对接

水库异重流运行至坝前后,若不能及时排出库外,则会集聚在坝前形成浑水水库。由于浑水中悬浮的泥沙颗粒非常细,泥沙往往以浑液面的形式整体下沉,且沉速极为缓慢。

浑水水库的沉降特点,可使水库调水调沙调度更为灵活。2003 年调水调沙试验,正是利用了这一特点而实现了水沙的空间对接。

2003 年 8 月上旬洪水在小浪底水库形成的浑水水库沉降极其缓慢,至 8 月 28 日浑水水库清浑水交界面高程变化不大。8 月底小浪底水库再次产生的异重流到达坝前之后,坝前清浑水交界面在前期浑水水库的基础上再一次迅速抬升,9 月 3 日达到最高 204.16 m,厚度为 22.2 m。经粗略估算,浑水水库体积最大时约 9 亿 m³,沙量最大时近 1 亿 t。

黄河第二次基于空间尺度的调水调沙试验的特色即是:利用小浪底水库异重流及其坝区的浑水水库,通过启闭不同高程泄水孔洞,塑造一定历时的不同流量与含沙量过程,加载于小浪底水库下游伊洛河、沁河入汇的"清水"之上,并使其在花园口站准确对接,形成花园口站较为协调的水沙关系。调水调沙期间,小浪底水库排沙量为 0.815 亿 t,基本上将前期洪水形成的异重流所挟带至坝前的大部分泥沙排泄出库,同时实现了水库尽量多排泥沙且黄河下游河道不淤积的多项目标。

4. 利用水库联合调度延长异重流排沙历时

在水库边界条件一定的情况下,若要水库异重流持续运行并获得较好的排沙效果,必须使异重流有足够的能量及持续时间。异重流的能量取决于形成异重流的水沙条件,进库流量及含沙量大且细颗粒泥沙含量高,则异重流的能量大,具有较大的初速度;异重流的持续时间取决于洪水持续时间,若入库洪峰持续时间短,则异重流排沙历时也短,一旦上游的洪水流量减小,不能为异重流运行提供足够的能量,则异重流将很快停止而消失。

三门峡水库的调度可对小浪底水库异重流排沙产生较大的影响。当黄河中游发生洪水时,结合三门峡水库泄空冲刷,可有效增加进入小浪底水库的流量历时及水流含沙量,对小浪底水库异重流排沙是有利的。

(二)人工异重流的塑造与利用

黄河第三次调水调沙试验,是在黄河中游未发生洪水的情况下,通过万家寨、三门峡与小浪底水库精确联合调度,充分利用万家寨、三门峡水库汛限水位以上水量泄放的能量,借助自然的力量,冲刷三门峡水库非汛期淤积的泥沙与堆积在小浪底库区上段的泥沙,塑造异重流并排沙出库,实现了水库排沙及调整其库尾段淤积形态的目的。

1. 基于异重流输移等规律制定预案并科学调度

人工塑造异重流,并使之持续运行到坝前,必须使形成异重流的水沙过程满足异重流持续运动条件。从物理意义来说,必须使进库洪水供给异重流的能量能克服异重流沿程和局部的能量损失,否则异重流将在中途消失。

事实上,三门峡及万家寨水库泄流量及时机是优化第三次调水调沙试验的关键因素,两库泄量的大小及时机决定了水库冲刷量、水库淤积形态调整过程及排沙效果。在预报的来水来沙、水库蓄水及河床边界条件下,基于对小浪底水库异重流潜入条件、持续运动条件、排沙能力及对三门峡水库与明渠流水沙运动规律的认识,分析三门峡、万家寨水库在不同泄水时机及流量过程条件下三门峡水库及小浪底水库冲刷过程及异重流排沙效果,进行了多种方案的优化比选,并对一些关键技术问题进行了重点研究。

1)三门峡出库流量的量级

三门峡水库下泄流量的目标是调整小浪底库区淤积形态并塑造小浪底水库异重流。

因此,选择三门峡水库下泄流量的大小主要考虑两方面的因素:一是充分调整小浪底库尾淤积三角洲形态,即使小浪底水库上段在横向及纵向均得到充分调整;二是在水流冲刷小浪底库尾淤积三角洲时有较大的能量,使悬浮到水体中的泥沙满足异重流产生并持续运行的需要。通过研究,确定三门峡水库下泄流量应不小于 2 000 m³/s。

2)万家寨水库与三门峡水库泄流的对接

水库形成异重流排沙,不仅需满足一定的流量及历时,而且需满足水流中具有足够的细颗粒泥沙含量。因此,确定万家寨与三门峡水库泄量及泄流时机,既要保证两库泄流衔接,还应保证水流在传播的过程中,能冲起并挟带一定量的泥沙。不同调度方案分析结果表明,三门峡出库的沙峰来自该水库临近泄空及接踵而来的万家寨来水在该库区的敞泄冲刷。因此,万家寨水库泄流与三门峡水库库水位对接的时机,应是万家寨水库泄流在三门峡水库库水位下降至 310 m 及其以下时演进至三门峡水库,并且在来自万家寨水库的水流传播至三门峡水库后,适当加大三门峡下泄流量,使水库迅速泄空,营造万家寨来水可产生沿程冲刷与溯源冲刷的边界条件,最大限度地冲刷三门峡水库淤积物,为小浪底水库异重流提供连续的水源动力和充足的细泥沙来源。

3)水流与泥沙含量的配置

水流中泥沙含量,特别是细颗粒泥沙含量是异重流排沙的关键。从小浪底水库淤积三角洲的形成过程看,其中的细颗粒泥沙含量相对较少。因此,塑造小浪底水库异重流的沙源应有两个:一是小浪底水库尾部的淤积三角洲,主要靠三门峡水库下泄较大流量冲刷使之悬浮;二是三门峡水库槽库容里的细泥沙,要靠万家寨水库泄流在三门峡水库低水位或空库时冲刷排出。实践表明,在三门峡水库按 2 000 m³/s 流量下泄时,小浪底水库淤积三角洲发生了强烈冲刷,被冲起并悬浮的泥沙使水库回水末端附近的河堤站含沙量达36~120 kg/m³,进而形成异重流,将三角洲泥沙挟带至水库下段,对调整库区淤积形态发挥了作用。万家寨水库泄流进入三门峡水库之时,三门峡水库加大下泄流量。随着三门峡水库的临近泄空,较大的流量挟带库区泥沙,形成较高含沙量水流进入小浪底水库后继续冲刷其淤积三角洲,并形成异重流。万家寨水库的来水相继冲刷三门峡库区及小浪底库区三角洲,形成的较高含沙水流作为异重流的后续动力,实现了异重流排沙出库的目的。

2.试验达到了预期目标

黄河第三次调水调沙试验达到了以下试验目标:

(1)小浪底库尾淤积形态得到调整。通过小浪底库尾扰动及水流自然冲刷,小浪底水库尾部淤积三角洲顶点由距坝 70 km 下移至距坝 47 km,淤积三角洲冲刷泥沙 1.38 亿m³,库尾淤积形态得到合理调整。

(2)人工塑造异重流排沙出库。人工异重流塑造分两个阶段:一是从 7 月 5 日 15 时始,三门峡水库清水下泄,小浪底水库淤积三角洲发生了强烈冲刷,异重流在库区 HH34断面(距坝约 57 km)潜入,并持续向坝前推进;二是 7 月 7 日 8 时万家寨水库泄流和三门峡水库泄流对接后加大三门峡水库泄水流量,并冲刷三门峡库区淤积的泥沙。7 月 8 日13 时 50 分,小浪底库区异重流排沙出库。

(3)深化了对异重流运动规律的认识。第三次调水调沙试验,经历了实践—认识—实践的过程。通过对调水调沙试验的总结,将实现再认识的过程,这对今后小浪底水库调水调沙具有重要意义。

三、小结

(1)小浪底水库拦沙初期,进入水库的泥沙惟有形成异重流方能排泄出库。显而易见,通过水库合理调度,可充分利用异重流的规律,达到延长水库寿命的目的。

(2)通过对小浪底水库异重流实测资料整理、二次加工和分析,水槽试验及实体模型相关试验成果,结合对前人提出的计算公式的验证等,提出了可定量描述小浪底水库天然来水来沙条件及现状边界条件下,异重流持续运行条件、干支流倒灌、不同水沙组合条件下异重流运行速度及排沙效果的表达式,在调水调沙试验中发挥了应有的作用。

(3)黄河首次及第二次调水调沙试验,充分利用了水库异重流排沙特点及规律,针对黄河自然发生的较高含沙量洪水,通过合理调度,实现了减少水库淤积、形成坝前铺盖、实现水沙空间对接等多项目标。

(4)黄河第三次调水调沙试验,充分利用万家寨、三门峡水库汛限水位以上水量,通过万家寨、三门峡与小浪底三库联合调度,借助自然的力量,冲刷三门峡水库非汛期淤积物与堆积在小浪底库区上段的泥沙,进而塑造异重流并排沙出库,达到了水库排沙及调整库尾段淤积形态的目的。

第四节　调水调沙试验中的水文监测和预报技术

一、试验的监测体系

(一)监测体系的建设

要保证调水调沙试验总体目标的实现,完善的原型监测体系是十分重要的。早在2002年黄河首次调水调沙试验以前,黄委就开始进行黄河中下游水库、河道原型监测体系的建设工作。在现有的水文测验站网和设施的基础上,对小浪底水库和下游河道的原型监测站网(断面)、测验设施、观测仪器、观测技术和组织管理等方面进行了大规模的更新和加强,采取的主要措施如下:

(1)完善了小浪底水库异重流测验断面,丰富了水库异重流的观测内容。

(2)加密了下游河道淤积测验断面,使得断面总数由过去的154个增加到373个,平均断面密度接近1个/2 km。

(3)购置了大批 GPS、ADCP、浑水测深仪、激光粒度分析仪等先进的测验仪器和设备,水文测验的科技含量和自动化程度大大提高,提高了观测精度,缩短了测验历时。

(4)针对黄河特殊的水沙特性,成功研制了振动式测沙仪、清浑水界面探测仪、多仓悬移质泥沙取样器等一大批水文测验仪器;成功开发了自动化缆道测流系统、水情无线传输系统、测船自动测流系统等先进的水文测报系统;研制、开发了水库水文测验数据信息管理系统、河道淤积测验信息管理系统、水文情报预报系统等软件,"数字水文"已经初显雏形。

（5）编制完成了完善的、适应调水调沙试验的水文测验、水情预报方案，制定了适用于黄河的水文测验技术标准和技术要求。

（6）健全了测验组织和测验管理机构，做到了任务明确、分工科学、人员精干、反应迅速。

（二）监测体系的组成

黄河万家寨水库、三门峡水库、小浪底水库、黄河下游河道和河口滨海区已建成的较为完善的原型监测体系，共包括 734 个淤积测验断面、25 个基本水位站和 19 个水文站（万家寨水库以下），配备了完善的测验设施和先进的测验仪器，三次调水调沙试验期间，全面开展了水位、流量、含沙量、异重流和水库、河道测验等项目。

1. 万家寨—三门峡水库水沙测报

根据调水调沙试验调度预案的总体设计，为在小浪底水库适时形成异重流，采用万家寨、三门峡和小浪底三库联合调度的运用方式。因此，万家寨—三门峡河段必须加强水沙测验工作。

1）水位观测

调水调沙试验期间史家滩水位站的水位观测要求如下：

（1）观测手段：遥测水位计配合人工观测。

（2）观测次数：使用遥测水位计观测者，每日在 8 时、20 时进行人工校测；人工观测平水时按 4 段制观测，每日 2 时、8 时、14 时、20 时各观测 1 次；洪水过程中每 2 h 观测 1 次；峰顶附近加密测次。

府谷、吴堡、龙门、潼关、华县 5 水文站采用自记水位计观测水位，并在 8 时、14 时、20 时 3 次进行人工校测。及时点绘水位过程线，做到随观测随点绘，发现问题及时分析解决。

2）流量测验

万家寨、河曲、府谷、吴堡、白家川、龙门、潼关、华县 8 站每日实测 1 次流量并及时点绘过程线。

3）含沙量测验

万家寨、河曲、府谷、吴堡、白家川、龙门、潼关、华县 8 站每日取单沙 2 次，当含沙量有明显变化时增加测次，严格控制含沙量变化过程。泥沙颗分留样应能控制含沙量变化过程，兼作颗分的沙样同时加测水温。

在调水调沙试验期间各站施测输沙率不少于 5 次，并加取河床质。兼作颗分的测点同时测记水温。输沙率测次中至少安排 60% 的测次取样作颗粒分析。所测沙样一部分在调水调沙试验结束后分析，一部分按常规方式送样。

4）水情拍报

每日 14 时、20 时定时上报水情，在洪水期间按照汛期报汛的要求安排报汛段次。

2. 小浪底库区水文泥沙测验

1）进、出库水沙测验

在调水调沙试验期间，龙门、华县、潼关、三门峡、小浪底站的测验工作以完整控制水位变化过程为原则，水位观测采用自记水位计，小浪底水文站在调水调沙试验期间应加强输沙率测验,输沙率测验的同时采取河床质。

2)库区水沙因子测验

(1)水位观测。库区水位变化平稳,日变化小于 1.0 m 时,每日 2 时、8 时、14 时、20 时各观测 1 次;水位日变化超过 1.0 m 时,每 2 h 观测 1 次;水位涨落率大于 0.15 m/h 时,每 1 h 观测 1 次。

(2)含沙量观测。含沙量变化平稳时,每日取样 1 次;有明显变化时,增加取样次数,控制含沙量变化的全过程。

(3)输沙率测验。河堤水沙因子站在库区水位降低、测验断面不受水库回水影响时,每次洪水过程中流量测验要控制完整的洪水,输沙率测验不少于 3 次,同时取河床质并适当增加测速垂线数和含沙量测点数。

3)小浪底库区淤积测量

小浪底库区淤积测量主要是对已布设的 174 个固定断面开展监测,具体要求如下:

(1)小浪底库区黄河干流 56 个断面。

(2)河底高程低于前次淤积测量至调水调沙试验结束期间最高库水位的支流淤积断面。

(3)断面测量的同时测取河床质,河床质取样在偶数断面上进行,当断面出现滩地时进行干容重取样。

4)近坝区水下地形测量

坝前 0~4.2 km(坝前至 HH4 断面)范围内所布设的 21 个淤积测验断面,采用固定断面法施测,使用 GPS 导航定位、双频测深仪测深。

5)异重流测验

(1)观测项目。异重流的厚度、宽度、发生河段长度和发生河段沿程水位、水深、水温、流速、含沙量、泥沙颗粒级配的变化以及泄水建筑物开启情况等。

(2)观测断面。基本断面依次为坝前、桐树岭、HH9、河堤断面,进行固定断面测验;辅助断面 5 个,依次为 HH5、HH13、HH17、沇西河口、潜入点,进行主流线测验。

(3)测船。小浪底库区异重流测验安排测船 9 艘,其中小浪底 1 号测船施测河堤水沙因子断面,小浪底 2 号测船施测桐树岭水沙因子断面,小浪底 3 号测船施测沇西河口断面兼作生活基地,小浪底 007 号快艇作为异重流测验指挥调度船。此外,从小浪底水文站上运小型铁壳船 1 艘、租借民船 4 艘,作为其他监测断面的测验用船。

(4)测验设备。

定位:断面定位采用 GPS 或利用断面标志定位,测验垂线定位采用激光测距仪。

测深:采用浑水测深仪配合铅鱼测深。除 4 个基本断面测船采用浑水测深仪外,其余各测船配备统一规格的测深仪器和设备。

流速、流向、泥沙测验:采用铅鱼悬挂流速仪、流向仪、测沙仪。每条测船至少保证一套流向仪。在具备条件的前提下,尽量采用 ADCP 进行流速测验。

泥沙处理及颗粒分析:泥沙处理采用电子天平称重处理,颗粒分析采用激光粒度分析仪。

6)库区水位观测

调水调沙试验期间,库区尖坪、白浪、五福涧、河堤、麻峪、陈家岭、西庄、桐树岭等 8 处水位站加密观测。

库区水位变化平稳时每日观测 4 次(2 时、8 时、14 时、20 时);水位日变化大于 1.0 m 时,每 2 h 观测 1 次;水位涨落率大于 0.15 m/h 时,每 1 h 观测 1 次。

3.下游水文泥沙及河道断面测验

根据调水调沙试验的总体方案,确定花园口水文站为调水调沙试验水库调度水沙参数控制站,艾山水文站为调水调沙试验下游减淤及泥沙扰动信息反馈站。

1)下游水文泥沙测验和水位观测

(1)水位观测。

观测断面:裴峪、官庄峪、苏泗庄、杨集、国那里、黄庄、南桥、韩刘、北店子、刘家园、清河镇、张肖堂、麻湾、一号坝、西河口等 15 处委属水位站。

观测手段:人工观测或遥测水位计观测。

观测次数:使用遥测水位计观测者,每日在 8 时、20 时进行人工校测;人工观测平水时按 4 段制观测,每日 2 时、8 时、14 时、20 时各观测 1 次;洪水过程中每 2 h 观测 1 次;峰顶附近加密测次。

(2)水文测验。

水位观测:花园口、艾山 2 站采用自记水位计观测水位,每日按 6 段制要求进行人工校测,其他各水文站在 8 时、14 时、20 时 3 次进行人工校测。及时点绘水位过程线,做到随观测随点绘,发现问题及时分析解决。

流量测验:调水调沙试验期间每日实测 1 次流量并及时点绘过程线。

单沙测验:含沙量变化平稳时,花园口、艾山 2 站每日 4 时、8 时、12 时、16 时、20 时、24 时取单沙 6 次,测验仪器以振动式测沙仪为主,常规测验设备为辅助手段。其他各站每日取单沙 2 次。以上单沙不包括输沙率测验时的相应单沙。当含沙量有明显变化时,应增加测次,严格控制含沙量变化过程。泥沙颗分留样应能控制含沙量变化过程,兼作颗分的沙样同时加测水温。

输沙率测验:花园口、艾山 2 站在调水调沙试验期间施测输沙率不少于 10 次,其他各站不少于 5 次,并加取河床质。兼作颗分的测点同时测记水温。输沙率测次中至少安排 60%的测次取样作颗粒分析。花园口、艾山 2 站本日所取颗分沙样应在次日 14 时前完成颗粒分析,其他各站所测沙样一部分在调水调沙试验结束后分析,一部分按常规方式送样。

水情拍报:花园口、艾山 2 站按 6 段制上报水情,其他各站每日 14 时、20 时定时上报水情,在洪水期间按照汛期要求安排报汛次数。

2)下游河道典型断面冲淤监测

为及时了解调水调沙试验期间下游各河段冲淤变化的过程,继续开展小浪底、花园口、夹河滩、高村、孙口、艾山、泺口、利津、潘庄和丁字路口等 10 个断面的冲淤变化监测工作,并加强断面冲淤变化过程的分析。

调水调沙试验期间,每日进行 1 次过水断面测量(不含流量测验的断面测量),并在次日 12 时以前将测量成果报黄委水文局,由水文局汇总后以电子文档的形式报黄委有关领导和部门。

3）黄河下游河道冲淤测验

在小浪底水库大坝至黄河河口近 900 km 的河道上共布设固定淤积测验断面 373 个，其中高村以上河段 155 个，高村以下河段 218 个。

河道淤积断面测量包括水下测量、岸上和滩地测量。岸上及滩地测至汛前统测以来本断面最高水位以上 1~2 个地形点或者借用上次测量成果。

在调水调沙试验期间，将在黄河下游"二级悬河"形势严重和平滩流量最小的河段进行泥沙扰动作业，在泥沙扰动开始、期间和之后，按照泥沙扰动实施方案的要求进行观测。

调水调沙试验结束后进行淤积测量，范围为小浪底以下河段内的所有淤积断面，各断面测至最高水位以上。

4）淤积断面河床质测验

在进行河道淤积测验的同时，对 78 个淤积断面进行河床质取样与泥沙颗分工作（见表 3-30）。

各断面取样垂线的布设、取样数量以及取样方法都严格按照水文泥沙测验规范的规定进行。

表 3-30 取样断面分布

河段	固定断面	专用断面
小浪底—高村河段（28 个）	小铁 3 断面、小铁 5 断面、白鹤、铁谢、下古街、花园镇、马峪沟、裴峪、伊洛河口、孤柏嘴、罗村坡、官庄峪、秦厂、八堡、来童寨、辛寨、黑石、韦城、黑岗口、柳园口、古城、曹岗、东坝头、禅房、油房寨、马寨、杨小寨、河道	
高村以下河段（50 个）	高村（四）、双合岭、苏泗庄、彭楼、史楼、徐码头、杨集、龙湾、孙口、大田楼、路那里、十里堡、邵庄、陶城铺、位山、王坡、艾山（二）、大义屯、朱圈、娄集、官庄、阴河、水牛赵、曹家圈、泺口（三）、霍家溜、王家梨行、刘家园、张桥、董家、杨房、齐冯、贾家、道旭、王旺庄、张家滩、利津（三）、东张、一号坝、朱家屋子、6 号、清 1、清 3、清 4、清 7、汊 2	刘庄、李天开、杨道口、张肖堂

5）丁字路口临时水文站测验

丁字路口临时水文站因河势改变，已不具备流量测验的条件，不再进行流量测验，保留水位观测和断面监测任务。

（1）水位采用直立式水尺人工观测。

（2）调水调沙试验期间水位日变幅小于 0.1 m 时，每日观测四次（2 时、8 时、14 时、20 时）；水位日变幅在 0.1~0.4 m 之间，每 2 h 观测 1 次；水位日变幅超过 0.4 m 时，每 1 h 观测 1 次；洪峰起涨及峰顶附近增加测次。

（3）调水调沙试验期间，每日实测 1 次过水断面，并在次日 12 时前上报。

6）黄河口拦门沙水下地形测验

（1）观测范围：河口两侧各 10 km 范围内的浅水滨海区，自海岸向外延伸 15~25 km，测绘面积 450 km^2；河道内自拦门沙坎坡底开始，沿河流方向，按河道中泓线、两侧水边三条线向上游测至清 6 断面，口外拦门沙中泓线测至 15 m 水深，两侧测出河口海岸形态。

(2)测验内容:81 个水下地形断面、60 km 河道纵断面水深测量;开展孤东、河口北烂泥、截流沟 3 个潮位站的潮汐观测;在黄河河道内设立丁字路口、汊 1 及河口口门三处水位站观测水位;在 1、11、…、81 等 11 个断面进行海底质取样;在河道主流线进行河床质取样,取样间隔 2.5 km。

7)下游河道河势观测

(1)在小浪底—陶城铺河段流量为 2 000 m³/s 时,进行一次该河段的河势观测,同时进行渔洼—河口口门 60 km 范围内的河势观测。

(2)观测方法:GPS 定位、机船配合小船测量、1:10 000 测图、1:50 000 成图。

(3)观测内容:主流线 1 条、水边线 2 条、鸡心滩、流路岔口及其他河流要素,内业资料整理、河势图点绘、清绘等。

二、试验的预报体系

水文气象情报预报是开展调水调沙试验的哨兵。调水调沙试验期间,在有关测站进行空前的加密测验和报汛的同时,加强了黄河中、下游的中、短期天气和降水分析及预报,并对潼关站、小浪底至花园口区间以及黄河下游花园口等干流 7 个水文站的径流进行了分析和预测,为小浪底水库调水调沙试验的顺利实施提供了可靠的决策依据。新开发的黄河中下游洪水预报系统,为提高水情预报的时效性、准确性,满足调水调沙试验需要起到了决定性的作用。

(一)预报体系和精度要求

1. 预报站点和预报内容

(1)预报站点包括潼关、小浪底、黑石关、武陟、花园口、夹河滩、高村、孙口、艾山、泺口、利津等 11 处水文测站。在调水调沙试验期间,对上述各站可能出现的中小洪水及时作出预报(花园口洪水达到 4 000 m³/s 以上时,按照汛期正常洪水预报要求执行,下同)。

(2)开展中期天气预报。

(3)开展短期降雨及产汇流预报。

(4)开展中、短期径流预报(预估)。

2. 洪峰的预报精度要求

洪峰的预报精度,按照《水文情报预报规范》(SL250—2000)和《黄河汛期水文气象情报预报工作责任制(试行)》的要求评定。

3. 中下游站洪水预报的时间要求

黄河下游各测站的洪水预报应在上游站洪峰出现后 2 h 内作出。如花园口站出现洪峰后,2 h 内作出夹河滩站的洪水预报及高村站的参考预报等。

4. 测站径流量及其过程预报(估算)及精度要求

(1)潼关水文站未来 2 天径流量预报。

(2)潼关水文站未来 3~7 天径流总量预估。

(3)小浪底到花园口区间未来 36 h 洪水过程在花园口的相应过程滚动预报。

(4)小浪底到花园口区间未来 2 天逐日径流量预报。

(5)小浪底到花园口区间未来 3~7 天径流总量预估。

由于汛期中期径流及其过程预报、预估暂无规范、标准可依,因此对调水调沙试验期间中期径流预报、预估精度暂不作要求,而是依据具体要求而定。

5.洪水预报制作要求

洪水预报制作,必须经过集体讨论会商,并签署预报、审核、签发人姓名。

(二)预报方案的准备制作

黄河中下游原有的各种洪水的预报方案,都是根据历史上发生的较大洪水(4 000 m³/s以上洪峰)的资料制作的,其目的是为防御洪水提供决策依据,立足于预报较大洪水。而调水调沙试验针对的是中小洪水。因此,需要对历史上的中、小洪水(洪峰2 000～4 000 m³/s)进行分析,在分析的基础上建立或更新中、小洪水和径流的预报方案,以满足调水调沙试验对洪水预报的要求。更新内容包括以下方面:

(1)整理、分析历史上6～9月头道拐—万家寨、万家寨—府谷、府谷—吴堡、吴堡—龙门、龙门—潼关、三门峡库区、三门峡—小浪底、小浪底—花园口区间以及花园口、夹河滩、高村、孙口、艾山、泺口、利津站2 000～4 000 m³/s的洪水(包括洪水来源与组成、洪水特点等)及旬、月径流量。

(2)在资料分析的基础上修订、完善黄河中游北干流龙门和华县、河津、洑头、潼关、三小区间、小花区间(黑石关、武陟等)以及花园口、夹河滩、高村、孙口、艾山、泺口和利津等站的洪水(或径流)预报方案。

(3)为了掌握黄河中下游主要控制站的洪水、径流情势,在调水调沙试验期间需对潼关、小浪底、花园口、夹河滩、高村、孙口、艾山、泺口、利津、黑石关、武陟等11站的中、小洪水进行加密报汛,调水调沙试验期加报每日14时、20时及实测水情资料。根据试验需要随时增加加报的频次和内容。5月底之前落实上述各站加密报汛任务,并下达加密报汛任务书。

(三)黄河中下游气象水文预报系统的建立

经过多年的努力,黄河中下游已建成了洪水预报系统。根据调水调沙试验的新要求,黄河中下游新建洪水预报系统具备了比较完善的计算机软件系统功能,可以将洪水过程预报与水库调度运用密切结合起来,实现黄河中下游实时洪水预报调度交互会商、仿真一体化功能。

1.预报系统功能

本系统开发以现有成果为基础;整理现有预报模型与调度模型,使之通用化,可被预报和调度双方共用;洪水预报与调度采用分布式运行;洪水预报与调度结果以自动报警的方式进行交互。该系统的完成,可以通过计算机网络传递,调度和预报作业互为可视、互为调用。因此,预报作业可以模拟调度,调度作业又可得到洪水仿真计算,可为调水调沙等科学调度提供较充分的信息。二者合理配置、相互协调,构成一个较为完整的调水调沙决策支持体系。

本系统由信息查询、数据处理、模型率定和洪水预报四部分组成,其功能分别叙述如下。

(1)信息查询功能:主要用于流域概况、实时水情、历史洪水、洪水预报成果、调度成果、河道形态等信息的检索与显示,为预报人员提供相关信息,亦作为预报会商的一种辅助工具。查询结果主要是以图形、图表、文字等多种形式来显示。

（2）数据处理功能：主要用于处理洪水预报、模型参数率定、洪水仿真计算等所需的规范数据，如雨量、流量序列的插补、展延。

（3）模型率定功能：用于产汇流预报模型参数优选。

（4）洪水预报功能：是本系统的核心，可用于实时洪水预报、洪水仿真计算。实时洪水预报就是根据实时雨、水、工情，进行流域产汇流或河道洪水演进预报，为实时调度提供依据。洪水仿真计算则是根据典型洪水资料，将降雨或洪水过程缩放，进行产汇流及洪水演进模拟，为制作下一阶段的调度方案提供依据。

根据洪水预报任务，本系统的洪水预报覆盖范围为黄河中下游干支流重点河段。系统实现了府谷—龙门、龙门—潼关、黄河下游花园口以下河道洪水演进及三花区间降雨径流预报，还可根据调度方案进行三门峡、小浪底、陆浑、故县四库调洪演算及东平湖分洪计算。洪水预报包括下列功能：

（1）降雨径流预报：根据流域降雨过程和下垫面情况，利用水文模型进行流域产汇流计算。

（2）洪峰流量相关：利用上下断面洪峰流量相关法进行下断面洪峰流量、峰现时间预报。

（3）流量演算：采用水文学方法进行河道洪水演进计算。

（4）特殊问题处理：主要是指对小花区间中小水库群、伊洛河夹滩地区、沁北滞洪区、黄河下游及小北干流滩区等影响正常洪水演进的特殊情况所进行的经验处理。

（5）调洪及分洪演算：根据调度运用方案，进行三门峡、小浪底、陆浑、故县四库调洪演算以及东平湖分洪计算。

（6）实时校正：根据已出现的实测流量，对预报流量值进行反馈模拟校正。

2. 黄河中期降水预报

采用天气学、统计学和数值预报相给合的方法，利用欧洲中心和中央台的数值预报产品，并把数值预报结果作为实时资料在预报中加以应用，从关键区天气形势、高低压中心、特征等值线以及两点差等方面，寻找和当前天气形势相似的历史形势，计算实时天气形势和历史形势的相似程度，按相似指数进行顺序排列，经过相似统计、相似过滤和择优集成，制作出潼关、小花区间等 4～7 天降雨过程预报。

3. 黄河中游 4～7 天径流量预报

由于黄河中游以及小花区间径流量的影响因素较多，所以首先要对黄河中游和小花区间各区域降雨、径流变化特点及影响因素进行综合分析，使用方法为成因分析和数理统计，在可靠的物理成因基础上，建立预报因子和径流之间的相关关系。根据黄河中游和小花间未来 4～7 天降水预报，考虑降雨量、前期径流量、水库下泄量、区间可能耗水量等影响因素，采用多种统计方法（如河道洪水演算）和水文模型（如降雨径流关系）进行预报计算，建立 7 天径流预报模型，制作出黄河中游各河段出口断面以及小花区间黑石关、武陟站的 7 天径流预报。

（四）黄河中游洪水预报模型和方法

黄河中游的洪水预报主要是河道洪水演进，其预报模型基本是洪峰流量相关和马斯京根流量演算，以及针对小北干流漫滩洪水所进行的经验处理。

1. 洪峰流量相关

洪峰流量相关是水文预报中简单而实用的方法,在只要求预报洪峰流量和峰现时间时,该法简捷迅速,因此目前仍在使用。

本法主要是根据相应流量的基本原理,即用已知上站的流量,预报一定时间(传播时间)后下站的流量。

因为黄河中游的洪水来自于不同区间(河龙区间、泾河、渭河、北洛河),洪水来源不同,洪水特性也不同,根据多年资料分析,洪水过程的形状对洪水演进影响较大,为此加进了综合峰形系数这个反映洪水特性的特征参数。

在本系统中,共有 5 种相关关系:府谷及区间支流~吴堡洪峰相关,吴堡及区间支流~龙门洪峰相关,龙门~潼关洪峰相关,龙、华、河、洑~潼关洪峰相关,张家山、临潼~华县洪峰相关。其相关关系用离散数据表示,放在数据文件中,用抛物线法进行插值计算。只需输入上站洪峰流量、峰现时间及峰形系数。

2. 河道洪水流量演算

河道洪水演算一般采用的是马斯京根法,该法是河道洪水演算的基本方法,其基本依据是圣维南方程组,用运动波的数值扩散特性来模拟天然河道扩散波。

3. 小北干流漫滩洪水处理

黄河中游自龙门至潼关,全长 100 多 km,其间主要加入支流的出口控制站有龙门、河津、洑头、华县 4 个水文站。河道游荡多变,主流摆动剧烈,河槽冲淤变化频繁,两岸有滩地和护岸约束,坝头之间有大小不一的滩地,滩地边缘有生产堤围护。一般洪水(近期只有 2 000 m^3/s)由主槽排泄,较大洪水则出槽漫滩。从 1954 年至 2003 年的几十场洪水来看,河床变动对洪水演进影响较大,河道逐年萎缩使洪水演进规律遭到破坏,漫滩后滩区生产堤也有较大影响。由于河道两侧生产堤的不连续以及各河段的漫滩标准不一,因此可以将滩区与大河隔开,并分隔成众多闭合或非闭合的小集水区域,一旦洪水漫滩,就会明显削减洪峰,滞蓄部分洪水,加大洪水过程变形,并大大延迟峰现时间。

根据以上分析,对洪水漫滩问题进行处理的途径与黄河下游类似。可以将每个河段的滩地概化为一个线性水库,发生漫滩洪水时将漫滩流量以上部分再进行一次水库调洪演算。也可以对河段中每块闭合(准闭合、非闭合)的滩地分别进行处理,洪水一边向下演进,一边沿途进滩扣损。用马斯京根法做一般洪水演算,发生漫滩洪水时,漫滩流量以上部分再进行水库型调洪演算并扣除损失量,所得结果即为预报成果。

(五)黄河小花区间洪水预报方法

小花区间自然地理条件比较复杂,加之降雨时空分布很不均匀,因此建立的是综合分散性模型,即将全区分块,每块又划分为若干单元,分别进行产汇流计算。采用的产流模型有降雨径流相关模型、霍顿下渗模型、包夫顿下渗模型、新安江三水源模型和坦克模型,汇流模型为单位线。此外,还有水库调洪演算、特殊问题处理及实时校正等模型。

1. 降雨径流相关模型

降雨径流相关模型是建立产流量与降雨和前期影响雨量三者相关图。

2. 下渗模型

下渗模型一般采用霍顿模型和包夫顿模型。霍顿模型也称超渗产流模型,在整个三花区间应用情况好于其他模型,这与区间的下垫面条件及降雨特性有关。包夫顿模型适应于沁河中上游区域。

3. 新安江模型

新安江模型为蓄满产流模型,应用在三门峡至小浪底区间和小浪底、黑石关、武陟至花园口区间,由于该区间地下径流、壤中流所占比重很小,因此略去了水源划分。

流域蒸散发计算采用三层模型,即将流域平均张力水容量划分为表层、下层和深层三部分。降雨首先补充表层,表层蓄满后即补充下层,该层蓄满后再补充深层。蒸发首先在表层进行,表层水分蒸发完毕,下层水分再蒸发,当下层水量蒸发殆尽,最后开始蒸发深层水量。

4. 坦克模型

坦克模型亦称水箱模型,采用本模型的分块为五龙口、山路平至武陟区间,选用四级串联型。

第一级水箱设 3 个出流孔,第二级设 2 个出流孔,第三、四级各设 1 个出流孔。第一级水箱反映地面径流,第二级反映壤中流,第三、四级反映地下径流。模型的基本原理是假定流域中各种径流成分及各级水箱的下渗是相应的积水深的函数,第一、二级水箱的多孔出流及以下各级水箱的出流具有考虑出流非线性效应的效果,雨水进入上层水箱,部分成为径流,部分进入次一级水箱,各级水箱的出流相加即为总的流域出流。为了适应半干旱地区的应用,第一级水箱的下部设计一种土壤水结构,水箱中的水分分为自由水和张力水两类。张力水分为上下两层。水分运行的原则是雨水首先供给上层水分,由上层向下层运行,直到上层饱和,然后剩余降雨作为地面径流流出,而上层土壤水逐渐慢慢地供给下层土壤水,当干旱时,由上层水箱减去蒸发,当自由水耗尽时,则由上层土壤水中扣除,当上层土壤水耗尽时,蒸发水分则由下层坦克自由水和下层土壤水供给。

5. 坡面汇流模型

本区各分块的单元汇流模型均采用纳希瞬时单位线模型。

6. 河道汇流模型

本区各河段的河道汇流计算采用马斯京根多河段连续演算模型。

7. 水库调洪演算

陆浑、故县、青天河等水库采用蓄率中线法进行调洪演算,以求得水库出流过程和水位过程。为便于计算机计算,将库容曲线 $W = f(Q)$ 和泄流曲线 $Q = f(H)$ 转换成函数表,用插值公式计算。

演算分控制出流和不控制出流两种情况,控制出流就是已经给定出流过程,则用调洪演算公式直接求水库水位过程;不控制出流即闸门敞泄,采用试算法,利用调洪演算公式求得水库出流过程和水位过程。

8. 中小水库群处理

三花区间有中小水库 400 多座,这些水库一般只有溢洪口门,且无闸门控制,因此对洪水的影响主要是拦蓄作用,调蓄作用一般很小,水库拦蓄量采用流域填洼公式计算。

9. 滞洪区处理和实时校正模型

本区有伊洛河的夹滩地区和沁河的沁北两处滞洪区,对于夹滩地区,当伊河龙门镇和洛河白马寺站流量分别超过 3 000 m³/s 时,即有可能决堤滞洪,演算方法有马斯京根法、经验槽蓄曲线法和水库蓄率中线法;对于沁北滞洪区,当沁河流量超过 2 500 m³/s 时,则自然滞洪,演算方法为马斯京根法。

由于流域特性和降雨分布的复杂性和多变性,用降雨径流或河道汇流作出的流量序列预报有时误差很大,需进行实时校正。本流域采用的是反馈模拟实时校正模型。该模型是充分利用已获得的实测流量信息,并根据这些已出现的实测流量与原预报流量值的关系,对未来的预报流量值进行反馈模拟。

(六)黄河下游洪水预报方法

黄河下游的洪水预报主要是河道洪水演进,其预报模型基本是洪峰流量相关和马斯京根流量演算,以及针对漫滩洪水所进行的经验处理。

1. 洪峰流量相关

本法主要是根据相应流量的基本原理,即用已知上站的流量,预报一定时间(传播时间)后下站的流量。在实际应用中,主要是用上站洪峰流量来预报下站洪峰流量。因为黄河下游花园口以下基本无旁侧入流,根据多年资料分析,洪水形状对洪水演进影响较大,为此加进了峰形系数这个反映洪水特性的特征参数。

在本系统中,共有多种相关关系:花园口～夹河滩洪峰相关,花园口～高村洪峰相关,花园口～孙口洪峰相关,夹河滩～高村洪峰相关,高村～孙口洪峰相关等。

2. 一般洪水流量演算

一般洪水流量演算采用的是马斯京根法,该法是河道洪水演算的基本方法,其基本依据是圣维南方程组,用运动波的数值扩散特性来模拟天然河道扩散波。

3. 漫滩洪水流量演算

对洪水漫滩问题进行处理的途径为:将每段河段的滩地概化为一个线性水库,发生漫滩洪水时将漫滩流量以上部分再进行一次水库调洪演算;对河段中每块闭合(准闭合、非闭合)的滩地分别进行处理,洪水一边向下演进,一边沿途进滩调蓄;将漫滩水流与大河水流在入流断面处分开,分别进行洪水演算,最后在出口断面进行叠加。

4. 滩区蓄率中线法

本法用马斯京根法做一般洪水演算,发生漫滩洪水时,漫滩流量以上部分再进行水库型调洪演算并扣除损失量,所得结果即为预报成果,其计算时段长为 8 h。滩区蓄率中线法有以下概化和假定:假设漫滩洪水是入库洪水过程,将滩区概化为一个完整的水库,出库站在河段中间;水库出库站水位与上下水文站相应流量可建立关系,并可用曼宁公式延长高水部分。蓄率中线工作曲线以离散点的形式表示,采用插值法进行求解。

5. 滩区汇流系数法

本法也是以马斯京根法为基础进行的一般洪水演算。发生漫滩洪水时将洪水在入流断面分成滩、槽部分分别演算,最后叠加得到预报结果。本方法的基本思想如下:

(1)洪水不漫滩时用马斯京根法演算。

(2)当大河流量达到一定值时,洪水将漫滩。

(3)漫滩后滩地水流独立向下演进,符合马斯京根法演进规律。

(4)滩地对水流的滞流作用用滞时处理。

(5)漫滩前后大河水流的演进参数不变。

6.逐滩演算法

河道洪水在自上而下的演进过程中不断经过各滩调蓄。因此,分河段进行处理正是本方法的基本思想。河槽和滩地均可用马斯京根法处理,但演算参数各不相同。根据实际情况,花园口到夹河滩之间不分滩,夹河滩到高村之间分为左滩(长垣滩)和右滩(东明滩),高村到孙口之间分为 7 个滩块。

(七)含沙量预报方法

塑造协调的水沙关系,要依靠水库群水沙联合调度,而水库群水沙联合调度的前提除对洪峰、洪量、过程有要求外,更需要对沙峰含沙量、过程含沙量进行预报或预估。当前,国内外对后者的研究几乎处于空白状态。为满足黄河调水调沙试验需求,开展了次洪最大含沙量试预报研究和实践。

泥沙输移不仅与上游的来水来沙条件有关,而且与河道的边界条件有关。随着含沙量的变化,水流形态会发生变化,当出现一些特殊的水文泥沙现象如"揭河底"、浆河时会更为复杂。黄河干流河道冲淤变化剧烈,基本属于不平衡输沙状态,泥沙在输移过程中,河床质与悬移质之间、滩地与主槽之间水沙交换规律也极为复杂。因此,含沙量预报难度很大。

根据调水调沙试验工作的需要,2003 年汛前,黄委多部门联合,开始对黄河中下游次洪最大含沙量的预报进行研究,采用上下游站简单相关等方法,制定了初步的预报方案,并在洪水预报的基础上发布了相关的最大含沙量试预报。

三、含沙量和颗粒级配的在线监测

(一)含沙量和颗粒级配在线监测技术体系

在研究黄河下游洪水期泥沙运行调整规律和洪水演进特点的基础上,归纳了不同水沙条件下,主要控制站含沙量变化与本站流量、上站含沙量、泥沙组成等相关。

为了保证下游河道泥沙扰动试验的实施,必须对花园口、孙口、艾山等站的含沙量和泥沙颗粒级配进行实时的在线监测,根据监测数据不断调整小浪底水库的下泄水量和沙量,保证花园口的含沙量满足下游扰动试验的要求。同时,根据艾山站的施测含沙量和泥沙颗粒级配监测数据,调整泥沙扰动的实施方案和作业方式。

为完成上述任务,在第三次调水调沙试验期间,将花园口水文站确定为水沙控制站、孙口为水沙控制参证站、艾山水文站为水沙信息反馈站。在试验期间,要求上述 3 站加强含沙量的测验,做到含沙量的在线监测、泥沙颗粒级配的实时监测。

为此,在调水调沙试验开始前,为花园口和艾山 2 站配备了振动式测沙仪和激光粒度分析仪等先进的测验和分析仪器;开通了艾山站的无线网络通信线路,保证监测数据和分析成果的实时传输;调整了花园口、孙口、艾山等水文站的含沙量监测任务要求,大幅度地增加了观测和成果分析的频次;制定了严密的观测方案和严格的技术要求。构成了先进、完善的泥沙含沙量和颗粒级配的在线监测技术体系。

(二)含沙量在线监测

1.基本要求

含沙量变化平稳时,花园口、艾山 2 站每日 4 时、8 时、12 时、16 时、20 时、24 时取单沙 6 次,测验仪器以振动式测沙仪为主,常规测验设备为辅助手段;其他各站每日取单沙 2 次。以上单沙不包括输沙率测验时的相应单沙。含沙量有明显变化时,增加测次,以严格控制含沙量变化过程。泥沙颗分留样应能控制含沙量变化过程,兼作颗分的沙样同时加测水温。

2.振动式测沙仪

花园口水文站作为调水调沙的前置控制站,试验期间,测沙任务为每天 4 段制实测单沙,6 段制实时含沙量报汛。采用振动式测沙仪测垂线含沙量,并以横式采样器主流 3 线法进行比测,水样分别处理。另外,根据河道冲淤变化较大、浅水区及部分深水区水流紊动强烈、断面含沙量横向分布极不规则的特点,该站采用加大主流 3 线的间距,尽量在流速、流向较为匀直的主流上布设测沙垂线,确保单沙的取样精度。

正常情况下孙口、艾山 2 站每日含沙量测验不少于 6 段制,含沙量大于 30 kg/m³ 且有明显变化时,每 6～2 h 取样 1 次,以控制含沙量变化过程。

高村、孙口、艾山 3 站调水调沙试验期间输沙率测验不少于 8 次,输沙率测验的同时取河床质。

(三)泥沙颗粒级配实时监测

1.基本要求

在泥沙扰动期间,要求花园口、艾山水文站在含沙量单位水样取出后,立即进行泥沙颗分工作,在 2～4 h 内提交本次含沙量测验的颗粒级配成果,并立即向黄委有关单位提交。

2.监测情况

激光粒度分析仪的使用彻底改变了传统的泥沙颗粒分析模式,实现了水样的实时分析和多级(100 级)沙样级配资料,使过去分析一个沙样时间需要 40～50 min 缩减到 5 min,充分展示了其高效率、操作方便、实用性强的特点。试验期间,花园口、艾山 2 站共分析沙样 602 组。

四、小结

(1)原型监测体系的完善,对了解试验期间水库、河道水沙特性的变化过程,监测河道冲淤变化,调整调水调沙调度方案,提供了大量基本而宝贵的原型数据。

(2)在对有关测站进行加密测验和报汛的同时,加强了黄河中下游的中、短期天气和降水分析及预报,并对潼关站以下等干流水文站的径流进行了分析和预测。新开发的黄河中游洪水预报系统,提高了水情预报的时效性、准确性。

(3)调水调沙试验使用了振动式测沙仪和激光粒度分析仪等先进的泥沙实时监测和处理仪器,保证及时掌握下游河道沿程含沙量及不同河段淤积物的泥沙级配等,对及时调整小浪底水库的调度方案、最大限度地利用小浪底水库下泄水流的输沙能力、改善卡口河段的淤积形态发挥了重要作用。

第四章　调水调沙试验成果

第一节　下游河道主槽冲刷效果

一、历次调水调沙试验下游河道主槽冲刷效果

(一)首次调水调沙试验下游河道主槽冲刷效果

1.进入下游河道的水沙条件

2002 年 7 月 4～15 日首次调水调沙试验期间,小浪底水文站的水量 26.06 亿 m³,输沙量 0.319 亿 t,平均含沙量 12.2 kg/m³;沁河和伊洛河同期来水 0.55 亿 m³;利津水文站水量 23.35 亿 m³,沙量 0.505 亿 t;下游最后一个观测站丁字路口站通过的水量为 22.94 亿 m³,沙量为 0.532 亿 t。

2.下游河道冲刷效果

1)冲淤量及沿程分布

调水调沙试验期间下游河道总冲刷量为 0.362 亿 t。其中,高村以上河段冲刷 0.191 亿 t,高村至河口河段冲刷 0.171 亿 t。白鹤至花园口河段冲刷量占下游总冲刷量的 36%;夹河滩至孙口河段由于洪水漫滩,淤积 0.082 亿 t;艾山至利津河段冲刷效果显著,冲刷总量为 0.197 亿 t,占全下游总冲刷量的 54.4%,实现了全河段主槽冲刷的试验目标。各河段的冲淤情况见图 4-1。

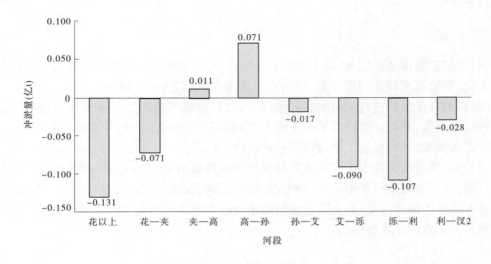

图 4-1　下游各河段全断面冲淤量

2)冲淤量横向分布

黄河下游河道横断面分为河槽和滩地,河槽又分为主槽和嫩滩,本次调水调沙试验期间各部分冲淤情况见表 4-1。

首次调水调沙试验下游河道主槽冲刷效果明显,嫩滩则发生了不同程度的淤积。各河段主槽、嫩滩及河槽的冲淤厚度见表 4-2。

表 4-1　首次调水调沙试验下游各河段滩槽冲淤量　　　（单位:亿 t）

河段	全断面	二滩	嫩滩	主槽	河槽
白鹤—花园口	−0.131	0.005	0.091	−0.227	−0.136
花园口—夹河滩	−0.071	0	0.069	−0.140	−0.071
夹河滩—高村	0.011	0.039	0.197	−0.225	−0.028
高村—孙口	0.071	0.154	0.092	−0.175	−0.083
孙口—艾山	−0.017	0.002	0.010	−0.029	−0.019
艾山—泺口	−0.090	0	0.006	−0.096	−0.090
泺口—利津	−0.107	0	0.003	−0.110	−0.107
利津—河口	−0.028	0	0.033	−0.061	−0.028
白鹤—高村	−0.191	0.044	0.357	−0.592	−0.235
高村—河口	−0.171	0.156	0.143	−0.471	−0.328
白鹤—河口	−0.362	0.200	0.501	−1.063	−0.562

表 4-2　首次调水调沙试验下游各河段滩槽冲淤厚度　　　（单位:m）

河段	主　槽		嫩　滩		河　槽	
	冲淤厚度	宽　度	冲淤厚度	宽　度	冲淤厚度	宽　度
白鹤—花园口	−0.18	800	0.11	706	−0.08	1 506
花园口—夹河滩	−0.16	739	0.06	1 296	−0.04	2 035
夹河滩—高村	−0.24	806	0.18	1 358	−0.02	2 164
高村—孙口	−0.26	414	0.17	453	−0.08	867
孙口—艾山	−0.07	454	0.05	318	−0.04	772
艾山—泺口	−0.16	421	0.03	167	−0.15	588
泺口—利津	−0.12	384	0.01	181	−0.11	565
利津—汊 2	−0.12	404	0.08	437	−0.04	841
白鹤—高村	−0.19	783	0.12	1 076	−0.04	1 859
高村—河口	−0.15	409	0.09	297	−0.09	706

夹河滩以上河段主槽冲深上大下小;夹河滩至高村由于洪水漫滩,滩槽水沙发生交换,表现为明显的槽冲滩(嫩滩)淤,滩地一部分清水在逐步归槽的同时,降低了水流含沙量,增加了冲刷能力,使得主槽冲刷厚度达 0.24 m;高村至孙口河段滩槽水沙交换更加剧烈,大部分漫滩水流在本河段归槽,本河段主槽相对窄深,因而冲刷最为明显,达 0.26 m;孙口至艾山河段主槽也发生了相应的冲刷;艾山以下冲深上大下小,也符合沿程冲刷的规律。

3)含沙量沿程恢复情况

试验期间下游各站平均流量和平均含沙量见表 4-3。

表 4-3 首次调水调沙试验期间各站平均流量和平均含沙量

站名	平均流量(m³/s)	平均含沙量(kg/m³)
小浪底	2 741	12.2
小黑武	2 798	12.0
花园口	2 649	13.3
夹河滩	2 605	14.2
高村	2 377	12.7
孙口	2 056	14.1
艾山	1 984	17.8
泺口	1 906	19.0
利津	1 885	21.6
丁字路口	1 852	23.2

沿程含沙量除夹河滩至孙口河段出现波动外,整体表现出沿程增加的趋势。夹河滩至孙口河段含沙量的变化与该区间洪水漫滩归槽及滩槽的冲淤纵横向分布完全对应。如前所述,夹河滩至高村河段部分漫滩水流归槽降低了水流的含沙量,使得高村站含沙量略有降低,为 12.7 kg/m³;高村至孙口河段由于大部分洪水在此河段回归主槽,且主槽相对窄深,冲刷相对剧烈,至孙口站含沙量又有所恢复,为 14.1 kg/m³。

4)河道泥沙粒径变化及分组沙冲淤量

(1)悬移质泥沙粒径变化。试验期间,主槽沿程冲刷,泥沙从河床的补给占进入下游河道泥沙的比例逐步增加,使得各水文站悬移质泥沙总体呈现出沿程粗化的趋势。从图 4-2 可以看到,时段平均泥沙中值粒径 d_{50} 小浪底水文站为 0.006 mm,花园口水文站为 0.008 mm,高村水文站为 0.015 mm,丁字路口水文站 d_{50} 达到 0.03 mm。

悬移质泥沙粒径沿程发生变化,还可以通过不同水文站粗颗粒泥沙($d > 0.05$ mm)在全沙中所占的比例的变化来反映。试验期间各水文站粗颗粒泥沙所占比例见表 4-4。

从表 4-4 也可看出,小浪底水文站输沙总量中,粗颗粒泥沙只占 3.3%,到丁字路口水文站,占 23.8%。在其他各站中,艾山水文站粗颗粒泥沙占总输沙量的比例最大,为 26.5%。其主要原因是,试验期间孙口—艾山河段出现持续冲刷,且冲刷强度较其他河段

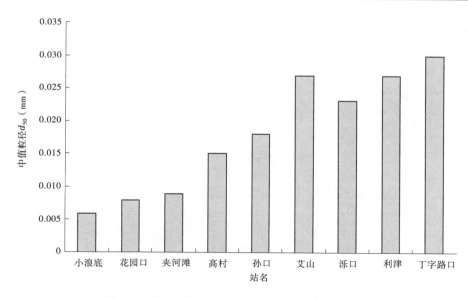

图 4-2　首次调水调沙试验期间黄河下游各站时段平均悬移质中值粒径沿程变化

剧烈,艾山断面平均河底高程最大刷深 1.3 m 以上,大量粗颗粒泥沙被冲起来,造成悬移质颗粒发生明显粗化。

表 4-4　首次调水调沙试验期间黄河下游各站粗泥沙占全沙沙重百分数

站　名	$d > 0.05$ mm 的泥沙重量(万 t)	$d > 0.05$ mm 的泥沙所占百分数(%)
小浪底(二)	105.9	3.3
花园口	446.3	11.9
夹河滩	421.2	10.4
高村(四)	603.9	18.3
孙口	526.0	14.9
艾山(二)	1 139.5	26.5
泺口(三)	875.6	19.9
利津(三)	1 050.0	21.0
丁字路口	1 261.4	23.8

(2)河床质泥沙粒径变化。首次试验过程中除夹河滩至孙口河段水流漫滩外,其他各河段水流均没有上滩,因此着重分析主槽床沙变化。试验中,主槽沿程冲刷,床沙粗化,其表层床沙中值粒径 D_{50} 的变化情况见图 4-3。

其中,艾山以下河段床沙粗化明显,中值粒径 D_{50} 平均增加 0.014 mm。主要原因是试验前此段床沙相对较细,利津水文站附近的道旭断面主槽表层床沙平均级配曲线进一步说明了床沙粗化明显,见图 4-4。

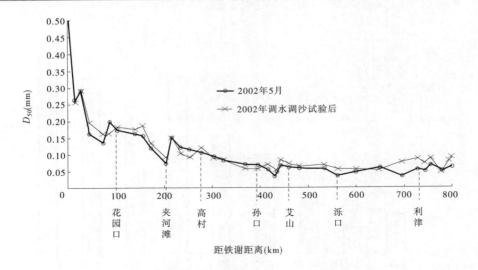

图 4-3　下游河道主槽表层床沙中值粒径 D_{50} 沿程变化图

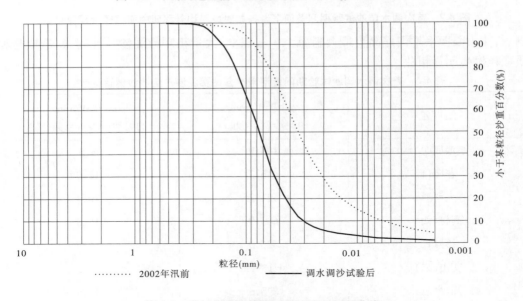

图 4-4　道旭断面主槽表层床沙平均级配曲线

　　(3)分组沙冲刷量。主槽分组沙冲刷量利用汛前下游各河段河床表层与 1 m 深处的泥沙平均级配来计算,滩地淤积部分用试验后表层泥沙级配计算。主槽分组沙冲刷量见表 4-5。

　　就全下游冲刷总量而言,$D<0.025$ mm、$D=0.025\sim0.05$ mm、$D>0.05$ mm 泥沙的冲刷量分别为 0.077 亿 t、0.143 亿 t、0.845 亿 t,分别占总冲刷量的 7%、14%、79%。其中,花园口以上河段 $D>0.05$ mm 泥沙的冲刷量为 0.219 亿 t,占本河段全沙冲刷量的 96.5%。

表 4-5 首次调水调沙试验期间下游主槽分组沙冲刷量 （单位:亿 t）

粒径范围(mm)	花以上	花—夹	夹—高	高—孙	孙—艾	艾—利	利以下	白鹤—河口
<0.025	−0.003	−0.004	−0.008	−0.011	−0.005	−0.035	−0.011	−0.077
0.025~0.05	−0.005	−0.010	−0.016	−0.021	−0.008	−0.066	−0.017	−0.143
>0.05	−0.219	−0.126	−0.201	−0.143	−0.017	−0.106	−0.033	−0.845
全 沙	−0.227	−0.140	−0.225	−0.175	−0.030	−0.207	−0.061	−1.065

(二)第二次调水调沙试验下游河道主槽冲刷效果

1.进入下游河道的水沙条件

第二次调水调沙试验期间,小浪底水文站的水量 18.25 亿 m³,输沙量 0.740 亿 t,平均含沙量 40.55 kg/m³;沁河和伊洛河同期来水量 7.66 亿 m³,来沙量 0.011 亿 t。进入下游(小黑武)的水量为 25.91 亿 m³,沙量为 0.751 亿 t,平均含沙量 29.0 kg/m³。利津水文站水量 27.19 亿 m³,沙量 1.207 亿 t。

2.下游河道冲刷效果

1)冲淤量及沿程分布

试验期间下游河道总冲刷量 0.456 亿 t。其中,高村以上河段冲刷 0.258 亿 t,占下游总冲刷量的 57%;艾山—利津河段冲刷 0.035 亿 t,占总冲刷量的 8%;高村—孙口淤积 0.024 亿 t,见图 4-5。由于第二次试验没有发生大的漫滩,冲淤均发生在主槽内。

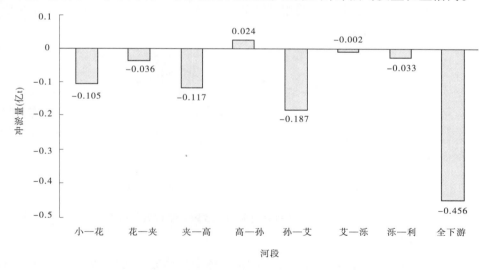

图 4-5 第二次调水调沙试验期间下游河道冲淤量分布(不考虑引水引沙)

本次试验黄河下游平均冲刷强度 5.8 万 t/km,较 2002 年调水调沙试验(4.4 万 t/km)明显增加。其中孙口—艾山河段冲刷强度最大,为 29.7 万 t/km,夹河滩以上沿程明显减小,艾山以下沿程增加。

下游各水文站断面,主槽平均河底高程变化见表 4-6。可以看出,除艾山断面河底平均高程升高外,其他各断面在定性上均表现为降低,其中高村和孙口降低 0.3 m 左右。

表 4-6　第二次调水调沙试验前后各站断面冲淤情况统计

断面名称	起始时间 （月-日 T 时：分）	结束时间 （月-日 T 时：分）	主槽宽度 （m）	主槽冲淤厚度 （m）	冲淤面积 （m²）
小浪底	09-06T10：48	09-22T15：45	329	−0.08	−26.34
花园口	09-07T07：30	09-20T17：27	533	−0.14	−75
夹河滩	09-07T10：20	09-20T17：09	558*	−0.18	−99.1
高村	09-07T16：18	09-21T18：03	475	−0.31	−146
孙口	09-08T08：42	09-22T17：03	580	−0.29	−166
艾山	09-08T09：22	09-22T17：50	410	0.28	116
泺口	09-09T17：31	09-23T08：47	251	−0.24	−59
利津	09-09T09：32	09-23T06：39	344	−0.12	−42

注：* 夹河滩断面试验后主槽展宽。

2）含沙量沿程恢复情况

第二次调水调沙试验，平均含沙量沿程变化情况见图 4-6。可以看出，随着河道的沿程冲刷，水流平均含沙量总体呈沿程增加趋势，至利津含沙量恢复到 44.39 kg/m³，相应于小黑武，含沙量增大 15.4 kg/m³。其中，高村至孙口河段变化趋势出现波动，与第一次调水调沙试验期间沿程平均含沙量对比，主槽冲刷逐步向下游的推移已发展到了高村河段。艾山—利津河段一方面由于河槽相对窄深，另一方面由于东平湖加水，该河段含沙量恢复比较快，含沙量恢复了 6.68 kg/m³。

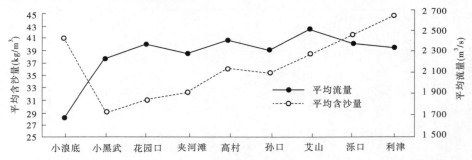

图 4-6　第二次调水调沙试验期间平均含沙量和平均流量沿程变化

3）泥沙粒径变化

在第二次调水调沙试验期间，与水流含沙量总体变化趋势一致，各水文站的悬移质泥沙总体上也是沿程发生粗化。从图 4-7 可以看出，小浪底水文站平均悬移质泥沙中值粒径 d_{50} 为 0.006 mm；花园口水文站同样为 0.006 mm；夹河滩水文站为 0.007 mm；高村水文站为 0.008 mm；孙口水文站为 0.009 mm；艾山水文站增加至 0.014 mm，增加十分明显。只有从艾山到泺口水文站的平均中值粒径 d_{50} 与含沙量变化一致，同为减小，从 0.014 mm 变为 0.013 mm。

试验期间各水文站泥沙平均颗粒级配曲线变化见图 4-8。从图 4-8 可以看出，从小浪

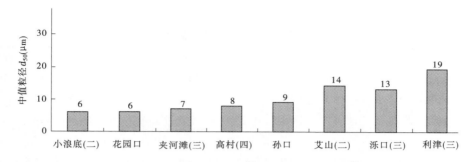

图 4-7　第二次调水调沙试验期间黄河下游悬移质泥沙平均中值粒径沿程变化

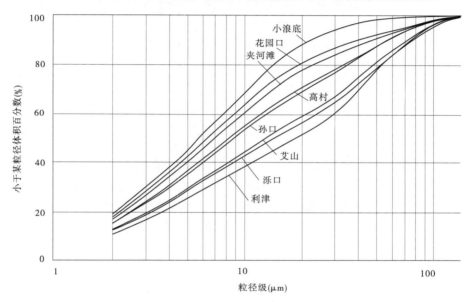

图 4-8　第二次调水调沙试验期间黄河下游测站泥沙颗粒级配

底水文站到利津站悬沙粒径逐渐粗化。以 $d > 0.05$ mm 的粗颗粒泥沙沙重百分比为例，小浪底水文站占 2.4%，利津水文站占 24.4%，沿程增加趋势非常明显。

试验后小浪底以下各站河床质都较试验前有所粗化。悬移质泥沙粒径的变化与河床冲淤变化相对应，一般来说，河床冲刷则床沙粗化，河床淤积则床沙细化。这种情况也从另一个侧面证实在第二次试验中，黄河下游河道主槽发生了全程冲刷。

（三）第三次调水调沙试验下游河道主槽冲刷效果

1. 进入下游河道的水沙条件

第三次试验期间，下游各站水沙量统计见表 4-7。第一阶段，小浪底水库清水下泄，小浪底水文站水量 23.01 亿 m³，伊洛河和沁河同期来水 0.24 亿 m³，小黑武水量 23.25 亿 m³，为清水；第二阶段，小浪底水库少量排沙，小浪底水文站水量 21.72 亿 m³，沙量为 0.044 亿 t，平均含沙量 2.01 kg/m³，伊洛河和沁河同期来水 0.54 亿 m³，小黑武水量 22.26 亿 m³，沙量为 0.044 亿 t，平均含沙量 1.97 kg/m³；中间段（两阶段之间的小流量泄放期），小浪底水文站水量 2.06 亿 m³，沙量为 0，伊洛河和沁河同期来水 0.31 亿 m³，小黑武水量共 2.37 亿 m³。

表 4-7　第三次调水调沙试验下游各站水沙量统计

	站　名	黑石关	武陟	小浪底	小黑武	花园口	夹河滩	高村	孙口	艾山	泺口	利津
第一阶段	水量(亿 m³)	0.15	0.09	23.01	23.25	22.48	22.04	21.66	22.51	22.93	22.67	22.99
	沙量(亿 t)	0	0	0	0	0.087	0.137	0.176	0.229	0.278	0.278	0.366
	含沙量（kg/m³）	0	0	0	0	3.88	6.22	8.14	10.16	12.15	12.26	15.92
第二阶段	水量(亿 m³)	0.39	0.15	21.72	22.26	22.62	22.37	22.50	23.10	22.73	22.72	23.40
	沙量(亿 t)	0	0.000 003	0.044	0.044	0.119	0.163	0.170	0.239	0.263	0.266	0.324
	含沙量（kg/m³）	0	0.02	2.01	1.97	5.27	7.28	7.54	10.36	11.57	11.71	13.85
中间段	水量(亿 m³)	0.23	0.08	2.06	2.37	2.47	2.54	2.66	2.36	2.48	1.57	1.62
	沙量(亿 t)	0.000 1	0.000 02	0	0	0.004	0.008	0.008	0.006	0.008	0.005	0.008
	含沙量（kg/m³）	0.43	0.2	0	0.05	1.76	3.22	2.88	2.59	3.2	3.18	4.94
全过程	水量(亿 m³)	0.77	0.32	46.79	47.88	47.57	46.95	46.82	47.97	48.14	46.96	48.01
	沙量(亿 t)	0.000 1	0.000 019	0.044	0.044	0.211	0.308	0.354	0.474	0.548	0.549	0.697
	含沙量（kg/m³）	0.13	0.06	0.94	0.92	4.43	6.56	7.55	9.89	11.41	11.69	14.52

整个试验期间，小浪底水文站水量 46.79 亿 m³，沙量 0.044 亿 t，平均含沙量 0.94 kg/m³。伊洛河和沁河同期来水 1.09 亿 m³，小黑武水量 47.88 亿 m³，沙量 0.044 亿 t，平均含沙量 0.92 kg/m³。利津水文站过程历时 648 h，水量为 48.01 亿 m³，沙量为 0.697 亿 t，平均含沙量 14.52 kg/m³，含沙量沿程恢复 13.6 kg/m³。

2. 下游河道冲刷效果

1) 冲刷量及沿程分布

根据实测水沙资料，考虑各河段实测引沙量，小浪底—利津河段，第一阶段冲刷 0.373 亿 t，第二阶段冲刷 0.283 亿 t，中间段冲刷 0.009 亿 t。整个调水调沙试验期间下游小浪底—利津河段共冲刷 0.665 亿 t，并实现了下游全线冲刷。

第三次调水调沙试验，小浪底—利津平均每公里冲刷 8.8 万 t，各河段冲淤强度见图 4-9。从图中看出，花园口以上、高村—孙口及孙口—艾山河段冲刷强度相对较大，分别为 13.1 万 t/km、10.4 万 t/km 和 11.6 万 t/km。高村以上河段冲刷强度沿程减小，呈现沿程冲刷的特性，高村—孙口及孙口—艾山两河段辅以人工扰动，冲刷强度明显增大。

根据 2004 年 4 月和 7 月下游实测断面资料，计算各河段标准水位下主槽平均河底高程变化见表 4-8。经过冲刷，下游各河段主槽平均河底高程均表现为不同程度的降低，降低幅度在 0.003 ～0.212 m 之间，其中高村—孙口、艾山—泺口和泺口—利津河段主槽平均河底高程降低相对较多，分别降低了 0.117 m、0.146 m 和 0.212 m。

2) 含沙量沿程恢复情况

第三次试验期间，下游各站含沙量过程明显分为两个阶段，存在两个沙峰，见图 2-26 和图 2-27。第一阶段，小浪底水库清水下泄，第二阶段，小浪底水库少量排沙，小浪底水文站平均含沙量 2.01 kg/m³，最大含沙量 12.8 kg/m³，见表 4-9。

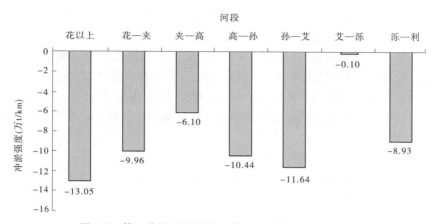

图 4-9 第三次调水调沙试验黄河下游各河段冲淤强度

表 4-8 2004 年 4～7 月下游河道主槽平均河底高程变化

河 段	标准水位下主槽平均河底高程变化(m)
小铁 1—花园口	−0.020
花园口—夹河滩	−0.003
夹河滩—高村	−0.052
高村—孙口	−0.117
孙口—艾山	−0.060
艾山—泺口	−0.146
泺口—利津	−0.212
利津—河口	−0.105

注:"−"表示河底高程降低。

表 4-9 第三次调水调沙试验期间下游各站含沙量特征值　　　（单位:kg/m³）

站名	第一阶段		第二阶段		中间段	全过程
	最大含沙量	平均含沙量	最大含沙量	平均含沙量	平均含沙量	平均含沙量
黑石关	0	0	0	0	0.43	0.13
武陟	0	0	0.08	0.02	0.20	0.06
小浪底	0	0	12.80	2.01	0	0.94
小黑武		0		1.97	0.05	0.92
花园口	7.22	3.88	13.10	5.27	1.76	4.43
夹河滩	9.46	6.22	14.20	7.28	3.22	6.56
高村	12.60	8.14	12.60	7.54	2.88	7.55
孙口	15.80	10.16	17.80	10.36	2.59	9.88
艾山	16.70	12.15	17.50	11.57	3.20	11.41
泺口	15.20	12.26	16.80	11.71	3.18	11.69
利津	24.00	15.74	23.10	13.85	4.94	14.52

经过河道冲刷,下游各站含沙量沿程恢复。第一阶段花园口最大含沙量7.22 kg/m³、平均含沙量 3.88 kg/m³;高村最大含沙量 12.6 kg/m³、平均含沙量 8.14 kg/m³;利津最大含沙量 24 kg/m³、平均含沙量 15.74 kg/m³。利津以上河段平均含沙量恢复值为 15.74 kg/m³。第二阶段,花园口最大含沙量 13.1 kg/m³、平均含沙量 5.27 kg/m³;高村最大含沙量 12.6 kg/m³、平均含沙量 7.54 kg/m³;利津最大含沙量 23.1 kg/m³、平均含沙量 13.85 kg/m³。利津以上河段平均含沙量恢复 11.84 kg/m³。整个试验期间,下游利津以上河段含沙量恢复 13.6 kg/m³。

3)河道泥沙粒径变化及分组沙冲淤量

(1)悬移质泥沙粒径变化。试验期间下游各站平均悬移质中值粒径(激光法,下同)沿程变化情况见图 4-10(1)~(3)。

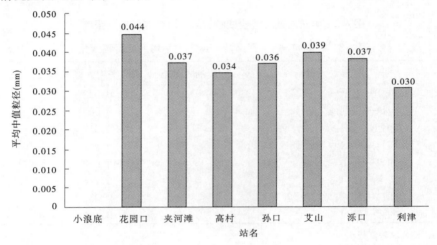

图 4-10(1)　第三次调水调沙试验下游各站悬移质平均中值粒径沿程变化(第一阶段)

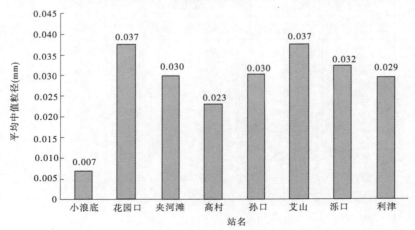

图 4-10(2)　第三次调水调沙试验下游各站悬移质平均中值粒径沿程变化(第二阶段)

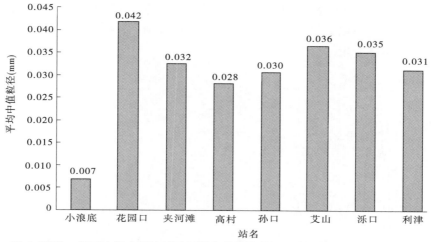

图 4-10(3)　第三次调水调沙试验下游各站悬移质平均中值粒径沿程变化(全过程)

第一阶段小浪底水库下泄清水,经过沿程冲刷,至花园口站悬移质平均中值粒径为 0.044 mm;第二阶段悬移质平均中值粒径小浪底水文站为 0.007 mm,花园口站为 0.037 mm;全过程悬移质平均中值粒径由小浪底站的 0.007 mm 增大至花园口站的 0.042 mm。花园口—高村河段,悬移质平均中值粒径有所减小,第一阶段平均中值粒径从花园口的 0.044 mm 减小到高村的 0.034 mm;第二阶段平均中值粒径从花园口的 0.037 mm 减小到高村的 0.023 mm;全过程平均中值粒径从花园口的 0.042 mm 减小到高村的 0.028 mm。高村—艾山河段悬移质平均中值粒径是沿程增加的,第一阶段平均中值粒径从高村的 0.034 mm 增加到艾山的 0.039 mm,增加不明显;第二阶段平均中值粒径从高村的 0.023 mm 增加到艾山的 0.037 mm,增加幅度较大;全过程平均中值粒径从高村的 0.028 mm 增加到艾山的 0.036 mm。艾山—利津河段,悬移质平均中值粒径沿程减小,第一阶段平均中值粒径从艾山的 0.039 mm 减小到利津的 0.030 mm;第二阶段平均中值粒径从艾山的 0.037 mm 减小到利津的 0.029 mm;全过程平均中值粒径从艾山的 0.036 mm 减小到利津的 0.031 mm。黄河下游利津以上河道,由于沿程冲刷,悬移质粒径粗化是十分明显的,整个试验期间,悬移质平均中值粒径由小浪底站的 0.007 mm 增加到利津站的 0.031 mm。

表 4-10 所示为下游各站悬移质粗泥沙($d>0.05$ mm)所占百分数沿程变化情况,与平均中值粒径沿程变化情况基本一致。

表 4-10　第三次调水调沙试验期间下游各站悬移质中粗泥沙所占百分数(%)

站名	第一阶段	第二阶段	全过程
小浪底		4.1	4.1
花园口	44.2	40.4	42.9
夹河滩	37.3	33.3	34.4
高　村	32.8	24.4	28.5
孙　口	35.0	32.1	30.9
艾　山	40.4	38.5	37.8
泺　口	38.4	34.4	36.0
利　津	29.3	28.6	31.0

(2)河床质泥沙粒径变化。根据 2004 年 4 月和 7 月实测床沙级配资料,下游河道主槽床沙中值粒径 D_{50} 沿程变化见图 4-11 及表 4-11。可以看出,调水调沙试验之后主槽床沙中值粒径 D_{50} 总体变粗。

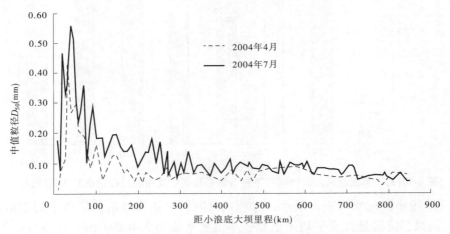

图 4-11　下游河道主槽床沙中值粒径 D_{50} 沿程变化

表 4-11　下游河道各河段主槽河床质特征值表(激光法)

河段	中值粒径 D_{50}(mm)		$D>0.05$ mm 体积百分数(%)	
	2004 年 4 月	2004 年 7 月	2004 年 4 月	2004 年 7 月
花园口以上	0.163	0.272	77.6	90.8
花园口—夹河滩	0.073	0.150	63.0	91.3
夹河滩—高村	0.058	0.108	55.5	78.0
高村—孙口	0.064	0.088	66.7	78.3
孙口—艾山	0.063	0.089	61.8	78.5
艾山—泺口	0.080	0.088	80.8	82.3
泺口—利津	0.059	0.076	58.8	74.2
利津以下	0.051	0.054	51.3	55.3

从表 4-11 中看出,调水调沙试验之后,下游河道各河段主槽床沙中值粒径变粗,$D>0.05$ mm 泥沙体积百分数增加,其中高村以上各河段床沙粗化明显,中值粒径 D_{50} 由 $0.058\sim0.163$ mm 增加到 $0.108\sim0.272$ mm,$D>0.05$ mm 泥沙体积百分数由 $55.5\%\sim77.6\%$ 增加到 $78.0\%\sim90.8\%$。

(3)分组沙冲淤量。第三次调水调沙试验期间下游各河段分组沙冲淤量见表 4-12。

整个试验期间,小浪底—利津河段,$D<0.025$ mm、$D=0.025\sim0.05$ mm、$D>0.05$ mm 泥沙的冲刷量分别为 0.276 亿 t、0.185 亿 t、0.204 亿 t,分别占总冲刷量的 41.5%、27.8%、30.7%。第一阶段,小浪底—利津河段,$D<0.025$ mm、$D=0.025\sim0.05$ mm、

$D>0.05$ mm泥沙的冲刷量分别为 0.161 亿 t、0.105 亿 t、0.107 亿 t,分别占该阶段总冲刷量的 43.1%、28.2%、28.7%;第二阶段,小浪底—利津河段,$D<0.025$ mm、$D=0.025\sim0.05$ mm、$D>0.05$ mm 泥沙的冲刷量分别为 0.110 亿 t、0.078 亿 t、0.095 亿 t,分别占该阶段总冲刷量的 38.9%、27.5%、33.6%。

表 4-12 第三次调水调沙试验期间下游河道分组沙冲淤量 （单位:亿 t）

河段	阶段	<0.025 mm	0.025~0.05 mm	>0.05 mm	全 沙
小浪底—花园口	第一阶段	−0.027	−0.022	−0.040	−0.089
	第二阶段	−0.022	−0.016	−0.038	−0.076
	中间段	−0.002	−0.001	−0.002	−0.005
	全过程	−0.051	−0.039	−0.080	−0.170
花园口—夹河滩	第一阶段	−0.024	−0.004	−0.024	−0.052
	第二阶段	−0.021	0.001	−0.024	−0.044
	中间段	−0.003	−0.000 2	−0.001	−0.004
	全过程	−0.048	−0.003	−0.049	−0.100
夹河滩—高村	第一阶段	−0.018	−0.010	−0.011	−0.039
	第二阶段	−0.012	−0.004	0.009	−0.007
	中间段	0.000 3	−0.000 01	−0.000 1	0.000 2
	全过程	−0.030	−0.014	−0.002	−0.046
高村—孙口	第一阶段	−0.013	−0.030	−0.011	−0.054
	第二阶段	−0.018	−0.032	−0.020	−0.070
	中间段	−0.000 3	−0.000 2	0.002	0.001
	全过程	−0.031 3	−0.062 2	−0.029	−0.123
孙口—艾山	第一阶段	−0.008	−0.012	−0.030	−0.050
	第二阶段	0.014	−0.009	−0.029	−0.024
	中间段	0.000 2	−0.000 3	−0.001	−0.001
	全过程	0.006	−0.021	−0.060	−0.075
艾山—泺口	第一阶段	−0.008	0.001	0.008	0.001
	第二阶段	−0.015	−0.002	0.013	−0.004
	中间段	0.001	0	0.001	0.002
	全过程	−0.022	−0.001	0.022	−0.001
泺口—利津	第一阶段	−0.063	−0.028	0.001	−0.090
	第二阶段	−0.036	−0.016	−0.006	−0.058
	中间段	−0.001	−0.000 4	−0.001	−0.002
	全过程	−0.100	−0.044	−0.006	−0.150
小浪底—利津	第一阶段	−0.161	−0.105	−0.107	−0.373
	第二阶段	−0.110	−0.078	−0.095	−0.283
	中间段	−0.005	−0.002	−0.002	−0.009
	全过程	−0.276	−0.185	−0.204	−0.665

二、三次调水调沙试验下游河道总冲刷效果

三次调水调沙试验进入下游河道(小浪底、黑石关、武陟)的总水量为 100.41 亿 m³,总沙量为 1.114 亿 t。三次调水调沙试验实现了下游主槽全线冲刷,入海总沙量为 2.568 亿 t,下游河道共冲刷 1.483 亿 t(不包括第三次试验中间段的 0.009 亿 t)。

三、小结

(1)首次调水调沙试验期间下游河道总冲刷量为 0.362 亿 t,其中高村以上河段冲刷 0.191 亿 t,高村至河口河段冲刷 0.171 亿 t。冲刷作用明显,实现了全下游主槽冲刷的试验目标。

(2)第二次试验期间下游河道总冲刷量 0.456 亿 t,其中高村以上河段冲刷 0.258 亿 t,占下游冲刷总量的 57%;艾山—利津河段冲刷 0.035 亿 t,占总冲刷量的 8%。

(3)第三次试验期间小浪底—利津河段,第一阶段冲刷 0.373 亿 t,第二阶段冲刷 0.283 亿 t,中间段冲刷 0.009 亿 t。整个调水调沙试验期间下游河道小浪底—利津河段冲刷 0.665 亿 t。其中实施人工扰动的高村—孙口、孙口—艾山两河段冲刷量分别为 0.123 亿 t 和 0.074 亿 t。

(4)三次调水调沙试验进入下游河道总水量为 100.41 亿 m³,总沙量为 1.114 亿 t。三次调水调沙试验实现了下游主槽全线冲刷,入海总沙量为 2.568 亿 t,下游河道共冲刷 1.483 亿 t。

第二节　河道行洪能力变化

一、断面形态调整

(一)1999 年 10 月~2002 年 5 月

小浪底水库蓄水运用后的 1999 年 10 月~2002 年 5 月,下泄流量虽然较小,但下游河道断面形态仍发生了一定变化,高村以上河段主槽冲刷,高村以下河段主槽淤积。各河段主槽展宽、冲深情况见表 4-13。

表 4-13　1999 年 10 月~2002 年 5 月下游河道断面形态变化

河段	主槽展宽(m)	主槽冲淤厚度(m)
白鹤—花园口	65	−0.66
花园口—夹河滩	94	−0.44
夹河滩—高村	19	−0.03
高村—孙口	7	+0.12
孙口—艾山	4	+0.04
艾山—泺口	7	+0.11
泺口—利津	0	+0.06
利津—汊 2	3	+0.04

由表 4-13 可以看出,主槽平均冲深白鹤至花园口河段为 0.66 m、花园口至夹河滩河段为 0.44 m、夹河滩至高村河段为 0.03 m;同时也有不同程度的展宽,其中花园口至夹河滩河段主槽平均展宽幅度最大,约 94 m,原因是该河段为典型的游荡性河道,边界控制条件弱,河道宽浅,主流摆动,出现不同程度的塌滩。夹河滩至高村河段河道为冲刷,但东坝头以下河段主槽逐渐出现淤积。

夹河滩以上冲刷主要集中在宽度不大的深槽,不能显著增加主槽的过洪能力。

高村以下河段主槽宽度基本保持不变,主槽普遍淤积抬高,平均淤积厚度高村至孙口为 0.12 m、孙口至艾山为 0.04 m、艾山至泺口为 0.11 m、泺口至利津为 0.06 m、利津至汊 2 为 0.04 m。

(二)三次试验期间

黄河下游是强烈的冲积性河道,纵横断面的调整受来水来沙影响较大。经过三次试验,黄河下游各河段纵横断面的调整各有特点。套绘 2002 年 5 月和 2004 年 7 月黄河下游测验大断面,得出各河段河宽和河底平均高程变化见表 4-14。白鹤—官庄峪河段,主槽以冲深为主,见图 4-12(1),部分断面有所展宽,平均展宽幅度为 144 m,该河段平均河底高程平均下降 0.58 m;官庄峪—花园口河段以展宽为主,见图 4-12(2),特别是京广铁路桥以上河道展宽明显,该河段平均展宽 370 m,平均河底高程平均下降 0.38 m;花园口—孙庄河道比较稳定,主要以冲深为主,平均冲深 0.64 m;孙庄—东坝头河段,河势变化较大,以塌滩展宽为主,见图 4-12(3),主槽平均展宽 248 m,平均河底高程平均下降 0.44 m;东坝头以下河势比较稳定,工程控制较好,主槽宽度变化不大,均以冲深为主,见图 4-12(4),其中,东坝头—高村、高村—孙口、孙口—艾山、艾山—泺口、泺口—利津河段分别冲深 1.12 m、1.06 m、0.62 m、0.90 m、1.00 m。

表 4-14 三次调水调沙试验前后黄河下游各河段断面特征变化统计

河段	2002 年 4 月河宽 (m)	2004 年 7 月河宽 (m)	差值 (m)	河底高程升降 (m)
白鹤—官庄峪	1 049	1 193	144	-0.58
官庄峪—花园口	1 288	1 658	370	-0.38
花园口—孙庄	906	961	55	-0.64
孙庄—东坝头	1 284	1 532	248	-0.44
东坝头—高村	605	635	30	-1.12
高村—孙口	484	458	-26	-1.06
孙口—艾山	521	500	-21	-0.62
艾山—泺口	494	486	-8	-0.90
泺口—利津	396	397	1	-1.00

二、平滩流量变化

(一)试验前河道边界条件

1986 年以来,黄河下游来水持续偏少,特别是汛期洪水显著减少、洪峰流量明显降低,下游河道的淤积几乎全部集中在主槽和滩唇附近的滩地上,下游河道急剧萎缩,排洪

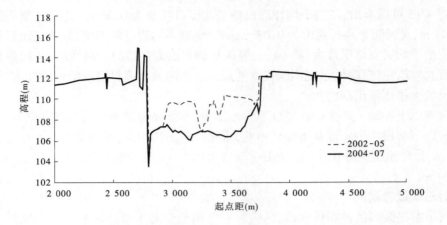

图 4-12(1)　白鹤至官庄峪河段的马峪沟断面变化

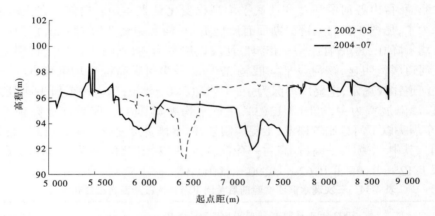

图 4-12(2)　官庄峪至花园口河段的老田庵断面变化

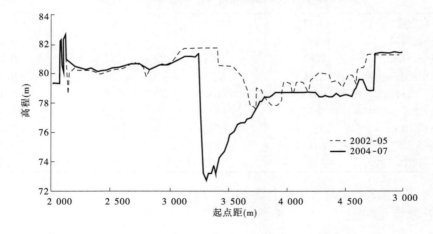

图 4-12(3)　花园口至东坝头河段的丁庄断面变化

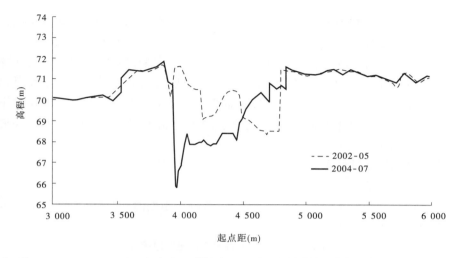

图 4-12(4) 东坝头以下的油房寨断面变化

能力显著降低,小浪底水库投入运用后,2000 年和 2001 年汛期进入下游的水量均只有 50 亿 m³ 左右,供水灌溉期为满足下游用水需要,经常出现 800~1 500 m³/s 不利流量级,高村以下河段河道继续淤积萎缩、排洪能力降低的局面不仅没有改观,反而又进一步加剧。到 2002 年汛前,堤根附近的滩面高程较滩唇附近的滩面高程低约 3 m,基本接近或略低于主槽深泓点高程。

图 4-13 杨小寨断面的变化反映了 1958 年、1982 年汛后和 2002 年汛前夹河滩至高村河段横断面形态的变化情况。1958 年汛后主槽平滩流量约为 8 000 m³/s;滩面高程高出背河地面约 3 m,主槽高程明显低于滩面;滩面横比降长期维持在 3‰左右。随着社会经济的发展,滩区条件发生了巨大的变化,生产堤至大堤间的滩区行洪能力和滩槽水沙交换显著减弱,淤积强度降低,滩地横比降不断增大。至 1982 年汛后,该河段滩面横比降增大至 6‰。但由于河槽面积及主槽过流比例仍较大,"二级悬河"的局面和可能产生的后果

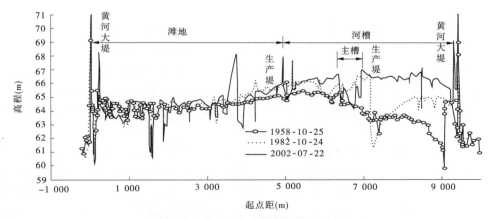

图 4-13 杨小寨断面变化过程

还不是十分突出。

在目前河槽严重淤积萎缩、主河道行洪能力很低的情况下,一旦发生较大洪水,滩区过流比例将会明显增加,发生"横河"、"斜河"特别是"滚河"的可能性进一步增大,主流顶冲堤防和堤河低洼地带顺堤行洪将严重威胁下游堤防的安全,甚至造成黄河大堤的冲决。

黄河下游河床边界条件的变化还突出表现在以下两个方面:一是生产堤至大堤间广大滩区范围内,道路、渠堤和生产堤纵横交错,增加了滩区的行洪阻力;二是滩区农业耕作范围不断扩大,大量侵占原属河槽的嫩滩,人与河争地,明显增大了河道行洪的阻力,进一步降低了河道的排洪输沙能力。

(二)三次调水调沙试验平滩流量变化

1.首次调水调沙试验

根据首次试验期间各站水位~流量关系,结合测流断面滩唇高程,得到各水文站断面主槽过流能力的变化如表 4-15 所示。

表 4-15　首次调水调沙试验前后各水文站主槽过流能力变化情况

站名	平滩水位 (m)	主槽过流能力(m³/s)			最高水位 (m)
		试验前	试验后	增值	
花园口	93.75	3 400	3 700	300	93.67
夹河滩	77.41	2 900	2 900	0	77.59
高村	63.21(前)	1 750(前)			63.76
	63.62(后)		2 800(后)	1 050	
孙口	48.45	2 070	1 890	-180	49.00
艾山	42.30	3 300	3 200	-100	41.76
泺口	31.40	2 800	2 960	160	31.03
利津	14.39	3 500	3 500	0	13.80
丁字路口	5.77	2 150	2 700	550	5.53

由表 4-15 可以看出,高村以上水文站断面平滩流量大多是增大的,花园口、高村分别增大了 300 m³/s 和 1 050 m³/s;夹河滩变化不大;艾山以下河段的泺口、丁字路口分别增大了 160 m³/s 和 550 m³/s;孙口和艾山站分别减小了 180 m³/s 和 100 m³/s。

高村附近河段平滩流量增大较为明显,一方面是由于主槽的冲刷下切,另一方面与洪水期大范围漫滩,滩唇淤积抬升也有较为密切的关系。洪水过后,本河段滩唇高程升高约0.4 m。

为了更好地反映首次试验期间各河段平滩流量的变化,根据河段的平均冲淤情况分析了各河段平滩流量的变化(简称断面法),同时,将上下水文站断面平滩流量进行算术平均,作为河段平均平滩流量(简称水位法),计算成果见表 4-16,表中还列出了通过综合分析得出的平滩流量的变化(即建议采用值)。可以看出,夹河滩以上主槽平滩流量增大240~300 m³/s;夹河滩至孙口河段漫滩较为严重,淤滩刷槽、滩槽高差增加明显,平滩流量增幅最大,增大 300～500 m³/s;利津以下河口段增大 200 m³/s;孙口至利津河段平滩流量增幅最小,为 80～90 m³/s。

表 4-16　首次调水调沙试验前后下游各河段主槽过流能力变化情况

河段	主槽宽 (m)	滩槽高差增值 (m)	主槽过流能力增值(m³/s)		
			断面法	水位法	建议采用值
小浪底—花园口	800	0.26	374	300	300
花园口—夹河滩	739	0.20	266	150	240
夹河滩—高村	806	0.37	537	525	500
高村—孙口	414	0.38	283	435	300
孙口—艾山	454	0.11	90	−140	90
艾山—泺口	421	0.18	136	30	80
泺口—利津	384	0.13	90	80	90
利津—丁字路口	404	0.20	145	275	200

注:水位法计算平滩流量增值采用河段进、出口水文站的平均值。

2.第二次调水调沙试验

根据第二次调水调沙试验期间水文站水位～流量关系,推算出各水文站断面主槽平滩水位以下过流能力的变化见表 4-17。各水文站主槽平滩水位下的过洪能力均有不同程度的增加,增幅一般在 150～400 m³/s 之间。

表 4-17　第二次调水调沙试验期间水文站主槽过流能力变化

项　目	花园口	夹河滩	高村	孙口	艾山	泺口	利津
平滩水位(m)	93.88	77.40	63.40	48.45	41.65	31.40	14.24
试验前相应流量(m³/s)	4 300	2 900	2 600	2 100	2 700	2 900	3 200
试验后相应流量(m³/s)	4 450	3 300	2 750	2 300	2 850	3 200	3 350
增加流量(m³/s)	150	400	150	200	150	300	150

3.第三次调水调沙试验

为了进一步分析黄河第三次调水调沙试验期间各水文站断面主槽过流能力变化,点绘各水文站断面 6 月小洪水、调水调沙试验的两个阶段共三个涨水过程的水位～流量关系,从中可以看出,调水调沙试验两个阶段除夹河滩外其余各水文站水位～流量关系曲线均有降低。

分析同流量(2 000 m³/s)水位变化(见表 4-18),可以看出同流量水位均有不同程度的降低,第一阶段和 6 月份洪水相比有升有降,平均降低 0.03 m;第二阶段和 6 月份洪水相比,仅夹河滩升高 0.13 m 外,其他均有所下降,花园口和泺口下降最多,为 0.31 m 和 0.3 m,平均降低 0.11 m。

表 4-18　第三次调水调沙试验前后水文站同流量(2 000 m³/s)水位变化　　（单位:m）

水文站	6 月份 ①	试验第一阶段 ②	试验第二阶段 ③	②-①	③-①
花园口	92.51	92.41	92.20	-0.10	-0.31
夹河滩	76.07	76.07	76.20	0	0.13
高 村	62.41	62.40	62.31	-0.01	-0.10
孙 口	47.88	47.93	47.79	0.05	-0.09
艾 山	40.52	40.45	40.45	-0.07	-0.07
泺 口	29.90	29.88	29.60	-0.02	-0.30
利 津	12.68	12.63	12.63	-0.05	-0.05
平 均				-0.03	-0.11

　　根据各站水位～流量关系曲线分析计算,花园口、夹河滩、高村、孙口、艾山、泺口、利津各站平滩流量分别增加 340 m³/s、340 m³/s、210 m³/s、360 m³/s、120 m³/s、220 m³/s、110 m³/s,整个下游平均增加 240 m³/s。

　　4.三次调水调沙试验

　　经过三次调水调沙试验,下游河道各河段主槽过流能力明显增加,点绘黄河下游各水文站断面 1999 年、2002 年、2003 年和 2004 年调水调沙试验后 8 月份的水位～流量关系曲线,如图 4-14(1)～(4)所示,各站同水位流量均有所增大,同流量水位明显降低。2002～2004 年,下游各站同流量水位平均降低 0.95 m,其中夹河滩、高村降幅都在 1 m 以上(见表 4-19)。

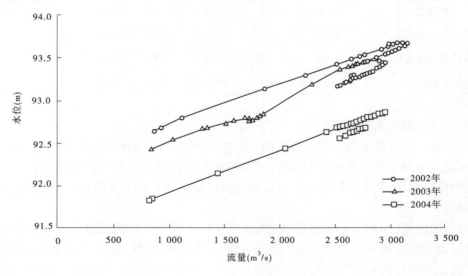

图 4-14(1)　花园口水位～流量关系曲线

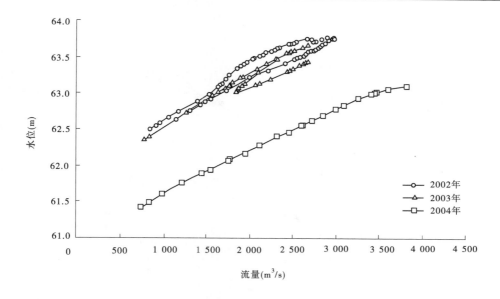

图 4-14(2)　高村水位～流量关系曲线

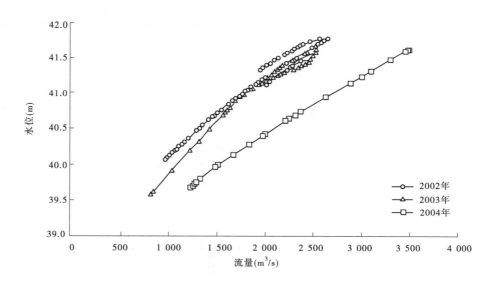

图 4-14(3)　艾山水位～流量关系曲线

统计三次调水调沙试验期间各河段平滩流量变化见表 4-20。黄河下游各河段平滩流量增加 460～1 050 m³/s，平均增加 672 m³/s，其中夹河滩—高村平滩流量增加最大，为 1 050 m³/s，利津—丁字路口平滩流量增加最小，为 460 m³/s，高村—孙口平滩流量增加 760 m³/s。

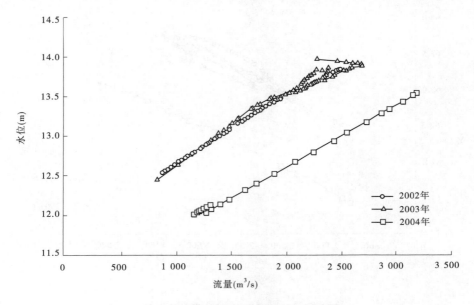

图 4-14(4) 利津水位～流量关系曲线

表 4-19 三次调水调沙试验各水文站同流量(2 000 m³/s)水位变化 (单位:m)

水文站	1999 年 5 月 ①	2002 年 ②	2003 年 ③	2004 年 ④	②-①	④-①	④-②
花园口	93.67	93.19	92.79	92.34	−0.48	−1.33	−0.85
夹河滩	76.77	76.93	76.88	75.90	0.16	−0.87	−1.03
高村	63.04	63.45	63.06	62.27	0.41	−0.77	−1.18
孙口	48.07	48.54	48.42	47.64	0.47	−0.43	−0.90
艾山	40.65	41.19	41.12	40.40	0.54	−0.25	−0.79
泺口	30.23	30.65	30.57	29.68	0.42	−0.55	−0.97
利津	13.25	13.50	13.48	12.57	0.25	−0.68	−0.93
平均					0.25	−0.70	−0.95

表 4-20 三次调水调沙试验期间各河段平滩流量增加值 (单位:m³/s)

河段	首次	第二次	第三次	合计
小浪底—花园口	300	150	340	790
花园口—夹河滩	240	275	340	855
夹河滩—高村	500	275	275	1 050
高村—孙口	300	175	285	760
孙口—艾山	90	175	240	505
艾山—泺口	80	225	170	475
泺口—利津	90	225	165	480
利津—丁字路口	200	150	110	460
平均	225	206	241	672

三、小结

（1）经过三次调水调沙试验，黄河下游各河段纵横断面的调整各有特点。白鹤—官庄峪河段，主槽以冲深为主，部分断面有所展宽，该河段平均河底高程平均下降 0.58 m；官庄峪—花园口河段河槽在展宽的同时也有冲刷，特别是京广铁路桥以上河道展宽明显，平均河底高程平均下降 0.38 m；花园口—孙庄河段，主槽以冲深为主，平均冲深 0.64 m；孙庄—东坝头河段，河势变化较大，以塌滩展宽明显，平均展宽 248 m，主槽平均下降 0.44 m；东坝头以下河势比较稳定，工程控制较好，主槽宽度变化不大，以冲深为主。

（2）通过三次调水调沙试验，黄河下游各河段平滩流量增大，增加幅度为 460～1 050 m³/s，平均增加 672 m³/s，其中夹河滩—高村平滩流量增加最大，为 1 050 m³/s，利津—丁字路口平滩流量增加最小，为 460 m³/s，高村—孙口平滩流量增加 760 m³/s。

三年来，黄河下游各河段平滩流量随试验及其他洪水过程有了较大程度的增加，最小平滩流量由试验前的不足 1 800 m³/s 增加至第三次试验后的 3 000 m³/s 左右。

第三节 水库减淤和淤积部位及形态调整

一、水库淤积部位及淤积形态的调整

（一）小浪底库区总体冲淤情况

1.库容分布情况

截至 2004 年 7 月，高程 275 m 以下库容为 112.06 亿 m³，其中干流库容为 60.85 亿 m³，左岸支流库容为 23.66 亿 m³，右岸支流库容为 27.55 亿 m³。库容曲线见图 4-15。

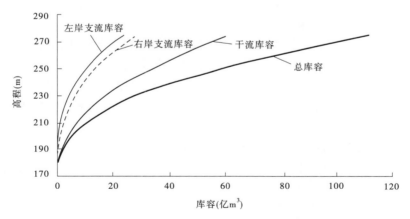

图 4-15 小浪底水库 2004 年 7 月库容曲线

2.历年库容及冲淤量的变化

1997 年在小浪底库区施测第一次加密断面测验，高程 275 m 以下原始库容为 127.58 亿 m³，2004 年 7 月，实测库容为 112.06 亿 m³，全库区共淤积泥沙 15.52 亿 m³。历年汛前库容及冲淤量的变化情况见表 4-21。

表 4-21　小浪底水库历年汛前库容及冲淤量的变化情况　　（单位：亿 m³）

年份	干流库容	总库容	年际淤积量	累计淤积量
1997 年汛前	74.91	127.58		
1998 年汛前	74.82	127.49	0.09	0.09
1999 年汛前	74.78	127.46	0.03	0.12
2000 年汛前	74.31	126.95	0.51	0.63
2001 年汛前	70.70	123.13	3.82	4.45
2002 年汛前	68.20	120.26	2.87	7.32
2003 年汛前	66.23	118.01	2.25	9.57
2004 年汛前	61.60	113.21	4.80	14.37
2004 年 7 月	60.85	112.06	1.15	15.52

1997～2000 年汛前，库区淤积量很小，只有 6 300 万 m³。2000 年汛期库区淤积量急剧增大，年淤积总量达 3.82 亿 m³，而且 95% 的淤积发生在干流，支流淤积量仅 0.21 亿 m³。2001 年库区淤积量略小于 2000 年，但支流淤积量有所增大；库区总淤积量为 2.87 亿 m³，支流淤积量为 0.37 亿 m³，占总淤积量的 12.9%。2002 年库区总淤积量为 2.25 亿 m³，支流淤积量为 0.38 亿 m³，占总淤积量的 17%。2003 年由于水库汛期运用水位较高，加之黄河中游来沙量较多和三门峡水库排沙，大量泥沙进入小浪底库区并且主要淤积在干流，淤积量为 4.63 亿 m³，占库区总淤积量的 96%。第三次试验期间，小浪底库区总淤积量为 1.15 亿 m³，其中干流淤积量为 0.75 亿 m³，支流淤积量为 0.40 亿 m³，但库区淤积部位得到很大改善，库尾段被侵占的设计有效库容得到全部恢复。

（二）库区淤积部位的调整

自 1999 年小浪底水库蓄水至 2004 年 7 月，小浪底库区干流距坝 70 km 以内的河段，河床最深点高程平均抬升 40 m 左右，其变化情况见图 4-16。

从图 4-16 可以看出，黄河第三次试验期间，三角洲的顶部平均下降近 20 m，在距坝 94～110 km 的河段内，河槽的河底高程恢复到了 1999 年状态，淤积三角洲的顶点向下游移动了 20 多 km。

总的来说，库区干流淤积三角洲的位置随库区水位的升降而变化。鉴于小浪底水库蓄水以来库区干流淤积量占总淤积量的 92%，仅以干流历年的冲淤变化来分析库区淤积的沿程变化规律。

1. 2002 年库区淤积部位调整

2002 年汛期共发生 3 次 1 000 m³/s 以上的洪水，其中 6 月下旬到 7 月中旬的一次，流量和含沙量均较大，洪峰流量为 4 500 m³/s，最大含沙量为 500 kg/m³，且历时较长，在库区形成异重流，但出库沙量不大，见图 4-17、图 4-18。

对应于三次洪水过程，水库运行水位前高后低，干流淤积主要出现在库区中部 HH19—HH36 断面之间，HH37 断面以上表现为冲刷，HH18 断面以下淤积量较小。

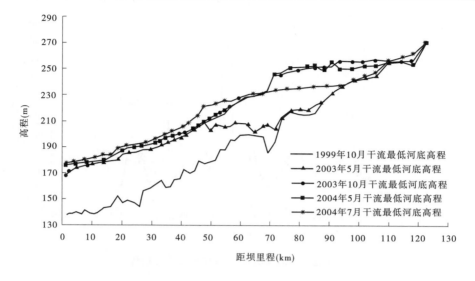

图 4-16 小浪底水库干流淤积纵剖面

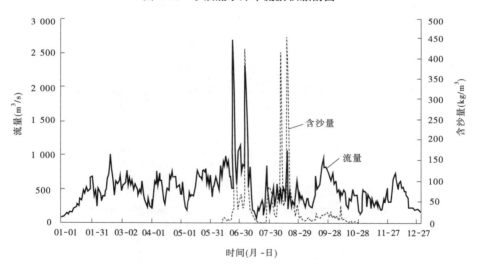

图 4-17 2002 年小浪底水库入库水沙过程

2002 年淤积主要发生在距坝 35～60 km(HH20—HH36 断面)之间,淤积量为 1.40 亿 m³,占干流淤积总量的 71%。首次试验期间,距坝 80 km(HH44 断面)以上冲淤幅度极小,距坝 14 km(HH10 断面)以下淤积量仅为 0.28 亿 m³。试验后 HH10 断面以下平均河底高程抬升了 4 m 左右,但由于小浪底水库在 2002 年 9 月的排沙运用,下泄沙量为 0.36 亿 t,近坝段河底高程下降,年淤积量减少,见图 4-19。

支流淤积主要分布在近坝段的大峪河以及上游沇西河,见图 4-20。

2. 2003 年库区淤积部位的调整

2003 年汛期受上游洪水的影响,入库水量较往年偏多,三门峡站入库水量主要集中在 8～10 月之间,入库沙量过程主要集中在 7～9 月之间。同时由于下游河道过洪能力的

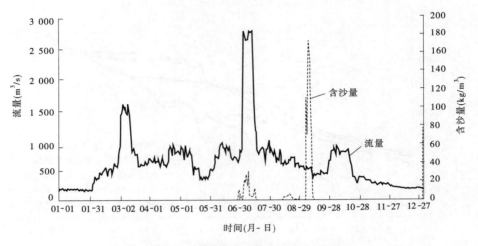

图 4-18 2002 年小浪底水库出库水沙过程

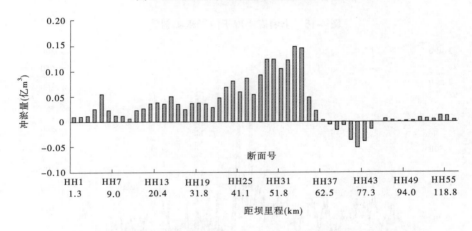

图 4-19 小浪底水库 2002 年 6~10 月干流冲淤量沿程分布

限制,水库下泄流量多维持在 2 500 m³/s 左右,导致水库运用水位较高,库区最高水位到 10 月 15 日达到 265 m 以上。加上三门峡水库汛期排沙,入库泥沙在小浪底库区造成淤积,见图 4-21、图 4-22。

2003 年 5~10 月,小浪底水库淤积量达 4.59 亿 m³(高程 275 m 以下的库容从汛前的 118 亿 m³ 减少到 113.41 亿 m³)。

因运用水位较高,淤积部位主要集中在干流尾部距坝 50~110 km(HH30—HH52 断面),该河段淤积量为 4.22 亿 m³,占干流总淤积量(4.40 亿 m³)的 96%,最大淤积厚度为 42 m(HH42 断面)。干流尾部河段河底高程的迅速抬高,造成部分支流口门的抬升,形成支流口门的拦门沙现象。2003 年汛期小浪底库区干、支流冲淤量的分布情况见图 4-23、图 4-24。

3. 2004 年库区淤积部位的调整

第三次试验前期和试验期间,三门峡水文站 6 月 19 日 9 时~7 月 13 日 9 时总水量为 10.88 亿 m³,总沙量为 0.432 亿 t。其中 7 月 3 日 20 时~13 日 9 时的第二阶段试验期

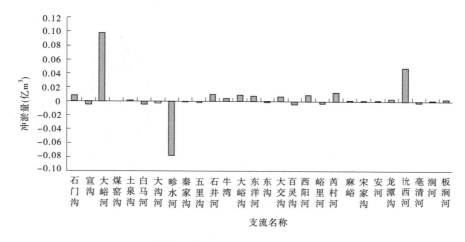

图 4-20 小浪底水库 2002 年 6～10 月各支流淤积量分布

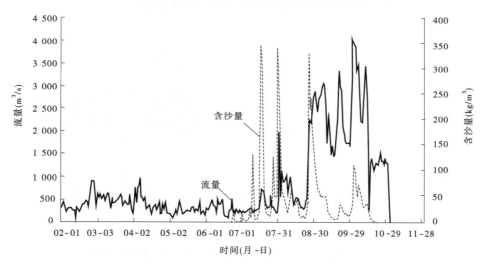

图 4-21 2003 年小浪底水库入库水沙过程

间,三门峡站总水量为 7.20 亿 m³,总沙量为 0.43 亿 t。

2004 年 6 月 19 日～7 月 13 日,小浪底水库下泄水量为 46.8 亿 m³、沙量为 440 万 t,平均流量为 2 260 m³/s,平均含沙量为 0.94 kg/m³。其中,7 月 3 日 20 时～13 日 9 时,小浪底水库下泄水量 21.72 亿 m³、沙量 440 万 t,平均流量为 2 640 m³/s,平均含沙量为 2.0 kg/m³,约 10.2%的入库泥沙排出水库。三门峡、小浪底站水沙过程见图 4-25、图 4-26。

试验结束时,小浪底水库库水位为 224.96 m,相应蓄水量为 24.6 亿 m³。

小浪底库区于 5 月 22 日～7 月 22 日期间施测了两次地形,根据两次淤积测验资料,库区共淤积 1.15 亿 m³,其中干流淤积 0.75 亿 m³,占总淤积量的 65%;左岸支流淤积 0.32 亿 m³,占总淤积量的 28%;右岸支流淤积量很小,仅 0.08 亿 m³,占总淤积量的 7%。淤积主要发生在 HH37—HH26 断面之间左岸的几条较大支流上。

第三次试验期间,小浪底库区干流上段冲刷、下段淤积,其冲淤量的沿程分布情况见

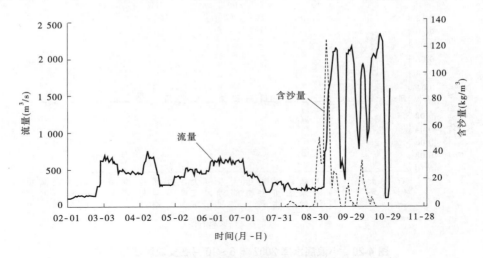

图 4-22 2003 年小浪底水库出库水沙过程

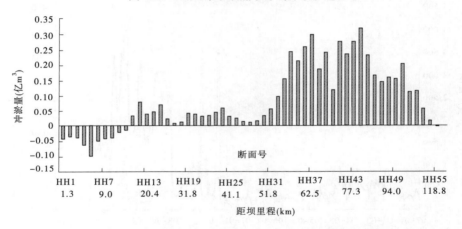

图 4-23 小浪底水库 2003 年 5～11 月干流淤积量沿程分布

图4-27,根据其调整特点,可大致分为 3 个区段。

1)HH40—HH53 断面

HH40—HH53 断面区间(距坝 69.39～110.27 km)位于试验前淤积三角洲的顶坡段,为库区上部的狭窄河段,平均河宽在 400～600 m 之间,2003 年汛期大量泥沙淤积在此,河底抬升达 40 多 m,部分库段淤积泥沙已经侵占了设计有效库容,调整该库段的淤积形态是试验的一个主要目的。

试验期间,该库段发生了剧烈的冲刷,冲刷量为 1.38 亿 m³,河底高程平均降低20 m左右,大大改善了库尾的淤积形态,恢复了被侵占的设计有效库容。

2)HH17—HH40 断面

HH17—HH40 断面区间(距坝 27.19～69.39 km),在 HH36 断面下游库区水面突然展宽,库区较大的弯道多在此河段。该库段左岸共有大小支流 12 条,支流数量和相应库容均占左岸支流总数的 70% 以上。试验期间该库段共淤积泥沙 1.57 亿 m³。

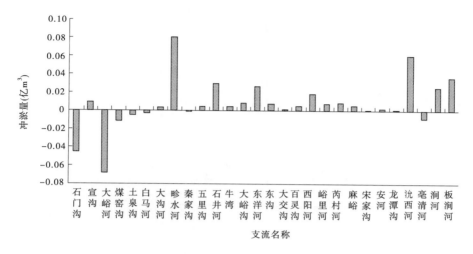

图 4-24 小浪底水库 2003 年 5～11 月各支流淤积量分布

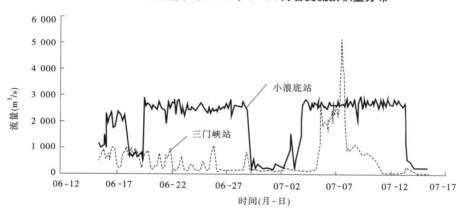

图 4-25 三门峡、小浪底站流量过程(2004 年 6 月 15～7 月 15 日)

3)HH17 断面以下

HH17 断面位于干流八里胡同出口处,HH17 断面以下库区宽阔,水流流速缓慢,泥沙颗粒较细,淤积方式以水平抬升为主。试验期间 HH17 断面以下共淤积 0.5 亿 m³,淤积厚度较小。河底高程均匀抬升 1 m 左右。

支流冲淤量分布见图 4-28。

(三)库区淤积形态的调整

1.干流淤积形态

1)干流横向淤积形态的调整

首次试验期间,库区干流淤积库段基本以均匀淤积为主。

第二次试验期间,由于水库运用水位较高,淤积主要发生在距坝 50～110 km 的范围内,距坝 50 km 以下断面无大变化。在发生淤积的库段,断面的横向变化以均匀抬高为主。

第三次试验,库区干流淤积断面的变化在不同的库段冲淤形态不同。

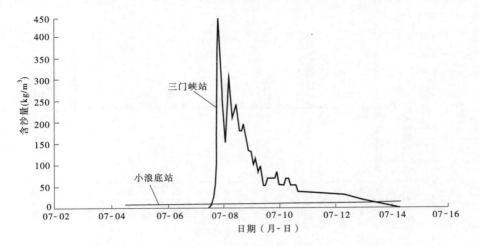

图 4-26　三门峡、小浪底站含沙量过程(2004 年 7 月 14～15 日)

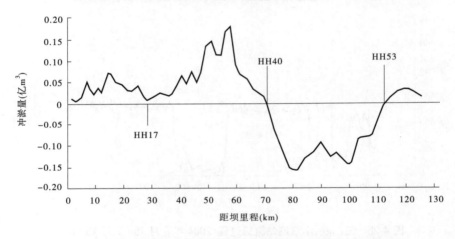

图 4-27　第三次试验期间小浪底库区干流冲淤量沿程分布

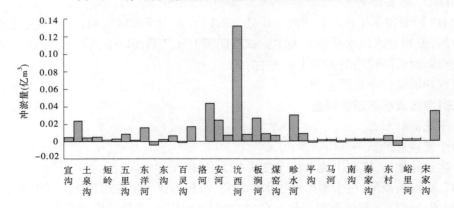

图 4-28　第三次调水调沙试验小浪底库区支流冲淤量分布

HH40 断面是冲淤的分界点,HH29 断面是试验结束后淤积三角洲的顶点。

淤积三角洲顶点以下河底基本为水平抬高,见图 4-29。淤积三角洲以上至 HH40 断面之间基本为均匀抬高,见图 4-30。

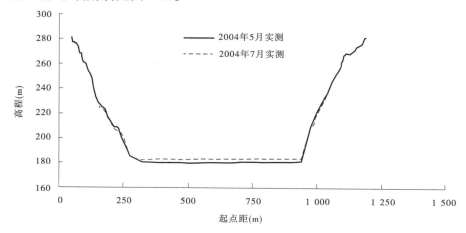

图 4-29 HH9 断面第三次试验前后对照

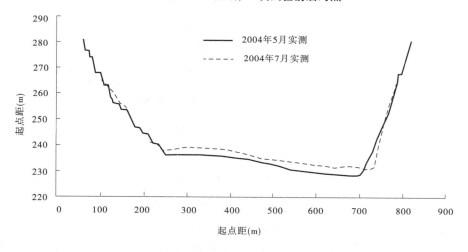

图 4-30 HH38 断面第三次试验前后对照

HH40 断面以上基本呈现冲刷状态,典型断面的冲淤变化情况见图 4-31。

2)干流纵向淤积形态的调整

1999 年小浪底水库蓄水后,水库运用水位呈逐年抬高趋势,回水长度逐渐增大。1999 年 10 月～2000 年 5 月,库区干流河底纵断面变化不大,在距坝 50 km 以内河底略有抬高;2000 年 5 月～2001 年 5 月,由于库区水位的抬高,在距坝 35～88 km 的范围内形成了明显的三角洲淤积,三角洲的顶点在距坝 60 km 处,顶点高程为 217.91 m。三角洲的顶坡段长约 28 km,纵比降约为 2.3‰。三角洲前坡段长约 8 km,纵比降约为 32‰。坡顶最大淤积厚度 37.09 m,见图 4-32。

2001 年 8 月,距坝 55.02～88.54 km 范围内发生冲刷,淤积三角洲下移,高程下降,

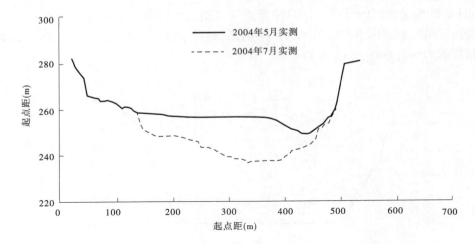

图 4-31　HH49 断面第三次试验前后对照

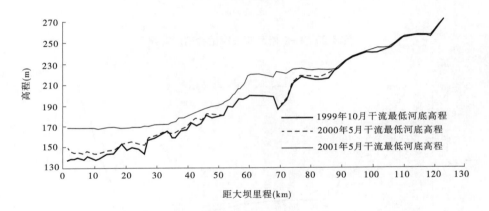

图 4-32　小浪底水库干流淤积纵剖面

最大冲刷深度为 25.3 m。距坝 50 km 以下河底高程抬高,坝前淤积厚度约 10 m。2001 年 8 月~2002 年 5 月,淤积三角洲的顶坡段回淤,淤积厚度约 20 m。

2002 年 8 月 20 日~10 月底,由于入库清水的冲刷作用,在距坝 60~89 km 之间的干流库段发生明显的冲刷,最大冲刷深度 20 m。在距坝 25~60 km 之间发生淤积,最大淤积厚度为 11.4 m。调整的结果使得淤积三角洲向下游移动 15 km 左右。2002 年 10 月~2003 年 5 月,库区干流纵断面变化不大,见图 4-33。

2003 年汛后小浪底库区最高水位达到 265.58 m。同时,由于 2003 年秋汛洪水的影响,上游洪水挟带的大量泥沙淤积在小浪底库区。2003 年 5~11 月小浪底库区共淤积泥沙 4.8 亿 m³,其中 4.2 亿 m³ 淤积在干流。从淤积形态来看,干流淤积的泥沙主要集中在距坝 50~110 km 的库段,最大淤积厚度在距坝 71 km 处,淤高 42 m。淤积三角洲的顶点较 2003 年 5 月上移约 22 km,顶点高程在 250 m 以上,部分河段侵占了设计有效库容。2003 年 11 月~2004 年 5 月,干流纵剖面变化不大,在距坝 92~110 km 之间略有冲刷。

2004 年第三次调水调沙试验,有效地改善了库尾河段的淤积形态,降低了库尾的淤

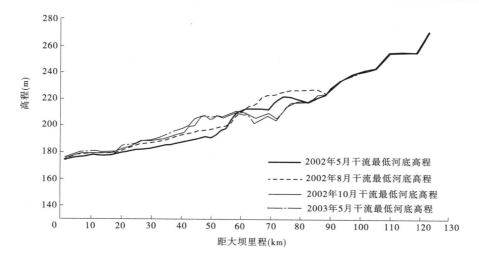

图 4-33 小浪底水库干流淤积纵剖面

积高程。在距坝70～110 km 之间河底发生了明显的冲刷,平均冲刷深度近 20 m,三角洲的顶点也下移23 km,高程降低 23.69 m,见图 4-34。

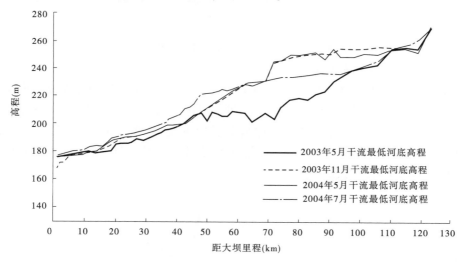

图 4-34 小浪底水库干流淤积纵剖面

总体而言,自 1999 年蓄水以来,小浪底库区干流纵剖面的变化有以下特点:

(1)距坝 55 km 以下库段从 1999 年蓄水到 2004 年 7 月,河底高程逐年抬高,属较明显的淤积河段。

(2)距坝 55～110 km 库段为变动回水区,河底高程有升有降,甚至是大冲大淤。其冲淤变化与小浪底库水位密切相关,若库水位相对较低,则该库段大多发生冲刷,若小浪底水库运用水位较高,则发生淤积。

(3)110 km 以上库段自水库运用以来冲淤及断面形态均变化不大。

2.支流冲淤形态的调整

1)支流横向淤积形态的调整

支流断面的横向冲淤变化主要以河底的均匀抬升为主,淤积厚度自下而上递减,断面淤积形态接近水平。图4-35为第三次调水调沙试验前后支流沁西河典型断面淤积形态变化过程。

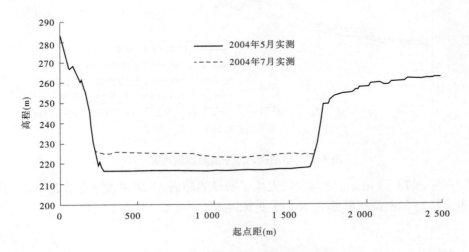

图4-35　沁西河1断面试验前后淤积形态

2)支流纵向冲淤形态的调整

根据黄河第三次调水调沙试验前后的淤积测验资料,点绘了代表性支流沁西河的纵剖面如图4-36所示,可以看出支流河口呈现出明显的抬高现象,抬高的主要原因是干流泥沙的倒灌。试验期间,小浪底库区成功地塑造了异重流,异重流的潜入点位于HH36—HH34断面之间,紧靠该支流的上游。异重流运行到支流河口时,部分含沙水流进入支流,泥沙大多淤积在河口附近。

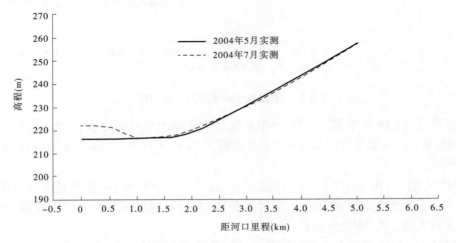

图4-36　试验前后沁西河纵剖面形态

二、水库排沙效果

（一）首次调水调沙试验期间水库排沙效果

试验期间，黄河中游出现洪水，经三门峡水库的调节，7月5日23时～8日20时，三门峡水文站出现了三次沙峰过程，含沙量分别是7月6日2时的513 kg/m³、14时的503 kg/m³和8日4时的385 kg/m³，见图4-37。

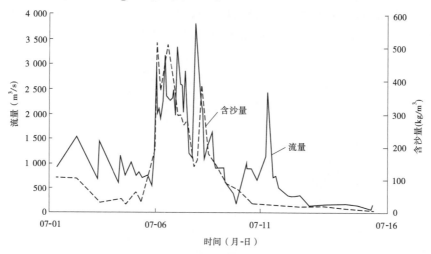

图4-37　2002年7月1～16日三门峡水文站流量、含沙量过程

7月1～15日，三门峡水文站径流量12.5亿 m³，输沙量2.09亿 t。试验期间，小浪底站出现两次沙峰，最大含沙量分别为7月7日12时18分的66.2 kg/m³和9日4时的83.3 kg/m³。其余大部分时间都在20 kg/m³以下，见图4-38。小浪底水文站径流量为26.06亿m³，输沙量为0.319亿 t，排沙比为17.4%。

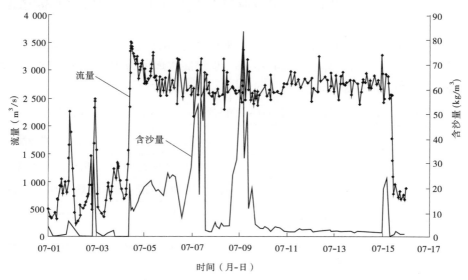

图4-38　2002年7月1～16日小浪底水文站流量、含沙量过程

(二)第二次调水调沙试验期间水库排沙效果

第二次试验前期和试验期间,三门峡水文站8月25日~9月18日发生多场连续的洪水过程。9月6日8时~18日20时试验期间,三门峡站径流量为24.25亿 m³,输沙量为0.58亿 t;最大流量为11日20时的3 650 m³/s,最大含沙量为8日20时的48 kg/m³。

8月25日~9月18日20时,小浪底入库沙量3.602亿 t,出库沙量0.868亿 t,排沙比为24%。期间,桐树岭断面垂线测点含沙量大多为50~80 kg/m³,浑水层厚度40~50 m,泥沙中值粒径0.004~0.006 mm。试验期间水库主要为异重流和浑水水库排沙,出库沙量0.74亿 t,排沙比高达128%。小浪底站水沙过程见图4-39,水沙特征值统计见表4-22。

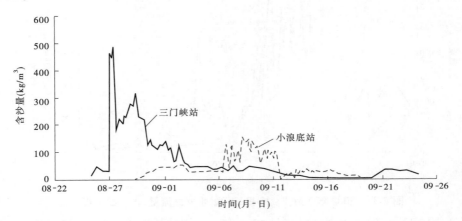

图4-39　三门峡、小浪底站出库含沙量过程(2003年8月25日~9月29日)

(三)第三次调水调沙试验期间水库排沙效果

试验期间三门峡水文站从6月19日9时到7月13日9时径流量为10.88亿 m³,输沙量为0.432亿 t。

从6月19日到7月13日,小浪底水库下泄水量为46.8亿 m³,沙量为440万 t,平均流量约2 260 m³/s,平均含沙量为0.94 kg/m³,小浪底水库的排沙比为10.2%。小浪底站水沙特征值统计见表4-23。

表4-22　三门峡、小浪底站水沙量特征值统计(9月6日8时~18日20时)

站名	时段水量(亿 m³)	时段沙量(亿 t)	最高水位		最大流量		最大含沙量	
			时间(月-日 T 时)	水位(m)	时间(月-日 T 时)	流量(m³/s)	时间(月-日 T 时)	含沙量(kg/m³)
三门峡	24.25	0.580	09-11T20	77.98	09-11T20	3 650	09-08T20	48
小浪底	18.27	0.740	09-16T23	35.72	09-16T9.5	2 340	09-08T06	156

表 4-23　三门峡、小浪底站水沙量特征值统计(6 月 19 日 9 时 18 分～7 月 13 日 9 时)

站名	时段水量 (亿 m³)	时段沙量 (亿 t)	最高水位		最大流量		最大含沙量	
			时　间 (月-日 T 时:分)	水　位 (m)	时　间 (月-日 T 时:分)	流　量 (m³/s)	时　间 (月-日 T 时:分)	含沙量 (kg/m³)
三门峡	10.88	0.432	07-07T14:06	279.03	07-07T14:06	5 130	07-07T20:18	446
小浪底	46.80	0.044	06-19T22:30	136.43	06-21T16:30	3 300	07-09T02:00	12.8

三、小结

(1)小浪底库区高程 275 m 以下原始库容为 127.58 亿 m³,至 2004 年 7 月,实测库容为 112.06 亿 m³,水库运用以来,全库区共淤积泥沙 15.52 亿 m³。

(2)库区淤积形态为三角洲。距坝 55 km 以下,基本为三角洲前坡段或异重流淤积段,河底逐步抬升;距坝 55～110 km 库段处于水库变动回水区,大多时段为三角洲顶坡段或前坡段,河底高程及断面形态随水库蓄水位及来水来沙条件的变化而调整;距坝 110 km 以上库段冲淤基本平衡,断面形态变化不大。

(3)2002 年调水调沙试验期间小浪底水库入库沙量 1.831 亿 t,出库沙量 0.319 亿 t,水库排沙比为 17.4%。第二次调水调沙试验 8 月 25 日～9 月 18 日 20 时,小浪底入库沙量 3.602 亿 t,出库沙量 0.868 亿 t,排沙比为 24%。其中,9 月 6 日 8 时～18 日小浪底入库沙量 0.58 亿 t,出库沙量 0.74 亿 t,排沙比为 128%。第三次调水调沙试验期间小浪底入库沙量 0.432 亿 t,出库沙量 0.044 亿 t,排沙比为 10.2%。三次调水调沙试验期间小浪底入库总沙量为 5.865 亿 t,出库总沙量为 1.231 亿 t,排沙比为 21%。

第四节　检验和丰富了调水调沙相关技术

一、黄河下游协调的水沙关系及调控临界指标体系

(一)黄河下游协调的水沙关系

当前一个时期内,黄河下游面临主槽行洪排沙能力严重不足、"二级悬河"依然严峻的局面,迫切需要塑造合适的洪水过程冲刷主槽以尽快恢复河槽的行洪排沙基本功能。因此,当前一定时期内黄河下游协调的水沙关系必须满足能使下游河道主河槽发生显著冲刷的要求。目前,小浪底水库仍处于拦沙初期,水库以异重流排沙为主,出库细颗粒泥沙含量高,三次调水调沙试验小浪底出库细沙、中沙、粗沙含量分别为 89.3%、8.0%、2.7%,较历史资料中含沙量小于 20 kg/m³ 低含沙水流(细、中、粗沙含量分别为 68.7%、20.0%、11.3%)为细。因此,以历史资料分析提出的黄河下游各河段均发生冲刷的临界水沙条件,在当前的河床边界条件下可使下游河槽产生明显的冲刷。

黄河首次调水调沙试验前,提出下游河道含沙量小于 20 kg/m³ 条件下全程冲刷的流量花园口为 2 600 m³/s、艾山站为 2 300 m³/s,历时不少于 6 天。实际调度中,花园口平均流量 2 649 m³/s,历时 11 天,艾山站平均流量 1 984 m³/s,2 300 m³/s 以上流量持续 6.7 天。下游主河槽实现了全线冲刷,利津以上河槽冲刷效率 20.07 kg/m³。

在总结首次调水调沙试验的基础上,黄河第二次调水调沙试验历时 12.4 天,花园口平均流量 2 390 m³/s,小黑武平均含沙量 29 kg/m³,艾山站平均流量 2 524 m³/s,下游利津以上河槽共冲刷 0.456 亿 t,冲刷效率 17.60 kg/m³。

黄河第三次调水调沙试验第一阶段,进入下游河道清水水量 23.25 亿 m³,平均流量 2 774 m³/s,下游利津以上河槽共冲刷 0.373 亿 t,冲刷效率 16.04 kg/m³。第二阶段,进入下游河道水量 22.27 亿 m³、沙量 0.044 亿 t,平均流量 2 713 m³/s,平均含沙量 2.0 kg/m³,下游利津以上河槽共冲刷 0.284 亿 t,冲刷效率 12.75 kg/m³。黄河三次调水调沙试验下游各河段河槽冲刷情况见表 4-24。

表 4-24　黄河三次调水调沙试验下游河道河槽冲刷情况总览

项目		首次试验（2002 年）	第二次试验（2003 年）	第三次试验(2004 年)		
				第一阶段	第二阶段	全过程
小黑武	水量(亿 m³)	26.61	25.91	23.25	22.27	47.89
	沙量(亿 t)	0.319	0.751	0	0.044	0.044
	历时(天)	11	12.4	9.7	9.5	24
	平均流量(m³/s)	2 798	2 399	2 774	2 713	2 310
	平均含沙量(kg/m³)	12.0	29.0	0	2.0	0.92
下游河槽冲刷量（亿 t）	小浪底—花园口	0.136	0.105	0.089	0.076	0.169
	花园口—高村	0.099	0.153	0.092	0.052	0.147
	高村—艾山	0.102	0.163	0.103	0.095	0.197
	艾山—利津	0.197	0.035	0.089	0.061	0.151
	小浪底—高村	0.235	0.258	0.181	0.128	0.316
	高村—利津	0.299	0.198	0.192	0.156	0.348
	小浪底—利津	0.534	0.456	0.373	0.284	0.664
下游河槽冲刷效率（kg/m³）	小浪底—花园口	5.11	4.05	3.82	3.42	3.53
	花园口—高村	3.72	5.91	3.96	2.33	3.07
	高村—艾山	3.83	6.29	4.43	4.27	4.12
	艾山—利津	7.41	1.35	3.83	2.73	3.15
	小浪底—高村	8.83	9.96	7.78	5.75	6.60
	高村—利津	11.24	7.64	8.26	7.00	7.27
	小浪底—利津	20.07	17.60	16.04	12.75	13.87

小浪底水库的运用具有明显的阶段性,下游河道冲刷过程中平滩流量逐步增加的同时,床沙组成、河槽形态等也在发生相应的调整。因此,协调的水沙关系必然是一个动态的过程。随着库区的泥沙淤积,小浪底水库进入拦沙后期,下游河道的平滩流量逐步恢复至 5 000 m³/s 左右,为了延缓小浪底水库的拦沙期运用年限,水库不再以异重流排沙为

主,下泄的沙量也将大幅度增加,下游河道也不再迫切需要继续冲刷以增加河道过洪能力,此时黄河下游协调的水沙关系与当前的一个时期相比将发生明显的改变。协调的水沙关系主要是指不使下游河道(特别是主河槽)发生严重淤积,同时又不使水库拦沙库容损失较快的水沙关系,即控制水库的淤积和下游河道的淤积并重。当前水库距拦沙后期还有一定时间,因此对于拦沙后期黄河下游协调的水沙关系还无法检验。

(二)临界调控指标体系

黄河三次调水调沙试验,塑造的进入下游河道的洪水流量、含沙量和历时均不相同,下游河道初期边界条件也各不相同。因此,黄河下游各河段的冲刷也各有差别。三次试验中系统的观测资料为确定当前及今后一定时期黄河下游协调水沙关系的临界调控指标体系打下了坚实的基础。

根据对三次调水调沙试验资料的综合分析,结合当前下游河道的河床边界条件,贯彻以人为本的治河理念,确定目前进一步使下游河槽全线冲刷、扩大其行洪排沙能力的调控临界指标体系如下:

(1)在低含沙洪水(进入下游河道洪水平均含沙量小于 20 kg/m³)条件下,控制进入下游河道洪水平均流量在 2 600 m³/s 以上,洪水历时不少于 9 天,可使下游各河段河槽均发生冲刷,全下游冲刷效率达 10 kg/m³ 以上。

(2)含沙量 30 kg/m³ 左右、出库细泥沙含量达 90% 以上时,控制进入下游河道的流量 2 400 m³/s,洪水历时 9 天以上,也可使下游河槽在总量上实现明显冲刷。但是艾山以下河道发生冲刷的流量应在 2 500 m³/s 以上,若孙口以下河道(主要是大汶河)没有水量加入,使下游各河段均发生明显冲刷的流量应在 2 700 m³/s 以上。

(3)三次调水调沙试验使下游各河段主槽均发生了明显冲刷,而且在第三次调水调沙试验过程中适时地提高了调控流量,使当前平滩流量已恢复至 3 000 m³/s 左右,相应的河槽形态也向有利方向发展,印证了前期实体模型的研究结果。在今后调水调沙生产实践中,若小浪底水库仍以异重流排沙为主,则控制进入下游河道的洪水平均流量应进一步提高到 3 000 m³/s 左右、洪水历时 8 天以上,水流含沙量 40 kg/m³ 也可以实现下游河槽的全线冲刷,并视下游河槽过洪能力恢复情况及时调整调水调沙指标体系。同时,控制出库流量使其尽量接近下游平滩流量,最大限度地发挥河槽的行洪排沙能力。

二、协调水沙关系的塑造技术

协调的水沙关系是黄河水沙调控追求的目标。河道排洪能力预测、出库含沙量预测、水沙对接、人工扰动、试验流程控制等塑造水沙关系的各项技术在试验中得到了丰富和验证。

(一)枢纽工程对水沙调整幅度

协调水沙关系的塑造首先要了解现有工程的运用原则和调节能力,将三门峡、小浪底水库不同运用方式对入库水流流量和含沙量的调节幅度进行分析,得出初步结论如下:

(1)三门峡水库,通过开启不同组合的孔洞并辅以调节个别孔洞的开度,便可较准确地控制出库流量,出库流量调节幅度可从 0 到 9 700 m³/s(315 m 水位对应泄量),甚至更大;位于不同高程的泄流孔洞排泄的含沙量有差异,调整泄流孔洞组合可相应地对出库含沙量及级配进行调控。

（2）三门峡水库汛初结合入库洪水敞泄运用，其增加的含沙量，从近几年实测资料看，最高可达 305.61 kg/m³。汛期其他洪水期，水库敞泄运用日均出库含沙量最大增加值在 188～285 kg/m³。第三次调水调沙试验利用了三门峡水库这一功能，与上游万家寨水库联合调度，增加了小浪底入库洪水的含沙量，形成了人工异重流。

（3）小浪底水库在拦沙运用初期，库区泥沙主要以异重流形式输移，为了提高水库的排沙比，当异重流抵达坝前时，应及时开启位置较低的泄流闸门排沙。

（二）出库含沙量预测技术

多沙河流上兴建的水库，其出库含沙量的影响因素十分复杂。对出库含沙量过程进行定量预测是调水调沙乃至多沙河流水库调度中非常重要的工作之一。

调水调沙试验前和试验期间，在对大量实测资料整理分析的基础上，采用物理成因分析和统计方法，开展了三门峡、小浪底水库出库含沙量预测研究，并利用试验数据进行实时验证和改进。2003 年 8 月，三门峡水库出库含沙量预测模型在研制成功不久便应用于第二次调水调沙试验和防御罕见秋汛洪水工作中，取得了较好的效果。

利用 2003 年 8 月 26 日～9 月 10 日的水沙过程对三门峡水库出库含沙量预测模型的验证情况见表 4-25 和图 4-40，可以看出，预测值和实测值组成的点据分布在 45°线附近，与实际情况符合较好。

表 4-25　三门峡水库出库含沙量验证表

排沙日期 （年-月-日）	库水位 （m）	入库 流量 （m³/s）	出库 流量 （m³/s）	入库 含沙量 （kg/m³）	底孔 出流比 （%）	出库含沙量	
						实测值 （kg/m³）	预估值 （kg/m³）
2003-08-26	305.11	1 090	1 170	27.2	39.0	33.2	25.4
2003-08-27	293.52	1 550	2 240	38.3	97.8	334.0	112.8
2003-08-28	293.27	2 080	2 210	157.0	98.2	214.0	353.9
2003-08-29	292.73	2 540	2 140	216.0	98.5	246.0	406.7
2003-08-30	293.56	2 510	2 420	122.0	97.0	150.0	248.3
2003-08-31	295.16	2 350	2 780	85.1	94.3	118.0	190.1
2003-09-01	295.69	2 950	2 880	64.4	93.6	91.3	117.6
2003-09-02	294.82	2 810	2 640	49.8	94.9	79.9	92.6
2003-09-03	293.67	2 530	2 410	38.3	97.4	61.8	77.0
2003-09-04	294.83	2 500	2 710	28.3	96.8	56.5	60.0
2003-09-05	295.12	2 880	2 740	23.0	96.2	45.6	42.7
2003-09-06	295.43	2 730	2 810	24.1	95.9	48.8	47.1
2003-09-07	295.75	2 720	2 970	24.6	95.1	46.5	49.7
2003-09-08	296.19	2 850	3 050	36.8	94.5	46.9	71.0
2003-09-09	296.10	2 890	3 020	36.7	94.6	49.0	69.7
2003-09-10	295.47	3 100	2 710	31.4	96.7	42.8	52.9

（三）人工扰动技术

利用泥沙扰动设备而达到水库和河道减淤、改善淤积形态的目的，在国内还没有成熟

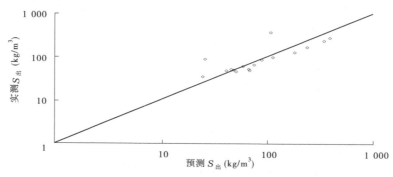

图 4-40 底孔打开时的出库含沙量验证

的经验。调水调沙试验中采用的小浪底水库库尾泥沙扰动技术和下游河道泥沙扰动技术是在广泛调研了爆破技术、泥沙扰动、管道输送等技术的基础上,充分借鉴了黄河潼关多年清淤经验,并结合黄河下游和小浪底库区实际情况进行了补充和完善。形成的泥沙扰动技术,具有设备稳定、加工方便、节省资金、效率高的特点。尤其是潜吸式泥浆泵的引入,对今后黄河下游淤背固堤、滩区人工淤滩等都具有极大的借鉴作用。

试验证明,在适当的水流条件下,泥沙扰动对增加水流的含沙量、改变天然水流的水沙特性、增大水流的输沙能力具有较大的作用,能够有效地降低扰动河段的河底高程,改善扰动河段的淤积形态,达到远距离输移泥沙的目的。

本次试验在作业时间、作业模式、施工河段选取、设施设备研制等方面进行了有益的探索,并结合黄河的水沙特性,针对试验期间人工泥沙扰动对水沙运动规律的影响、断面流速和含沙量的变化、泥沙粒径的调整等因素进行了系统的监测和分析,积累了宝贵的试验数据,为今后进行更大规模的人工泥沙扰动作业奠定了比较坚实的基础。

(四)水沙对接技术

水沙对接技术的核心是泥沙对接。三次调水调沙试验中共实施了两种模式的对接技术。其一是小浪底水库来沙与小花间洪水的对接。其主要设想是:

(1)充分考虑小浪底水库有较大调节库容的条件,调控小浪底出库水沙过程,充分发挥故县、陆浑两水库的调节作用,在防洪安全的前提下,使伊洛河黑石关站保持一定历时、量级的流量过程,同时结合沁河来水(后两者来水主要为清水),塑造花园口站合适的水沙过程。

(2)根据小花间流量过程的滚动预报,分析推算出小浪底出库流量、含沙量,实施花园口断面水沙过程对接。在花园口控制断面加强实时监测,实时修正,最终使整个过程达到调控指标要求。

第二次调水调沙试验中,借助于水沙对接技术和准确的小浪底至花园口区间洪水、泥沙预报,成功地实现了小浪底水库下泄的浑水与伊洛、沁河区间的清水在花园口站水沙对接。从对接效果看,实测花园口站平均流量 2 390 m^3/s,平均含沙量 31.1 kg /m^3,基本达到了预案规定的控制花园口断面平均流量 2 400 m^3/s,平均含沙量 30 kg/m^3 的水沙调控指标。

另外一种形式的对接是第三次调水调沙试验中,万家寨水库泄流与三门峡水库蓄水的对接。目标是冲刷三门峡水库泥沙,同时下泄一定量级和一定历时的洪水过程,为小浪底水库异重流提供后续动力和细泥沙来源。对接的关键技术问题包括水流到达时三门峡水库的库水位、水流从万家寨至三门峡入库的演进时间、万家寨水库泄流量及时机、异重流在小浪底水库的输移规律等。

(五)河道主槽排洪能力预测技术

黄河下游主槽过流能力的准确预测是确定试验指标、调整试验过程的重要依据。治黄科研人员经过多年的探索,总结了适合黄河下游各河段实际特点的水力因子法、冲淤改正法、实测资料分析法和数学模型计算等多种方法,综合分析各个河段主槽过流能力。

首次调水调沙试验前,由于黄河下游连续数年没有出现与试验调控流量接近的流量过程,加之断面布设较少,为主槽过流能力的预测带来了一定困难。此后,黄委加强了原型测验系统的建设,加密下游断面,引入 GPS 等高新技术,提高了测验精度,在第二次、第三次调水调沙试验前,对各个河段排洪能力进行了详细分析,特别是第三次试验前,分析预测河南徐码头附近 20 km 和山东雷口附近 10 km 河段是黄河下游过流能力最为薄弱的"卡口"河段。试验指挥部确定以这两个河段为下游实施人工扰沙河段的重点,使得试验后这两个河段主槽过流能力明显改善。

(六)试验流程控制技术

黄河调水调沙试验控制流程非常复杂,涉及的因素也很多。从时间上讲分为预决策、决策、实时调度修正和效果评价四个阶段;从空间上讲涵盖了黄河中游干支流水库群的调度和下游河道的监测与引水控制;从内容上讲涉及到水文泥沙预报、指挥调度、工程抢险等防汛工作的各个环节。为确保试验成功,对试验进行科学设计和控制,确定每个阶段的工作项目、流程以及责任落实等是非常必要的。

试验流程控制技术的应用,使得大规模的原型试验得以有序的进行,并实现了与模型黄河和数字黄河的适时联动。

三、水库减淤技术

(一)水库排沙减淤的途径

现状水沙调控工程条件下,以小浪底水库为主对进入黄河下游的水沙关系进行调节,为了尽量减缓水库的淤积,延长其拦沙年限,要求在塑造黄河下游协调的水沙关系的同时,水库尽量多排泥沙,由于当前水库以异重流、浑水水库等形式排出的泥沙颗粒很细,细泥沙在下游河道的淤积比例较小,因此在保证下游各河段主槽仍能得到较为显著冲刷的条件下水库尽量多地排泄泥沙,也是黄河下游水沙调控中应考虑的重要问题之一。

1.异重流排沙

异重流排沙又可分为天然异重流排沙、人工异重流排沙。前者是指黄河中游发生一定含沙量、一定流量级和一定历时的洪水,进入库区后所形成的异重流持续运行到坝前,通过排沙洞、孔板洞排出库外。后者是指在中游不发生洪水的条件下,利用干流其他水库与小浪底水库联合水沙调度,以一定历时的较大流量冲刷小浪底库区回水末端以上的三角洲淤积段和三门峡库区泥沙,使得浓度较高的挟沙水流进入库区形成异重流并持续运行到坝前,进而排出库外。黄河第三次调水调沙试验证明了这种异重流排沙模式可以成功塑造,并能达到多排沙出库、减轻水库淤积的目的。

2. 浑水水库排沙

当异重流运行至坝前以后,若不能被全部排出,会聚集在坝前形成浑水水库。此外,据初步分析,当入库的小洪水由于水流动力条件不足,不能满足异重流运行到坝前的要求时,异重流运行一段距离后便会停止下来,悬浮在蓄水体底部的粗泥沙较快地发生就地落淤,而细颗粒泥沙会由于与周围水体存在较大的浓度梯度逐渐扩散,并随库水位的消落而下移。当连续发生这种量级不大的小洪水时,悬浮于水体底部的细颗粒泥沙累计增多,不断向坝前扩散运行,便会形成坝前一定区域范围内的浑水水库,此时打开排沙洞或孔板洞,即会有一部分细颗粒泥沙排出库外。浑水水库排沙时出库含沙量与前期浑水水库的形成条件和运行到坝前的泥沙含量密切相关。充分利用浑水水库排沙也是小浪底水库运行初期重要的排沙途径之一。

3. 壅水明流排沙

当水库蓄水量不大或由于其他原因入库含沙水流在库区不能形成异重流时,此时库区会形成遍布整个蓄水体的浑水,水库便会以壅水排沙形式进行排沙,其排沙量和入库水沙条件及水库蓄水量密切相关。

4. 敞泄排沙

敞泄排沙是指在洪水入库并运行到坝前时,坝前水深降低至明渠均匀流的正常水深,使整个库区完全成为河道状态,此时由于库区前期淤积纵比降往往较大,水流沿库区发生明显的溯源冲刷和沿程冲刷,大量泥沙排出库外。出库往往形成浓度较高的含沙水流,排沙效果显著。在一定量级的洪水条件下库容可望得到明显恢复,但若不能达到足够的水库动力条件时,库区冲刷后进入下游的水沙关系往往极不协调,甚至形成"小水带大沙"的局面,造成下游河道的严重淤积。

在实际调度运用中,水库的排沙往往是以上四种排沙形式的两种或两种以上的组合。但小浪底水库拦沙初期则主要是异重流排沙和浑水水库排沙,壅水排沙及敞泄排沙主要出现在水库拦沙后期或正常运行期。

(二)水库拦沙初期减淤技术

1. 浑水水库排沙

小浪底库区形成较为明显的浑水水库时,根据坝前水流含沙量沿垂线分布的观测资料,可对浑水水库的排沙量做出预测,考虑塑造黄河下游河道协调的水沙关系相对应的控制指标体系要求,根据水库的蓄水情况和来水预报,可相机进行浑水水库排沙,以减轻水库的淤积。

2. 异重流排沙

1)天然异重流

根据小浪底水库运用以来,特别是黄河三次调水调沙试验的异重流观测资料,进一步分析了异重流持续运动到坝前的临界条件,除满足洪水历时且入库细泥沙的沙重百分数约50%的条件外,还应满足:①入库流量大于 2 000 m³/s 且含沙量大于 40 kg/m³;②入库流量大于 500 m³/s 且含沙量大于 220 kg/m³;③流量为 500～2 000 m³/s 时,相应的含沙量应满足 $S \geqslant 280 - 0.12Q$。

　　根据入库水沙条件和上述异重流能否运行到坝前的判别条件,当判断异重流可以运行到坝前时,及时在近坝段布置并加强异重流测验,待异重流运行到坝前以后,根据塑造下游协调的水沙关系的要求,开启不同泄水闸门控制进入下游河道的流量和含沙量,并尽最大可能将异重流运行到坝前的泥沙排出库外。

　　2)人工异重流排沙

　　黄河第三次调水调沙试验,验证了利用万家寨、三门峡水库的蓄水为小浪底水库提供水流动力条件,使库区淤积三角洲发生强烈冲刷以塑造人工异重流排沙减少库区淤积的设想。7月5日15时,小浪底水库库水位降至235 m左右时,三门峡水库开始按2 000 m³/s流量下泄清水,7月5日18时异重流开始在HH35(距坝58.51 km)断面潜入,7月6日2时河堤站(距坝约65.0 km,在235 m回水末端以下约5 km)含沙量达121 kg/m³,之后迅速衰减,异重流运行到HH5(距坝6.54 km)断面后逐渐消失。随着三门峡水库的泄空,接踵而来的万家寨水库泄水在三门峡库区发生强烈的溯源冲刷和沿程冲刷,虽然进入小浪底水库的流量仅1 000 m³/s左右,但含沙量较高,为小浪底水库异重流提供了后续动力,促使异重流排出库外。

　　从人工异重流的塑造过程可得到以下认识:

　　(1)人工异重流塑造之初,小浪底库区235 m回水末端以上主要冲刷段淤积纵比降约5‰,其中三角洲前坡段(约8 km)比降约2‰。在2 000 m³/s流量清水冲刷作用下约40 km库段范围内,含沙量可冲刷恢复36～120 kg/m³,为今后小浪底水库冲刷排沙提供了借鉴。

　　(2)在人工塑造异重流的第一阶段,水位235 m相应的回水末端以上(HH42—HH50断面)库段淤积物组成细、中、粗沙含量分别为37.2%、40.4%、22.4%。虽然泥沙颗粒较粗,但2 000 m³/s流量级、含沙量100 kg/m³左右的水沙条件仍可在回水末端以下形成异重流并运行至近坝段,说明当异重流潜入点处含沙量较高,水流动力条件较强时,即使细颗粒泥沙含量较低仍能形成异重流并持续运行相当长的距离。

　　(3)异重流形成和运行随入库水沙条件的变化具有不稳定性,特别是细颗粒含量较小的异重流更加如此。本次人工异重流塑造的第一阶段异重流没有顺利排出库外,一方面与入库流量在个别时段没有达到所要求的动力条件有关;另一方面,三门峡下泄流量过程不稳定(日内流量变幅接近3倍)也在很大程度上促进了异重流在运行过程中能量的波动与扩散。

　　(4)人工异重流排沙试验及其所得到的各种技术指标为小浪底水库的排沙提供了一条新的途径。在小浪底水库今后长期的运用中,由于黄河水沙情势的变化,中等流量以上的洪水出现几率明显减小,充分利用这种人工异重流的排沙方式排泄前期的淤积物以减轻水库的淤积非常必要。

四、测验、预报体系

(一)测验体系

　　建设完善的黄河水库、河道水文泥沙原型监测体系,对于保证调水调沙试验总体目标的实现十分重要。三次调水调沙试验,从不同的方面对小浪底水库和下游河道的原型监测站网(断面)、测验设施、观测仪器、观测技术和组织管理等方面进行了检验,证明了目前的监测体系能够满足大规模的调水调沙生产运用科研数据采集和实时调度的需要。

目前监测体系和调水调沙试验前相比,在以下几个方面得到了完善和加强:

(1)调整、完善了小浪底水库测验断面,丰富了水库异重流观测内容。

(2)加密了下游河道测验断面,使得断面总数由过去的 154 个增加 373 个,平均断面间距接近 2 km。

(3)引进了大批 GPS、ADCP、浑水测深仪、激光粒度分析仪等先进的测验仪器和设备,水文测验的科技含量和自动化程度大大提高,提高了观测精度,缩短了测验历时。

(4)根据黄河特殊的水沙特性,成功研制了振动式在线测沙仪、清浑水界面探测仪、多仓悬移质泥沙取样器等水文测验仪器;开发了自动化缆道测流系统、水情无线传输系统、测船自动测流系统等先进的水文测验设施;研制、开发了水库水文测验数据信息管理系统、河道淤积测验信息管理系统、先进水文情报预报应用软件等。

(5)编制了完善的、适应调水调沙试验的水文测验、水情预报方案,制定了详细的水文测验技术标准和技术要求。

(6)建立、健全了测验组织和管理机构,任务明确、分工科学、反应迅速。

(二)预报体系

(1)新开发的黄河中下游洪水预报系统,为提高水情预报的时效性、准确性,满足调水调沙试验的需要起到了重要作用。洪峰的预报精度可以按照误差的百分比划分为 4 级,误差不大于依据站与预报站实际洪水传播时间的 ±10% 或预报误差不大于 2 h 为优秀。调水调沙期间的径流预报,暂不做精度要求。中、短期天气及降雨预报的精度,按照气象部门的精度评定办法进行。

(2)满足中下游站洪水预报的时间要求。如花园口站出现洪峰后,2 h 内作出夹河滩站的洪水预报及高村站的参考预报等。小浪底到花园口区间未来 36 h 洪水过程在花园口的相应过程上滚动预报。

(3)气象预报人员可做第 4～10 天的中期天气过程预报;水情预报人员根据降雨等值线预报图,利用黄河中下游洪水预报系统,在 2 h 内估算出花园口站可能出现的流量和趋势(警告预报)。利用洪水预报系统,进行花园口站的实时降雨径流预报(参考性预报)。调水调沙实施后,水情预报人员继续进行花园口站警报、降雨径流、河道洪水预报,做好花园口以下各站的洪水预报准备工作。继续密切监视黄河下游各站的水情,预报有关站的流量过程。

(4)流域洪水预报采用了降水径流预报,从而确保了调水调沙有充分的预报时间进行合理的水库调度。实践证明,新开发的黄河中下游洪水预报系统,可以满足调水调沙对预报的要求。

五、实体模型验证

(一)水库实体模型验证

对实体模型进行验证试验,是黄河首次调水调沙试验的重要环节。通过在小浪底库区模型上复演原型调水调沙试验过程,并对比分析模型试验过程中水沙运动、淤积形态及地形变化等因素与原型的相似性,达到对模型验证的目的,进而改进和完善库区实体模型。

1．验证试验条件

1)进口水沙过程

小浪底入库水沙控制站为三门峡水文站。位于小浪底大坝上游约 63.82 km 处设有河堤水沙因子站。首次调水调沙试验期间水库蓄水较高,入库洪水在河堤站上游形成异重流,故河堤站水沙过程不能作为模型进口水沙条件。模型进口水沙条件的确定是由三门峡站流量、模型进口以上库容曲线及实测水位过程,采用水量平衡法确定模型进口流量过程。为使库区异重流运动及排沙过程尽量与原型相似,沙量过程采用相应时段三门峡站实测值。

2)下边界控制条件

调水调沙试验期间,小浪底水库发电洞、排沙洞、明流洞及孔板洞均参与泄流,且各闸门开启频繁,模型试验过程中满足库水位过程,并使泄水闸门的启闭基本按实际调度情况控制。

3)初始地形

采用小浪底库区 2002 年 6 月中旬进行的全库区断面观测结果。

2．模型与原型对比分析

1)流速及含沙量垂线分布

流速分布是水流阻力状况,或者说是水流能量消耗的反映。流速与含沙量分布是研究水流挟沙能力的基础。对模型验证试验而言,模型与原型是否符合,是检验模型综合阻力、水流泥沙运动与原型是否相似的标志。

图 4-41 及图 4-42 分别为模型与原型沿程各断面主流线流速及含沙量垂线分布套绘图。总的看来两者分布形式基本相似,且定量也基本相同。

2)浑水水库变化过程

图 4-43 是原型与模型坝前桐树岭站清浑水交界面变化过程。原型实测资料显示,由于坝前浑水层泥沙颗粒很细,中值粒径基本在 0.008 mm 以下,泥沙沉降极其缓慢。调水调沙试验期间坝前桐树岭站清浑水交界面高程从 2002 年 7 月 4 日的 189.07 m 上升至 7 月 9 日的 197.58 m,之后略有下降,至 7 月 13 日仍然高达 194 m。而模型坝前清浑水交界面高程初始与原型较为接近,之后下降速度明显高于原型。初步分析认为模型浑液面沉降速度略大于原型其原因有三:一是按模型设计,悬沙粒径比尺小于 1,则模型沙比原型沙偏粗;二是含沙量比尺为 1.7,模型含沙量较原型小;三是原型沙与模型沙物理化学特性有较大的差异。分析认为,模型浑液面沉降速度大于原型,仅在水库下泄流量较小时影响水库排沙历时,不会对库区淤积产生大的影响。

3)库区地形变化

图 4-44 为调水调沙试验之后库区干流原型与模型纵剖面对比图。可以看出,两者在距坝 50～60 km 之间及距坝 9～20 km 之间模型明显高于原型。分析其原因,前者主要是模型较短,致使模型进口水沙条件及水流结构与实际出入较大而引起的。后者则可能是由于原型断面测验时浑水水库尚未完全沉降,而模型浑水水库中悬浮的泥沙已全部沉积至库底所致。其他库段原型与模型两者较为接近。

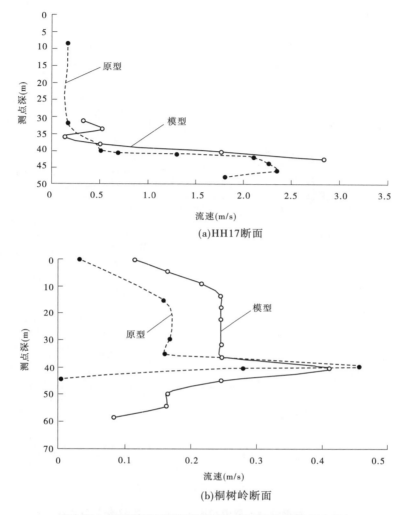

(a)HH17断面

(b)桐树岭断面

图 4-41 异重流流速沿垂线分布对比(2002 年 7 月 8 日)

库区沿程典型横断面原型及模型对比见图 4-45。模型进口段较原型相应库段淤积量大,HH36 断面模型淤积高程明显大于原型;HH25 断面以上,初始地形有滩槽之分的库段泥沙主要淤积在河槽内,淤积后的床面横向趋于平坦,几乎无滩槽之分,如 HH29 断面。HH25 断面以下库段横断面库底高程基本上为平行抬升。

支流淤积主要是干流异重流从支流沟口自下而上倒灌而成,支流口淤积面基本上随干流同步抬升。图 4-46 为距坝约 4 km 处的大峪河纵剖面,可以看出,淤积较为平坦。

采用断面法统计模型及原型干流不同库段泥沙淤积量见表 4-26。

表 4-26 库区干流淤积量统计对比

库段		HH1—HH15	HH15—HH27	HH27—HH36
淤积量 (亿 m³)	模型	0.750	0.337	0.688
	原型	0.531	0.405	0.169

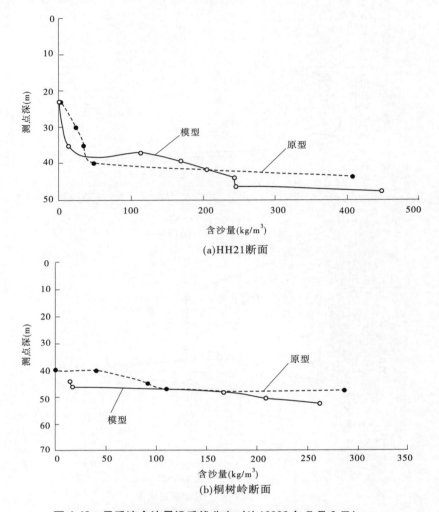

(a)HH21断面

(b)桐树岭断面

图 4-42　异重流含沙量沿垂线分布对比(2002 年 7 月 8 日)

3. 主要结论及认识

　　模型试验是建立在相似理论基础之上的,模型与原型不仅应具备几何相似,而且需满足动态相似及动力相似。小浪底库区实体模型验证试验旨在检验模型与原型的相似性,进一步把握模型预报成果的可信度,以推动"模型黄河"的发展。通过模型验证试验达到预期目的,并取得以下主要结论及认识:

　　(1)模拟的库区水沙运行规律、库区干支流泥沙淤积过程等与原型观测基本相似。

　　(2)库区实体模型受长度的限制,进口水沙条件及水流分布与原型不同,加之观测时间、观测位置与原型不完全一致等因素,使水库淤积及异重流流速与含沙量分布在数值上与原型有一定的差别。

　　(3)小浪底库区发生的异重流,在坝前形成浑水水库,以浑液面的形式下沉,这与散粒体泥沙的沉降机理有质的区别。模型验证试验存在浑液面沉降速度大于原型的状况。

　　(4)小浪底库区模型模拟范围为大坝以上 62 km 库段。水库运用以来,由于汛期运

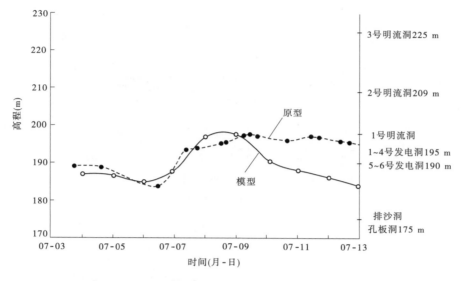

图 4-43　坝前清浑水交界面试验结果(桐树岭站)

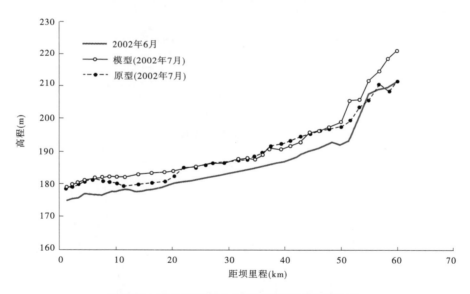

图 4-44　调水调沙试验之后库区干流纵剖面对比

用水位较高,淤积三角洲已超出模型范围,且会发生较大幅度的调整。显而易见,小浪底库区模型存在着长度不足的缺陷,已不能预报库区淤积末端的变化规律,且在水位较高的情况下不能对异重流进行完整的模拟。鉴于此,模型上延是十分必要的。

(5)小浪底水库投入运用后均处于蓄水状态,因而洪水期模型所涵盖的库段大多为异重流排沙。在小浪底水库实体模型上进行的验证试验也基本上是对异重流排沙过程进行了验证。随着小浪底水库运用方式的变化,水库排沙方式亦会随之改变,如水库明流排沙、水库降水冲刷等。小浪底实体模型应在适当时期选择典型时段进一步验证并完善。

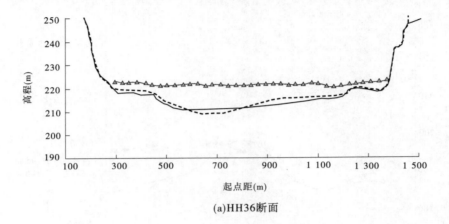

(a)HH36断面

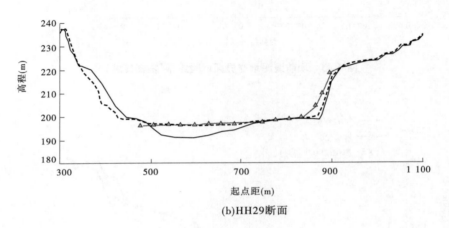

(b)HH29断面

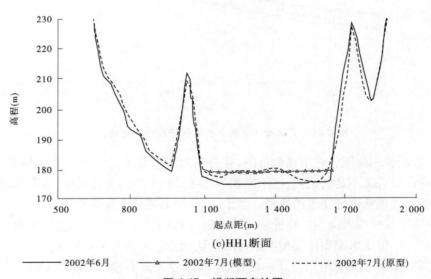

(c)HH1断面

—— 2002年6月　　　—△— 2002年7月(模型)　　　----- 2002年7月(原型)

图 4-45　横断面套绘图

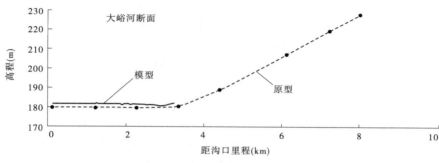

图 4-46　支流纵剖面

(二)河道实体模型验证

在 2002 年、2004 年黄河调水调沙试验完成之后,开展了下游河道实体模型验证试验。主要目的:一是在模型上采集与观测沿程水位、河势、河床纵剖面调整、沿程含沙量及床沙变化,以及河道工程险情资料,并与原型观测资料对比,从而进一步检验并完善黄河河道模型的相似理论及试验技术,更全面地认识和掌握黄河未被认识的自然规律;二是充分发挥模型试验的优势,观测在原型中难以观察或采集到的更为广泛的资料,如洪水漫滩及演进的特点、不利的河势及畸形河湾的变化过程等,扩展或补充原型观测资料。

1.首次试验实体模型验证结果

1)验证试验条件

模型验证试验水沙过程为 2002 年 7 月 4~15 日小浪底、黑石关、武陟三站实测过程。小浪底水文站 7 月 3~20 日实测悬沙级配中值粒径一般为 0.005~0.008 mm。按比尺要求,模型沙中值粒径为 0.006~0.009 9 mm。实际模型进口加沙中值粒径为 0.015~0.017 mm,较原型要求偏粗。

模型初始地形根据 2002 年汛前黄河下游实测大断面和河势资料进行塑制,滩地、村庄、植被状况按 1999 年航摄、2000 年调绘的 1∶10 000 黄河下游河道地形图塑制,并结合现场查勘情况给予了修正。河道工程按试验前原型实际修建情况布设。根据调水调沙试验初期的原型水位资料,在模型上施放 1 000 m³/s 流量对河槽进行了率定与调整。

2)验证试验结果

A.河势模拟相似性分析

根据试验结果,从以下两方面对河势相似性进行分析。

(1)主流变化。总的来讲,调水调沙试验期间,模型试验结果与原型基本一致。其中,铁谢至伊洛河口、郑州铁路桥至九堡、黑岗口以下直到苏泗庄河段,模型主流平均摆幅为 195.4 m,原型主流平均摆幅为 190.6 m,误差为 2.5%。主流线变化与原型一致的河段长度占总河段长度的 84%。在个别河段,主流线变化存在一定差别,如张王庄河段、驾部至东安河段、三官庙至大张庄河段及夹河滩断面上下。其中,摆幅差别最大的为伊洛河口至郑州铁路桥之间的磨盘顶断面,误差为 27.1%。这几个局部河段均处在河道整治工程不配套、长期以来河势调整相对剧烈的河段,河槽也相对较为宽浅。

(2)洪水漫滩情况的相似性。本次模型试验洪水漫滩情况与原型相比,花园口以上河段及花园口至九堡河段与原型基本相似,九堡以下个别河段与原型存在一定差别。

从漫滩范围看,与原型相似的河段占总河段长度的65%,不相似的河段占总河段长度的35%。从漫滩水量看,九堡至黑岗口、曹岗至欧坦、禅房至大留寺的封丘滩区漫滩水量明显偏大,一定程度上影响了洪水的演进和泥沙的输送。

B.洪水表现

(1)洪水位对比。试验期间测得各站最高水位值与原型实测结果均比较接近,一般相差在±0.15 m以内,平均误差0.09 m。其中花园口、夹河滩、高村模型试验值分别为93.80 m、77.76 m、63.75 m,原型实测结果分别为93.67 m、77.59 m、63.76 m。

(2)洪水传播时间。试验测出小浪底至高村洪水传播时间长达144 h。其中夹河滩至高村河段约为93 h,滞后于实际,见表4-27。

表 4-27　模型实测洪峰沿程传播时间　　　　　　(单位:h)

河段	小浪底—花园口	花园口—夹河滩	夹河滩—高村
模型	23	28	93
原型	22	22	80

C.河道冲淤

原型实测冲刷量为0.191亿t,模型为0.154亿t,总量两者相近,见表4-28。从沿程分布上看,模型铁谢至花园口河段冲刷,花园口至夹河滩属冲淤平衡,夹河滩至高村淤积,与原型定性一致。造成定量差异的原因,主要是模型初始地形制作与原型存在一定差异。

表 4-28　模型与原型冲淤量比较表(断面法)　　　　　　(单位:亿t)

河段		铁谢—伊洛河口	伊洛河口—花园口	花园口—九堡	九堡—夹河滩	夹河滩—高村	铁谢—高村
冲淤量	模型	−0.107	−0.274	−0.096	0.101	0.222	−0.154
		−0.381		0.005		0.222	−0.154
	原型	−0.131		−0.071		0.011	−0.191

D.流量流速变化

(1)流量变化。图4-47是夹河滩(三)、高村站的流量与原型实测流量过程的对比情况。从图中可以看出,模型流量测量结果与原型实测流量总体上基本相符。

(2)流速变化。图4-48给出了试验中测得的夹河滩(三)站、高村站原型与模型主槽流量与平均流速的对比情况。可以看出,夹河滩(三)站试验数据与原型符合较好,高村站仅试验结束时点据与原型差别较大,主要是受上段模型中漫滩流量偏大、洪峰滞后的影响。

2.黄河第三次调水调沙试验实体模型验证结果

1)验证试验条件

A.初始边界条件

本次试验的初始地形根据2004年汛前黄河下游加密大断面实测资料和河势查勘资

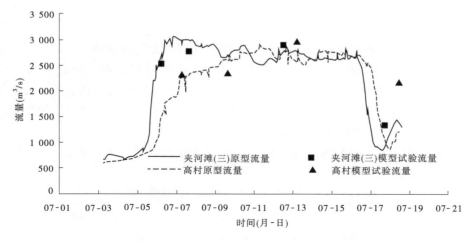

图 4-47　2002 年模型实测流量与原型对比

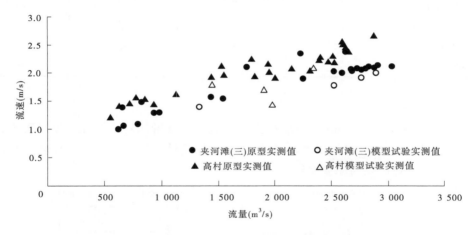

图 4-48　主槽平均流速与流量关系

料进行塑造,河道整治工程按原型现状布设。对一些新修生产堤也按 2004 年汛前河势查勘时了解到的情况进行了布设。地形制作完成后,同样采用调水调沙试验初期的原型水位资料,在模型上施放 1 000 m³/s 流量对河槽进行了率定与调整。

　　B.水沙过程及控制

　　此次模型试验不仅模拟了 2004 年 6 月 19 日~7 月 13 日 8 时调水调沙试验的整个过程,还模拟了 2004 年 6 月 16~18 日预泄过程。

　　模型尾门水位采用苏泗庄水位站的实测水位过程进行控制。

　　需要说明的是,调水调沙试验第二阶段异重流排沙时悬移质泥沙的控制较原型偏粗。

　　2)验证试验成果

　　A.河势变化

　　模型试验整体上较好地模拟了原型河势的演变情况,说明模型设计可以达到游荡性河段的河型相似、河势平面变化相似的要求,这一点在首次调水调沙验证试验中也得到过证明。

B.洪水表现

(1)洪水位对比。模型实测最高洪水位与原型实测结果均比较接近,一般相差都在 ±0.16 m 以内,平均误差为 0.11 m。其中花园口、夹河滩、高村模型实测值为 92.95 m、76.85 m、63.00 m,原型实测结果分别为 92.86 m、76.73 m、63.02 m。从试验沿程水位观测结果可以看出,试验河段自上而下发生了普遍的沿程冲刷,尤其是九堡以上河段河道的冲刷是明显的,九堡以下冲刷明显减弱。

(2)洪水传播时间。表 4-29 列出了模型试验两个试验阶段洪水的传播时间,与原型的对比,两者符合较好。

表 4-29　调水调沙试验不同阶段洪水传播时间统计　　　　　　　（单位:h）

河段	清水下泄阶段		异重流排沙阶段	
	模型	原型	模型	原型
小浪底至花园口	20	24	23	24
花园口至夹河滩	16	14	18	16
夹河滩至高村	14	12	16	15
小浪底至高村	50	50	57	55

C.河床冲刷变化

(1)全沙冲淤量。图 4-49 为原型与模型各河段冲刷量的对比情况。可以看出,不论是在冲刷总量上,还是在各河段冲刷量的分配上,模型计算结果与原型都比较一致,尤其是模型断面法计算结果与原型比较接近。

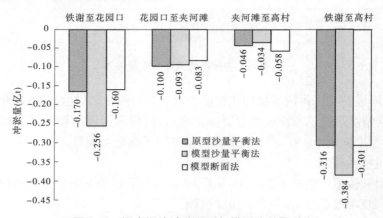

图 4-49　调水调沙试验原型与模型冲淤量对比

(2)分组沙冲淤量。由各粒径组泥沙冲淤量统计表 4-30 看出,下游河道的冲刷以细泥沙为主,铁谢至高村河段细泥沙冲刷 0.180 3 亿 t,占总冲刷量的 47.0%;中泥沙冲刷 0.100 9 亿 t,占总冲刷量的 26.3%;粗泥沙冲刷 0.102 4 亿 t,占总冲刷量的 26.7%。与原型对比可以看出,各河段不同粒径泥沙的冲淤量定性一致。

同样需要指出的是,模型试验中悬沙测验为主流一点法,因此也造成分组沙冲淤量的计算结果存在一定误差。

D.泥沙沿程变化情况

（1）含沙量变化与原型对比。图 4-50 为高村站原型与模型实测含沙量的对比情况。可以看出，在调水调沙第二阶段，经过持续冲刷后，模型与原型已比较接近。

表 4-30　模型试验各粒径组泥沙冲淤量

水量 （亿 m³）	沙量 （亿 t）	河　段	各河段冲淤量（亿 t）			
			＞0.05 mm	0.05～0.025 mm	＜0.025 mm	全沙
45.26	0.043 7	铁谢—花园口	−0.095 0	−0.077 1	−0.084 0	−0.256 1
		花园口—夹河滩	−0.001 0	−0.008 8	−0.083 4	−0.093 2
		夹河滩—高村	−0.006 4	−0.015 0	−0.012 9	−0.034 3
		铁谢—高村	−0.102 4	−0.100 9	−0.180 3	−0.383 6

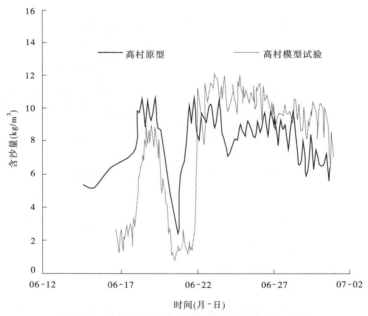

图 4-50　高村站原型与模型实测含沙量过程对比

（2）不同粒径组泥沙含沙量沿程恢复情况。图 4-51 为流量在 2 600 m³/s 左右时原型和模型试验中细、中、粗泥沙沿程的恢复情况，二者基本一致，尤其是中、粗沙。从各河段看，花园口以上河段各粒径泥沙恢复力度都较大；花园口以下河段细泥沙含沙量仍继续增大，而中、粗泥沙恢复力度减弱。

E.流量变化情况

图 4-52～图 4-54 分别是模型的花园口、夹河滩、高村站的流量与原型的对比情况。模型流量计算过程中考虑了测验流速与垂线平均流速的关系、断面位置与主流方向夹角变化等因素，并进行了相应修正。

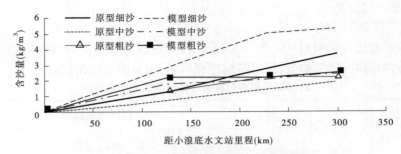

图 4-51　细、中、粗泥沙沿程恢复情况

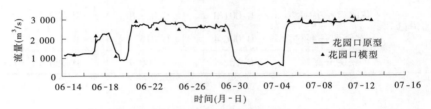

图 4-52　花园口断面模型与原型实测流量对比

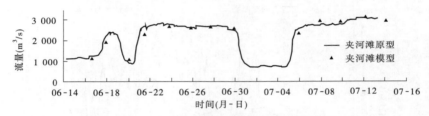

图 4-53　夹河滩断面模型与原型实测流量对比

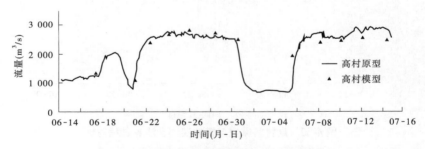

图 4-54　高村断面模型与原型实测流量对比

从图中可以看出,模型流量测量结果与原型实测流量总体上基本相符。差别主要发生在流量变化时段前后,这与目前模型中流量测验方法有关,急需在下一步工作中研究解决。

3. 主要结论及认识

1)河道模型相似性评价

黄河小浪底至苏泗庄河道模型,除满足一般水工模型、河工模型基本相似条件外,还遵循"河型相似条件",考虑了不同河床组成及来水来沙条件对河流纵横向稳定特性的影响,这是黄河动床模型的特殊要求。本次调水调沙验证试验是对该模型设计的系统检验。从验证结果看,模型基本达到以下几个方面的相似。

A.黄河下游游荡性河段河势的平面变化

从验证试验模型与原型河势变化对比情况看,模型可以达到游荡性河段的河型相似、河势平面变化相似,相似保证率可达到85%以上,其与对初始地形的模拟准确与否密切相关。

B.洪水演进基本规律

模型基本可以实现主河槽不加糙,仅靠模型河床形态(沙波、沙纹等)阻力即可满足水流摩阻相似,因而不破坏底部水流结构及底部输沙规律。同时,模型还遵循水流运动的重力相似条件,满足雷诺数及最小水深限制条件,因而保证在可模拟的水流范围内水流流态的相似和水流运动的相似,主要表现在洪水在主河槽的运行规律、水力因子变化特点等。

从沿程洪水位的表现、洪水传播时间、断面流量、流速变化等方面看,模型试验结果均与原型差别较小,说明模型设计可以满足洪水在主河槽的运行规律(洪水演进速度和洪水位等)、水力因子关系变化(如流速变化、流速与流量关系等)等方面的相似。

C.泥沙运动及河床变形一般规律

模型满足悬移质运动相似条件,遵循河床变形的相似条件,选用郑州热电厂粉煤灰作为模型沙,使水流运动时间比尺和河床变形时间比尺基本接近,保证了水沙运移的跟随性。从本次验证试验含沙量传播、河床冲淤变化过程看,该模型基本可以模拟泥沙沿程输移的一般规律,包括在不同水流条件下的拣选特性。

2)实体模型模拟目前存在的主要问题

A.模型自身存在的问题

模型模拟范围从山区河流到平原河流,河道水流特性存在较大差异。这就使得该模型不仅要面对模型相似律本身不成熟的困惑,还要同时考虑不同河段河道水力特性不同所带来的问题,是长河段模型的困难所在。模型采用合适的模型沙,虽然在很大程度上避免了时间变态问题和体积比失真的弊端,但在实际操作过程中,进行水力分选时,模型床沙和悬沙级配与原型沙级配的适配仍可能存在误差。

B.模型量测设备缺乏,制模技术落后

受模型缩尺影响及多(高)含沙量动床模型量测技术水平所限,模型初始地形的制作、进口加沙的控制、沿程含沙量的采集、河势变化的跟踪、流场变化的观测、河床变形的记录等均是半人工或全部依靠人工来完成的,现有测量仪器设备落后,采集效率低且精度差,势必影响试验成果的精度。因此,模型中无法实现实时跟踪沿程各站的流量、含沙量变化过程。同时,对模型在含沙量沿程变化和冲淤分布的定量模拟方面存在的误差,目前无法判断是由模拟理论和技术造成的,还是由量测技术造成的。模型量测设备和制模技术已成为提高试验质量的制约因素,远不能满足治黄科研及生产的需要,亟待提高模型量测自动化水平和量测精度。

C.缺乏详细的原型观测资料

黄河下游河道地域特殊,地理、地貌、边界条件复杂,这些情况目前还无法全面掌握。

加之黄河下游滩区广阔、水文断面稀少,大断面测验每年两次,无法及时了解河床调整情况,这些都直接影响洪水演进、洪水漫滩及泥沙运移规律在模型试验中的定量准确模拟。

六、数学模型验证

首次调水调沙试验结束后,按照总体部署,组织了黄河首次调水调沙试验数学模型验证。模型验证需要的资料由组织者按各家数学模型要求的格式统一提供,各模型在同一地点同时进行验证计算,结果提交给专家对计算结果进行总体评审。

参与本次验证计算的数学模型共有 10 套,见表 4-31。

表 4-31 库区和下游模型分类

模型	名称	开发研制单位
库区模型 1	黄河水库泥沙冲淤数学模型	黄河水利科学研究院
库区模型 2	水库水动力学数学模型	黄委勘测规划设计研究院
库区模型 3	水库准二维泥沙冲淤数学模型	黄河水利科学研究院
库区模型 4	水库水文水动力学泥沙数学模型	黄委勘测规划设计研究院
下游模型 1	下游河道洪水演进及河床冲淤演变数学模型	黄河水利科学研究院
下游模型 2	黄河下游河道冲淤泥沙数学模型	黄河水利科学研究院
下游模型 3	黄河下游水动力学泥沙冲淤数学模型	黄委勘测规划设计研究院
下游模型 4	黄河下游河道冲淤计算水文学模型	黄河水利科学研究院
下游模型 5	黄河下游河道水文水动力学泥沙数学模型	黄委勘测规划设计研究院
下游模型 6	黄河下游河道二维水沙运动仿真模型	黄委防汛办公室

(一)库区数学模型验证

1. 库区数学模型主要验证结果

计算时段为 2002 年 6 月 20 日~7 月 16 日。初始地形采用汛前 6 月 17 日库区干支流实测大断面资料,其中库区支流考虑了 15 条。模型进口条件为三门峡出库日平均流量、含沙量及相应悬沙级配;出库条件为小浪底坝前水位和小浪底出库流量(均用日均值)。该时段入库水量 21.4 亿 m^3、沙量 2.857 亿 t,出库水量 36.87 亿 m^3。

根据以上给定的计算条件,各模型计算的库区淤积总量和水库排沙比计算结果见表 4-32。另外,部分模型对库区沿程淤积量分布也进行了统计,见表 4-33。

同时,模型 1、模型 2、模型 4 又对库区淤积物组成及分组沙排沙比和实测资料进行了对比分析,见表 4-34。

表 4-32 库区淤积总量和排沙比模型计算统计

项目	模型 1	模型 2	模型 3	模型 4	实测 (断面法)	实测 (沙量平衡法)
淤积量(亿 t)	2.458	2.39	2.381	2.438	1.728	2.529
排沙比(%)	10.56	12.99	13.2	11		11.4

表 4-33　库区沿程淤积量分布模型计算统计 （单位：亿 t）

河段	HH56—HH49	HH49—HH38	HH38—HH27	HH27 以下	支流	合计
模型 1 计算	0.019	0.288	0.546	1.324	0.281	2.458
模型 3 计算	0.355		1.728		0.298	2.381
实测（断面法）	0.030	0.326	0.256	1.003	0.117	1.732
实测（沙量平衡法）						2.529

表 4-34　分组沙冲淤量模型计算结果统计

项　目		细　沙	中　沙	粗　沙	全　沙
冲淤量 （亿 t）	模型 1	0.845	0.893	0.710	2.458
	模型 2	0.797	0.806	0.787	2.390
	模型 4	0.826	0.834	0.778	2.438
	实测（沙量平衡法）	0.848	0.865	0.816	2.529
排沙比 （%）	模型 1	25.5	0.15	0	10.6
	模型 2	27.1	6.3	0.6	13.0
	模型 4	24.2	2.2	2.0	11.0
	实测（沙量平衡法）	24.6	2.6	1.5	11.4

　　另外模型 1、模型 2、模型 3 又对库区干流和各支流的淤积形态进行了计算，干流淤积部位与实测地形比较见图 4-55。

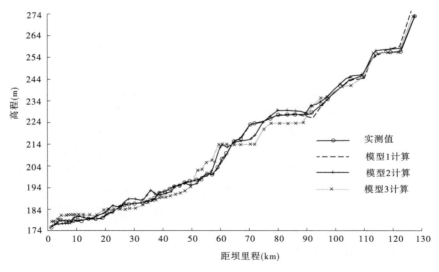

图 4-55　小浪底水库干流淤积纵剖面

模型 3 还对小浪底出库含沙量日均过程进行了计算和统计,见图 4-56。

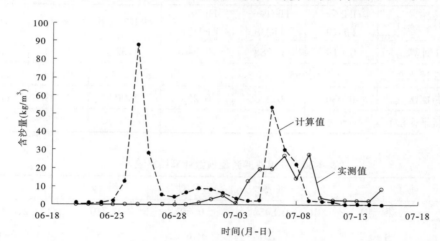

图 4-56　2002 年小浪底水库出库含沙量计算值与实测值对比(模型 3)

2.库区数学模型评价

各模型计算的库区总冲淤量均为 2.40 亿 t 左右,与沙量平衡法实测结果基本一致;水库实际排沙比为 10.6% ~13%,模型 1 和模型 4 更接近于实测值。两模型计算的干流分河段冲淤量,HH56—HH38 断面之间冲淤量模拟较合理,HH27—HH38 断面之间淤积量计算值较实测值偏大;两模型计算的支流淤积量与实测值相比均有所偏大。

三套模型计算的分组沙淤积量基本上反映了黄河的实际情况,从分组沙排沙比来看,细泥沙符合较好,粗泥沙、中泥沙与原型差别较大,主要是在计算各分组粒径时,采用不同处理方法,因而所求的各粒径组来沙也有所不同。

各模型计算的库区干流淤积形态,其淤积部位经与实测地形相比也基本相似。模型 1 计算值更接近实际。

模型 1 模拟出这一时段水库 3 次发生异重流,也与实测结果相符。库区模型 3 计算得出,在计算时段内,由于入库含沙量比较大,坝前水位也较高,水库大部分时间为异重流排沙,异重流潜入点位于距坝 70 ~90 km 范围内,与实测值也基本相符。

计算出库含沙量过程与实测过程有一定的差别,其原因是异重流运行到坝前时,受闸门开启情况的影响,在坝前形成浑水水库,而模型计算过程未考虑闸门调度的情况。

由于目前计算中没有考虑小浪底水库高、中、低泄水孔口开启方式对水库排沙的影响,各模型逐日过程模拟与实测结果相比还有一定的偏差。今后,应深入分析水库水沙调节的全过程,进一步改进模型以能够精细模拟不同孔洞开启对出库含沙量的影响。

综上所述,各模型的计算功能较全面,模型 2 的库区冲淤计算更形象化。但从整体来看,水库各模型的前、中、后处理显示系统较弱。从模型的发展来看,今后要结合黄河治理开发工程及非工程措施的实施,加强基础性研究。

(二)下游河道数学模型验证

1.主要验证结果

本次参与验证计算的下游数学模型共 6 套,其中 5 套为一维河道冲淤模型,1 套为二维水沙运动仿真模型。

一维模型计算河段为铁谢至利津,起始地形采用 2002 年 5 月 15 日实测大断面及沿程床沙级配资料,计算时段为 7 月 3~25 日。进口水沙条件为小浪底、黑石关、武陟三站流量、含沙量过程及悬沙级配。出口条件为利津站水位~流量关系。计算时段下游河道(小浪底、黑石关、武陟三站之和)来水量 36.1 亿 m³,来沙量 0.38 亿 t。

二维模型计算河段为花园口至孙口。初始地形:主槽资料为 2002 年汛前大断面资料,滩面资料为 1992 年河道地形图资料;面积修正率根据最近的河道地形图各网格内村庄的密集程度进行判断。初始水沙条件:采用花园口水沙过程,并参考 2002 年花园口、夹河滩站河床质泥沙颗粒级配成果资料,计算时段和进口水沙过程与一维相同。

1)一维河道冲淤数学模型主要验证结果

参加计算的 5 套一维数学模型,分别计算了下游各河段的冲淤情况,结果见表 4-35。

表 4-35　下游河道冲淤量统计　　　　　　(单位:亿 t)

河段	铁—花	花—夹	夹—高	高—孙	孙—艾	艾—泺	泺—利	铁—利
模型 1 计算	− 0.132	− 0.074	− 0.016	0.015	− 0.018	− 0.030	− 0.021	− 0.276
模型 2 计算	− 0.117	− 0.064	− 0.006	0.009	− 0.004	− 0.027	− 0.023	− 0.231
模型 3 计算	− 0.135	− 0.039	− 0.012	− 0.002	− 0.011	− 0.013	− 0.038	− 0.249
模型 4 计算	− 0.184	0.054		− 0.007		− 0.047		− 0.184
模型 5 计算	− 0.167	− 0.019		− 0.022		− 0.020		− 0.227
实测(断面法)	− 0.131	− 0.071	0.011	0.071	− 0.017	− 0.090	− 0.107	− 0.334
实测(沙量平衡法)	− 0.051	− 0.025	0.069	− 0.028	− 0.084	− 0.015	− 0.064	− 0.198

另外,下游模型 4、模型 5 还根据其模型开发特点,计算出下游各河段的滩、槽冲淤量,见表 4-36。

模型 1 对调水调沙试验期间下游河道的沿程流量、含沙量及水位的变化过程进行了演算。

表 4-36　下游各河段滩、槽冲淤量分配统计　　　　　　(单位:亿 t)

项目		三—花	花—高	高—艾	艾—利	三—利
模型 4 计算值	河槽	− 0.184	0.054	− 0.043	− 0.047	− 0.220
	滩地	0	0	0.036	0	0.036
模型 5 计算值	河槽	− 0.167	− 0.019	− 0.040	− 0.038	− 0.264
	滩地	0	0.001	0.018	0.018	0.037
实测(断面法)	河槽	− 0.136	− 0.099	− 0.102	− 0.197	− 0.534
	滩地	0.005	0.039	0.156	0	0.200

2)二维水沙运动仿真模型主要验证结果

二维模型计算了 24 天的洪水过程。其成果如下:

模型在计算过程中记录了每间隔 2 h 的各河段累计冲淤量计算成果,经整理得出调水调沙试验期间 7 月 6 日 7 时、7 月 12 日 7 时、7 月 18 日 7 时、7 月 24 日 7 时黄河下游各河段的滩、槽、全断面累计冲淤量过程,见表 4-37。

模型在计算过程中记录了每间隔 2 h 的花园口、夹河滩、高村、孙口四站的流量和水位过程计算成果,见表 4-38。

表 4-37 花园口—孙口河段冲淤量模型计算成果 (单位:亿 t)

时段	河段名	主槽	嫩滩	老滩	全断面	花园口—孙口
第 1~6 日	花园口—夹河滩	−0.012	0.001	0	−0.011	
	夹河滩—高村	−0.012	0	−0.000 1	−0.012	−0.027
	高村—孙口	−0.004	0	0	−0.004	
第 1~12 日	花园口—夹河滩	−0.046	0.003	−0.000 1	−0.043	
	夹河滩—高村	−0.029	0.001	0	−0.028	−0.019
	高村—孙口	0.029	0.023	0.000 1	0.052	
第 1~18 日	花园口—夹河滩	−0.067	0.004	0	−0.063	
	夹河滩—高村	−0.032	0.002	0	−0.030	−0.018
	高村—孙口	0.041	0.034	0.000 4	0.075	
第 1~24 日	花园口—夹河滩	−0.069	0.004	−0.000 8	−0.066	
	夹河滩—高村	−0.034	0.002	−0.000 2	−0.032	−0.021
	高村—孙口	0.043	0.034	0.000 3	0.077	

表 4-38 各水文站流量、水位特征值模型计算结果统计

项 目	站 名	出现时刻 (月-日 T 时)	最大流量 (m³/s)	最高水位 (m)	计算−实测 (m)
实测 成果	花园口	07-06T06	3 170	93.66	
	夹河滩	07-07T00	3 150	77.59	
	高 村	07-11T06	2 980	63.74	
	孙 口	07-17T14	2 800	48.98	
计算 成果	花园口	07-06T03	3 160	93.78	0.12
	夹河滩	07-07T11	3 136	77.80	0.21
	高 村	07-07T23	3 132	63.51	−0.23
	孙 口	07-11T19	2 763	49.32	0.34

注:水位为大沽高程。

2.下游数学模型评价

1)下游一维河道冲淤数学模型

各模型计算的总冲刷量在 0.184 亿~0.276 亿 t 之间,小于实测断面法冲刷量 0.334 亿 t,除模型 4 外,均大于实测沙量平衡法冲刷量 0.198 亿 t,表明各模型基本能反映下游河道总体冲淤情况。从各河段的冲淤沿程分布来看,前 3 套水动力学模型定性上和实测值符合较好,特别是模型 1 和模型 2 的高村—孙口河段呈淤积状态,更符合下游的实际情况。后 2 套水文水动力学模型,花园口以上河段的计算值有所偏大,其他河段定性上和实测值基本符合。

从定性上分析,滩地淤积,主槽冲刷,模型计算结果均较符合于黄河的实际情况。从定量上看,花园口以上河段冲淤量和实测值符合较好,花园口以下各河段冲淤量均偏小于实测值。

从以上各种分析结果看,下游一维数学模型的计算结果比较符合实际情况。

2)二维水沙运动仿真模型

花园口至夹河滩、高村至孙口两河段的计算成果,定性正确,定量与实测成果也较接近,夹河滩至高村河段定性和定量均有差别。另外,三河段主槽和嫩滩的冲淤定性基本正确,定量上稍有差别,估计与主槽和嫩滩的划分界限有关。

花园口、夹河滩、高村、孙口四站的流量计算值较准确,但模型计算结果高村和孙口站的峰现时间较早。四站水位计算误差分别为 0.12 m、0.21 m、-0.23 m、0.34 m。其原因主要是:一方面滩面高程资料取自 1992 年绘制的河道地形图,距实际地形已近 11 年之久;另一方面主槽断面资料为 2001 年黄河下游汛前河道统测大断面资料,与实际情况也存在一定差别。

(三)主要结论及认识

(1)从模型的验证结果看,水库模型基本能反映小浪底库区的淤积总量,部分模型较好地反映了水库淤积的纵向分布。大部分下游河道模型基本能反映黄河下游河道冲淤变化过程,重要控制站水沙过程计算成果与实测资料相近,总体来看高村以上河段模拟较好,高村以下河段模拟存在一定差异。

(2)通过验证计算,模型本身也暴露出一些问题。如库区干流淤积物纵剖面的模拟、下游典型断面调整变化以及冲淤量的沿程分配等模拟和实际还有一定的差别。因此,今后黄河数学模型的发展,应着重对库区的异重流排沙、干支流淤积和支沟倒灌机理、异重流交界面阻力等做更深一步的探讨;下游模型应在下游河道冲淤变化规律、河槽横向调整变化、漫滩洪水行洪规律等关键问题的模拟上进一步提高和完善。

(3)调水调沙试验获得了丰富的原型观测资料,为进一步改进和完善黄河数学模型提供了较好的基础。

七、确立了三种试验模式

已经开展的三次调水调沙试验,水沙条件、试验目标及其采用的措施不尽相同,涵盖了小浪底水库拦沙初期黄河调水调沙的基本模式。

针对小浪底水库具备一定的蓄水量,以及在预见期内中游干流不会出现较大洪水过程的条件,确立了基于小浪底水库单库调节为主的试验模式。试验以小浪底水库调度为主,并辅以三门峡水库调节,塑造出协调的水沙过程实现下游主槽全线冲刷。在现状工程条件下,相对而言,该种模式会时常被运用。

针对小浪底水库上下游均发生了较大洪水的条件,确立了基于空间尺度水沙对接的试验模式。试验通过小浪底、三门峡、陆浑、故县四库水沙联合调度,将小浪底水库以上浑水与以下清水对接,形成协调的水沙过程进入黄河下游,同时实现水库排沙与下游冲刷。这种模式将不同来源区、不同特征的不协调洪水过程调节成协调的过程,也为充分利用异重流和浑水水库排沙提供了技术支持。

针对汛前中游水库汛限水位以上有大量蓄水的状况,确立了基于干流水库群水沙联合调度的试验模式。试验主要利用万家寨、三门峡及小浪底水库蓄水,通过水库群联合调度,利用自然的力量清除了三门峡库区部分非汛期淤积物,辅以人工扰动措施调整了小浪底水库淤积部位和形态,在小浪底库区塑造出人工异重流,辅以人工扰沙措施扩大了下游局部河段主槽过洪能力,并增加了输沙量。黄河水沙调控体系完善后,该试验模式具有广阔的运用前景。

第五节　深化了对黄河水沙运动规律的认识

一、现状条件下黄河下游河道流量和含沙量关系的新认识

黄河三次调水调沙试验实践表明,根据以往大量历史资料分析所得出的关于黄河下游输沙规律的认识是符合实际的,同时三次试验本身又取得了大量的原始资料和分析成果,所有这些都为在新的河道边界条件下,重新认识黄河下游流量和含沙量的关系打下了坚实的基础。

从三次试验看,控制小黑武洪水平均含沙量小于 20 kg/m³、流量 2 600~2 800 m³/s 以及洪水平均含沙量超过 20~30 kg/m³、流量 2 400 m³/s 均可以实现下游主槽全线明显冲刷,下游河道的平滩流量已由 2002 年试验前的 1 800 m³/s 增加至 3 000 m³/s 左右,下游河道行洪排沙能力明显恢复。

对黄河下游多场次历史洪水进行分析,可以发现,对于一般含沙量洪水,流量越大,下游河道冲刷效果越好。鉴于目前黄河下游河道平滩流量达到 3 000 m³/s,建议现状条件下控制小黑武洪水平均流量 3 000 m³/s,从延长水库拦沙年限和下游河道主槽冲刷综合考虑,控制出库含沙量可在 40 kg/m³ 以内,以后随着下游河槽行洪能力的提高,调水调沙生产运行及小浪底水库实际运用,调节流量可以逐渐增大。

为了进一步定量分析一般含沙量洪水不同流量下游河道的冲刷情况,统计分析 1999 年 10 月~2004 年 10 月小浪底水库运用以来和 1960 年 10 月~1964 年 10 月三门峡水库运用初期下游河道的水沙及冲淤情况,见表 4-39~表 4-41。

表 4-39　小浪底水库运用初期黄河下游冲刷情况统计

时段 (年-月-日)	进入黄河下游水沙特征值			下游冲刷情况		
	水量 (亿 m³)	流量 (m³/s)	含沙量 (kg/m³)	冲刷量 (亿 t)	冲刷效率 (kg/m³)	前期冲刷量 (亿 t)
1999-11~2000-10	155.80	494	0.32	1.228	7.88	0
2000-11~2001-10	178.50	566	1.34	1.185	6.64	1.228
2001-11~2002-06	112.90	540	0.12	0.631	5.59	2.413
2002-07-04~07-15	26.61	2 798	12.00	0.534	20.07	3.044
2003-08-31~09-18	35.14	2 260	24.80	0.626	17.81	5.806
2003-09-24~10-27	70.52	2 332	4.80	1.164	16.51	6.422
2003-11-05~11-30	30.60	2 083	0	0.504	16.47	7.586
2004-06-19~06-29	23.25	2 774	0	0.373	16.04	8.272
2004-07-03~07-13	22.27	2 713	2.00	0.284	12.75	8.645

注:①水量、流量、含沙量是指小黑武水量、流量、含沙量;②冲刷量是指河槽冲刷量。

表4-40 三门峡水库运用初期黄河下游冲刷情况统计

时段 (年-月-日)	进入黄河下游水沙特征值			下游冲刷情况		
	水量 (亿 m³)	流量 (m³/s)	含沙量 (kg/m³)	冲刷量 (亿 t)	冲刷效率 (kg/m³)	前期冲刷量 (亿 t)
1960-10-01～10-31	22.50	842.0	0.10	0.227	10.09	0
1960-11～1961-05	106.60	531.8	0.21	1.053	9.88	0.227
1961-06～1961-10	334.10	3 143.8	3.92	7.771	23.26	1.280
1961-11～1962-05	254.30	1 268.7	2.08	2.968	11.67	9.051
1962-06～1962-10	230.60	2 169.9	10.38	3.626	15.72	12.019
1963-06～1963-10	322.30	3 032.8	16.74	4.616	14.32	15.645
1964-06～1964-10	538.80	5 070.0	18.30	9.643	17.90	20.261

注:水量、流量、含沙量是指三门峡、黑石关、小董三站的水量、流量、含沙量。

表4-41 小浪底水库运用以来下游冲刷发展情况统计

时段 (年-月-日)	小黑武平 均流量 (m³/s)	小黑武平 均含沙量 (kg/m³)	下游河道河槽冲刷量(亿 t)					冲刷 效率 (kg/m³)	说 明
			白鹤— 花园口	花园口— 高村	高村— 艾山	艾山— 利津	利津 以上		
1999-11～ 2000-10	494	0.32	0.981 80.0%	0.606 49.4%	-0.174 -14.2%	-0.186 -15.2%	1.227 100%	7.89	
2000-11～ 2001-10	566	1.34	0.64 53.7%	0.62 52.1%	-0.06 -5.0%	-0.01 -0.8%	1.19 100%	6.67	
2002-07-04～ 2002-07-15	2 800	11.99	0.136 25.5%	0.099 18.5%	0.102 19.1%	0.197 36.9%	0.534 100%	20.07	部分河段 漫滩
2003-08-30～ 10-27	2 248	10.85	0.389 23.0%	0.316 18.7%	0.689 40.7%	0.299 17.7%	1.693 100%	15.57	8 月 30 日～ 9 月 15 日和 9 月 23 日～ 10 月 27 日合计
2004-06-19～ 07-13	2 743	1.0	0.165 25.1%	0.144 21.9 %	0.198 30.1%	0.150 22.9%	0.657 100%	14.43	6 月 19 日～ 6 月 29 日和 7 月 3 日～ 7 月 13 日合计

表4-39～表4-41 表明,在含沙量小于 20 kg/m³ 的条件下(水库运用初期异重流排入下游的泥沙均以细沙为主),下游河道冲刷效率与平均流量成正比,且随着流量增加,冲刷部位下移,如 1999 年 11 月～2001 年 10 月,平均流量 500～600 m³/s,冲刷只在高村以上,冲刷效率仅 7 kg/m³ 左右;2002 年 7 月 4～15 日黄河首次调水调沙试验时,平均下泄流量为 2 800 m³/s,冲刷效率达 20 kg/m³,且艾山至利津河段冲刷量占利津以上河槽冲刷总量的 36.9%。2003 年 8 月 30 日～10 月 27 日,两次洪水平均流量 2 248 m³/s,冲刷效率为 16 kg/m³,艾山至利津河段冲刷占利津以上的 17.7%。

当来水来沙条件相近时,随着冲刷的发展,床沙粗化,抗冲性增强,冲刷效率减弱。如

2003年8月31日~9月18日洪水与9月24日~10月27日洪水,虽然后者流量较前者为大,但经过前场洪水冲刷后,后场洪水冲刷效率已有所减弱。2004年6月19日~7月13日调水调沙试验,期间两个阶段洪水平均流量相差不大,均为2 700 m³/s左右,但后一阶段洪水较前一阶段洪水冲刷效率减少约20%。另外,三门峡水库1963年汛期与1961年汛期相比,虽然流量均为3 100 m³/s左右,但二者前期冲刷量分别为15.65亿t和1.28亿t,致使冲刷效率下降约40%(分别为14.3 kg/m³和23.3 kg/m³)。

根据以上分析,以表4-39和表4-40中的资料进行归纳,建立冲刷效率与下泄流量及河道前期冲刷量之间的关系如下

$$\eta = 0.031\,3Q^{0.605}(30 - \sum dW_S)^{0.496} \tag{4-1}$$

式中　η——下游河道的冲刷效率,kg/m³;

　　　Q——进入下游河道的平均流量,m³/s;

　　　$\sum dW_S$——下游河道累计冲刷量,从水库蓄水运用时累计,亿t。

计算值和实测值比较见图4-57。

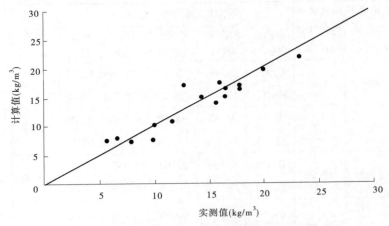

图4-57　下游河道冲刷效率计算值与实测值比较

利用式(4-1),可以预测现状条件下小浪底水库按控制小黑武洪水平均流量3 000 m³/s泄放,下游河道冲刷效率约18 kg/m³,下游河道河槽还可以发生全程冲刷。

当进入下游河道的洪水平均流量达到3 000 m³/s时,含沙量还可以适当提高。根据历史洪水资料统计的各河段临界冲淤流量,当洪水平均含沙量为30~40 kg/m³,流量为3 000 m³/s时,花园口以上淤积,高村以下河段发生冲刷。但考虑到:

(1)历史洪水资料统计出的各河段临界冲淤流量,其对应的悬移质泥沙颗粒较小浪底水库运用初期出库泥沙颗粒为粗。

(2)现状条件下各河段主槽宽度有所减小,河相系数$\sqrt{B}/h$多数河段明显减小。

(3)目前花园口以上河段平滩流量接近5 000 m³/s,即使花园口以上河段发生微淤,对主河槽过洪能力以及下游河道的平滩流量影响不大,花园口以上河段的防洪压力也不会增加。

因此,整体考虑今后小浪底水库调水调沙可以按平均流量等于或大于3 000 m³/s、含

沙量40 kg/m³ 或更高的洪水进入下游河道。需要说明的是，黄河下游河道水沙运动规律非常复杂，应在实践中不断探索，逐步加深对于下游河道合适的流量及含沙量搭配关系的认识。

二、对含沙量和泥沙级配关系的新认识

(一)对含沙量和泥沙级配关系的认识

黄河下游来沙量大，河道淤积严重，不同粒径组的泥沙在下游河道的输移特点和冲淤特性显著不同。

有关研究表明，1964～1990 年黄河下游小于 0.025 mm 的细颗粒泥沙来沙量占总沙量的一半，淤积量只占总淤积量的 14%，排沙比高达 90% 以上；大于 0.05 mm 的粗泥沙来沙量只占总沙量的 24%，淤积量却占总淤积量的 62%，排沙比只有 45%，有 55% 的这类泥沙淤积在下游河道；对于大于 0.1 mm 的特粗泥沙，其沙量只占总沙量的 4%，淤积量却占总淤积量的 19%，排沙比只有 13%，有多达 87% 的来沙淤积在下游河道。由此可见，若在相同水流条件下通过水库等工程措施拦截同样数量的泥沙，则小于 0.025 mm 的细沙拦沙减淤比为 20 : 1(1 : 0.05)，而大于 0.1 mm 的特粗泥沙减淤比为 1.15 : 1(1 : 0.87)。对不同粒径泥沙输沙规律的认识为黄河中游水土保持、小北干流放淤和下游人工淤滩及调水调沙等重大治黄实践提供了基本依据。

通过对小浪底水库拦沙初期运用方式的研究和对输沙规律的新认识，确定了不同流量条件下维持下游河道全线冲刷的含沙量控制指标，花园口洪水平均流量 2 600 m³/s 条件下控制相应含沙量不大于 20 kg/m³，黄河首次调水调沙试验验证和加深了这一重要认识。对 1960～1964 年三门峡水库和 2002 年小浪底水库异重流排沙期间下游河道冲淤规律的研究表明，黄河下游河道对极细沙(以异重流排沙方式排泄的中值粒径小于 0.01 mm 的泥沙)有着巨大的排沙潜力，对于黄河下游 2 600 m³/s 量级的水流，极细沙即使含沙量较高(三门峡水库异重流排沙进入黄河下游，洪峰最大平均含沙量为 27 kg/m³)也不会显著影响下游河道的冲刷效果。并据此确定第二次调水调沙试验花园口平均流量 2 600 m³/s的条件下，平均含沙量按照 30 kg/m³ 控制。试验结果表明，按照这一指标调控，没有明显降低下游河道的冲刷效果，见图 4-58(图中点据旁所注数字为进入下游平均含沙量，kg/m³)。第二次试验期间和其他场次洪水平均含沙量在0～31 kg/m³ 之间，虽然含沙量差别较大，但冲刷效率基本遵循相近的规律，即下游河道冲刷效率呈随洪峰平均流量增大而增大的趋势。

第三次试验是基于人工扰动的调水调沙模式，在黄河下游扰动加沙河段的下游，泥沙组成将会与天然条件和水库异重流排沙的情况截然不同：一是含沙量增大，二是泥沙级配的两极分化。基于人工扰动的调水调沙试验，在黄河下游扰动起来的泥沙和沿程冲起的粗泥沙含量较高，而小浪底水库以异重流方式排出的几乎全是极细沙，两者相混合，形成了"悬沙颗粒级配不连续(中沙含沙量明显偏少)、泥沙组成两极分化"的特殊现象，与自然条件下的来沙组成相比，人工扰动使得扰动河段及其以下河段的输沙规律更加复杂。为此，第三次调水调沙试验期间，基于艾山—利津河段不发生淤积的情况，通过实测资料分析、理论计算和数学模型计算等多种手段，开展了艾山—利津河段不同粒径悬移质泥沙输

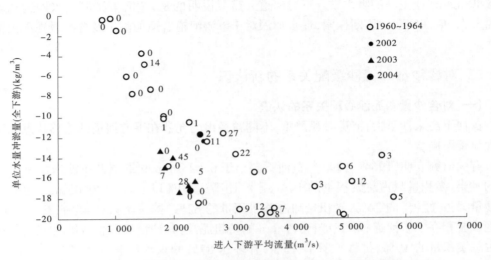

图 4-58　黄河下游极细颗粒泥沙洪峰平均流量与单位水量冲淤量关系

移规律的探讨,提出了艾山反馈站(位于扰沙河段的下游)和高村前置站(位于扰沙河段的上游)不同流量、不同级配条件下,维持艾山以下河段冲淤基本平衡的临界含沙量指标,为第三次调水调沙试验调度决策提供了基本的依据。

　　总之,通过黄河三次调水调沙试验,加深了悬移质泥沙颗粒级配对河道挟沙能力影响的重要性的认识。水流对细沙来讲,具有较大的挟沙能力,利用这一特性,充分发挥小浪底水库异重流排沙的潜力,把细沙排泄出库,减轻水库的淤积,同时实现下游主河槽全线冲刷、扩大主槽过流能力的目的。

　　(二)对下游河道泥沙输送的认识

　　目前,小浪底水库的排沙方式与三门峡水库不同。三门峡水库汛期敞泄排沙,出库泥沙较粗,中值粒径达 0.03 mm 以上,而小浪底水库则以异重流排沙为主,泥沙在向坝前推进过程中分选淤积,到达坝前的泥沙属于极细沙,中值粒径变化于 0.006～0.01 mm 之间,这类泥沙悬浮性能好,落淤速度慢,利于远距离输送,且黄河下游河道有多来多排的输沙特点,在今后调水调沙生产运行中,可以充分利用这一特点,对进入下游的水沙组成及水沙过程进行更加细致的设计,提高水库排沙量和下游河道输沙量。三次调水调沙试验结果证明,只要调控好水沙过程,就可以充分利用现有水资源输送更多的泥沙,大大提高排沙比。

三、小浪底水库异重流运行规律及利用的新认识

　　调水调沙试验之前,曾对小浪底水库异重流问题进行了大量的研究,包括对前人研究成果的分析总结、已建水库的实测资料研究及小浪底水库实体模型试验等。特别是通过实体模型试验,针对小浪底水库异重流的产生、输移等方面得出一些认识及结论。例如,水库运用初期以异重流排沙为主;库区地形复杂,异重流局部损失问题突出;库区支流众多,在干支流交汇处往往发生异重流向支流倒灌使异重流能量沿程衰减严重等。这为指导水库调度及调水调沙试验提供了重要支撑。然而,鉴于问题的复杂性,有些问题还仅限

于定性描述。

三次调水调沙试验,均将深化对黄河水沙运动规律作为试验的主要目标之一。多种模式的试验不仅检验了我们对异重流运行规律的认识水平,而且试验中大量的观测数据又给我们提供了实践—认识—再实践—再认识的资源。通过试验深化了对异重流的输移规律的认识,为水库优化调度奠定了基础。

(一)水库异重流排沙条件的认识及利用

自然情况下,小浪底入库的洪水多来自于北干流和泾渭洛河,洪水的含沙量高,洪水进入小浪底水库后,只要水库有一定的蓄水量,就能够形成异重流。水库产生异重流能否运行至坝前,取决于水库边界条件及水沙条件。前者如水库地形、水库蓄水位等,在某一特定时期为相对确定的因素;后者如流量、含沙量、悬沙级配、洪水历时等往往是随机发生的,甚至可以是人工塑造的。当中游将要发生或已经发生了某量级的洪水时,若能预测该级洪水能否产生异重流排沙出库,或预测人工塑造出何种水沙组合及过程,方能满足产生异重流排沙出库的要求,这对调水调沙及水库调度具有重要意义。基于这种要求,对黄河调水调沙试验过程中的大量观测资料及相关资料进行整理分析,提出了小浪底水库在现状条件下异重流产生并运行至坝前的临界水沙条件,即流量、含沙量及泥沙级配三者之间遵循以下关系 $S = 980\mathrm{e}^{-0.025d_i} - 0.12Q$(悬沙粒径小于 0.025 mm 的泥沙含量约 50% 时,流量及含沙量的临界值分别为 500 m³/s 及 40 kg/m³)。在第三次调水调沙试验中,依据上述关系,提出了满足人工异重流排沙出库的水沙条件组合量化指标。结合对洪水传播、水库冲刷等基本规律的认识,制定了水库联合调度预案并予以实施,既利用了人们掌握的自然规律,同时又检验了已有认识的正确性。

(二)对浑水水库的认识及利用

水库形成异重流并运行至坝前以后,若不能全部排出,则浑水会聚集在坝前形成浑水水库。调水调沙试验过程中对浑水水库的观测资料表明,到达坝前的浑水中悬浮的泥沙粒径很细,泥沙沉降极其缓慢,往往以浑液面的形式整体下沉,加之坝前流速很小,扰动掺混作用很弱,因此浑水水库可维持很长时间。例如首次试验过程中,7 月 9 日的坝前清浑水交界面高程为 197.58 m,并随着浑水出库略有下降。至 8 月 8 日桐树岭断面实测清浑水交界面高程仍达到 188.38 m。浑水水库的形成,使水库调水调沙运用更具有灵活性。在水库蓄水与河道来水不充分的条件下,利用浑水水库沉降速度缓慢的特点,使异重流达到坝前的泥沙"暂存"于坝前,遇有利时机调节出库,塑造有利的水沙过程。

第二次调水调沙试验,即是利用浑水水库的形成及沉降特点,实现了水沙空间对接。试验于 9 月 6 日开始,在此之前的 8 月份洪水,在小浪底库区大量浑水聚集在坝前,试验过程中,正是利用这部分浑水所悬浮的泥沙,通过水库调度,塑造一定历时的流量与含沙量过程,加载于小浪底水库下游伊洛河、沁河入汇的"清水"之上,并使其在花园口站准确对接,形成花园口站较为协调的水沙关系。

此外,利用试验期间浑水水库的观测资料对小浪底水库模型进行的检验,加深了对浑水水库沉降机理及实体模型对其模拟相似性的认识:聚集在水库坝前的浑水以浑液面的形式整体下沉,在沉降机理上与散粒体泥沙的沉降有本质的区别,其沉速不仅与水流含沙量、泥沙级配及水温等因素有关,同时还受进出库水量的影响,这种影响表现在浑水体积的增减,以及由于水流运动引起的对泥沙网状絮凝体的破坏,这些影响因素使浑液面沉降特性更具有多变性和复杂性。小浪底水库模型并不能全部反映所有的影响因素,原因之一是因泥沙粒径比尺小于1,即模型沙粒径大于原型。显然,水流中细颗粒泥沙含量越小,其网状絮凝体结构形成的速度越慢;原因之二是由于模型含沙量比尺大于1,即模型沙含量小于原型,相对而言,泥沙絮凝体颗粒不易互相接触,颗粒间分子力作用微弱,絮凝体网状结构不能很快出现。这些因素都促使模型浑液面沉降速度偏大。此外,模型沙为郑州热电厂粉煤灰,原型沙与模型沙物理化学特性的差异亦会对浑液面的沉速产生较大的影响。

(三)对水库联合调度作用的认识及利用

调水调沙试验涉及到水库的联合调度。例如首次试验为以小浪底水库调节为主、三门峡水库配合的联合调度;第二次调水调沙试验主要为小浪底水库与其下游支流水库的联合调度;第三次试验为万家寨、三门峡、小浪底水库的联合调度。实践表明,黄河干流水库联合调度可有效提高水库异重流的排沙效果,整体上达到减少水库淤积、延长水库寿命的目的。就现状工程而言,其一,将三门峡水库排沙调度与中游洪水调度相结合,可优化进入小浪底水库的水沙组合及过程,延长洪水历时,增加异重流的排沙比及排沙历时。例如2001年黄河中游发生洪水时,结合三门峡水库泄空冲刷,有效地增加了进入小浪底水库的流量、含沙量及洪水历时,对小浪底水库异重流排沙十分有利。其二,多座水库的联合调度可增加水库排沙途径及排沙效果。例如第三次试验,即使黄河中游未发生洪水,利用万家寨、三门峡、小浪底水库汛限水位以上的蓄水通过联合调度,也达到了三门峡水库排沙、调整小浪底水库淤积形态、异重流排沙减少水库淤积的目的。

四、其他新认识

(一)小浪底库区峡谷段有效库容可部分重复用于调水调沙

小浪底库区距坝约67 km以上(板涧河口附近)为峡谷河段,河谷宽度一般不足400 m,以下除八里胡同峡谷外河谷均较为开阔,这种特殊的库形条件决定了板涧河口以上峡谷段,即便发生淤积也不可能形成永久的滩地,为今后水库长期运用中利用调水调沙使淤积物发生冲刷、库容部分恢复创造了有利的库形条件。

2003年秋汛中,小浪底水库库水位较高,库区距坝70～110 km库段淤积较多,第三次调水调沙试验过程中,该库段冲刷泥沙达1.38亿 m^3,河底高程平均下降20 m左右,库区淤积部位得到了合理调整。由此说明,在水库拦沙初期乃至拦沙后期的运用过程中,为了塑造下游河道协调的水沙关系,对入库泥沙进行调控时,造成短期淤积部位靠上,在洪水到来前可伺机降低小浪底水库运行水位,凭借该库段优越的库形条件,使水流冲刷前期淤积物,恢复防洪库容,使一部分长期有效库容可以重复用于调水调沙,做到"侵而不占",增强了小浪底水库运用的灵活性和调控水沙的能力,对水库调度实行泥沙多年调节意义重大。

(二)调水调沙试验的成果为输沙水量的有效利用提供了技术支撑

按照国务院批准的黄河水量分配原则,在多年平均580亿 m^3 水量中,有210亿 m^3 水量为河道输沙水量。但由于黄河径流的时空分配极不均匀,水沙关系不协调,在无控制条件下,难以形成有利的水沙搭配,使输沙水量发挥最大的效能。黄河的高含沙洪水一般来自北干流和泾洛河,这一区间的洪水,峰高、量小、含沙量高,一旦进入黄河下游,大量泥沙将淤积在河道内。黄河上游水库的修建,大量拦蓄了上游来水,减小了汛期的基流,使洪水量级减小、历时缩短,挟带和输送泥沙的能力降低,如果不进行调水调沙,将陷入两难的选择:若将洪水滞留在库中,会加快水库的淤积,减少水库的使用寿命;若将洪水排出水库,又会加剧黄河下游河道的淤积,进一步降低下游河道的过洪能力。如果在更大空间尺度范围建设具有更大调节能力的工程体系,将可塑造出更加和谐的水沙关系,充分发挥输沙水量的作用。小浪底水库为我们提供了一个水沙关系的调节点,三次调水调沙试验的成果证明,以小浪底水库为依托,与中游水库群联调,可以将不利的水沙关系调整为相对有利的水沙关系。

(三)三次调水调沙试验是基于对黄河长期的认识与探索

黄河的根本问题是泥沙问题。长期以来,大批的有识之士为认识黄河做了不懈的努力,取得了丰硕的成果。近年来,应用现代科技手段,对黄河进行了更深入、更广泛的研究,基本掌握了黄河水沙运动规律,为调水调沙试验提供了坚实的理论支撑。另外,在50多年的人民治黄中,在黄河中下游基本建立了比较完善的防洪工程体系,三门峡、小浪底、故县和陆浑水库对洪水起到了有效的控制和调节作用,黄河下游堤防、险工和控导工程使河道河势得到初步控制,为调水调沙提供了水沙调度的基本工程条件。同时,水文测报和预报的手段和技术在近些年来有了较大的提高,初步构建了先进的测报体系,水位观测实现了自记、远传;流量测验实现了自动化;含沙量测验实现了在线监测;GPS、全站仪应用到河道、水库断面测量中,大大提高了测量效率;激光粒度分析仪应用在泥沙粒径分析中,使分析的精度和实时性大大增强;水情报汛初步实现网络化,提高了水情的及时性和准确性;水情预报系统初步完善,能够应对不同来源区、不同量级的洪水预报,加之与调度系统的反馈耦合,提高了实时调度和实时修正能力。没有上述这些基础,调水调沙试验不可能顺利实施并获得成功。

第六节　取得了巨大的社会效益和经济效益

黄河连续三年大规模的调水调沙试验,使"拦、排、放、调、挖"综合处理泥沙措施之一的"调"从理论走向了实践,探索了三种不同的调水调沙模式,检验了调水调沙指标体系的合理性,积累了水库群水沙联调和人工塑造异重流减缓水库淤积、形成下游河槽全线冲刷的宝贵经验,尝试了基于人工扰动改善库区及河道断面形态的扰沙技术,坚定了库区实施泥沙多年调节的信心,推进了构建完善黄河水沙调控体系的进程,加快了黄河下游综合治理的步伐,改变了长期以来人们对黄河输沙用水被大量挤占的漠视态度,增强了"人与河和谐相处"的共识,唤醒了人们对"维持黄河健康生命"的共鸣,取得了极大的社会效益和经济效益。

一、增强了人们"人与河和谐相处"的共识

自20世纪50年代以来,随着黄河流域人口的不断增加,人类活动对黄河的影响不断

加剧,人类生存的压力使人们对河流的索取达到了空前的程度。大型水库的建设,改变了河川径流的年内年际分配,使汛期进入黄河下游的水量大幅度减少。黄土高原地区过度的垦殖与放牧使得进入黄河的泥沙在暴雨强度大、范围广的年份仍然较大,造成入黄的水沙关系更加不协调。居住有 181 万群众的黄河下游广大滩区,人与河争地的矛盾日益尖锐,极大地影响了洪水在下游河道正常运行的规律,尤为突出的是,73% 的泥沙集中淤积在两岸生产堤之间的主河槽里,导致河槽日趋萎缩,"二级悬河"形势恶化,滩区受淹致灾的几率增大,局部河段平滩流量仅为 1 800 m³/s。河口地区自 1985 年以来,由于来水持续偏小,主槽萎缩,滩地横比降增大,清 1—清 7 河段滩唇与堤根横向高差已达 1.2~2.45 m,横比降达 4‰~10‰,即使产生中常洪水,也可形成顺堤行洪,危及堤防安全。此外,黄河水量的持续不足使黄河挟带入海的大量有机质锐减,海洋生物失去养料来源,许多珍稀的鱼、蟹和贝类种群趋于缩减,从而造成海洋生态环境退化,大片湿地进入干旱状态,并呈恶化趋势。针对这种情况,黄委一方面加大宣传力度,逐步提高社会各界对"人与河和谐相处"重要性的认识;另一方面,在科学地预测黄河下游平滩流量变化的前提下,统筹兼顾,精心调度,连续开展了三次调水调沙试验,最大限度地发挥水流对河槽的塑造作用,使下游河槽过流能力快速提高,目前已达 3 000 m³/s 左右。河口地区主槽河底高程降低,平滩流量增加,防洪防凌形势得到极大改善。较大流量的洪水进入河口地区,使得自然保护区和湿地通过漫滩补给充足的淡水资源,既淡化了河口区域水质污染的严重程度,也使单位径流量挟带有机质入海的数量和种类大幅度增加,使得湿地的自然资源和自然环境得到有效保护,生态环境质量明显提高。迁徙鸟种类和种群数量有了大幅度增加,植被长势保持良好状态,水生生物繁荣,多年不见的黄河刀鱼复生且数量逐步增长,鱼类等水生物数量明显增长。三年的调水调沙试验,用事实和效果使黄河下游沿黄群众由对调水调沙试验的不理解逐步转变为拥护和支持。更重要的是,三次调水调沙试验,极大地提高了人们对"人与河和谐相处"的认识,为黄河下游今后的科学治理奠定了良好的基础。

二、改变了人们长期漠视黄河输沙用水的态度

随着流域经济社会的快速发展,黄河水资源的承载压力日益增大,挤占黄河河道的输沙用水和生态用水现象日趋严峻。在黄河 580 亿 m³ 天然径流中,有 210 亿 m³ 的水量是黄河下游的生态输沙用水。近几十年来,进入下游的水量在不断减少,曾一度造成断流的频繁发生,最严重的 1997 年利津水文站断流 226 天,黄河断流长度 700 多 km,入海的水量不足 20 亿 m³。调水调沙试验验证了其在黄河下游治理中的重要作用,但其与生产生活用水的矛盾也引起了人们的关注和反思。目前,人们已普遍认识到,大量挤占黄河输沙生态用水,必然导致下游河道形态恶化,"二级悬河"形势加剧,最终将导致严重制约沿黄地区经济社会可持续发展的后果。

三、促进了治黄战略研究,有力推动了治黄工作

三次调水调沙试验有力促进和推动了治黄战略的探索和研究。2002 年首次调水调沙试验,进一步表明了黄河下游滩区综合治理的重要性和紧迫性,其后,黄委在深入研究的同时,还分别组织召开了有国内众多著名专家学者参加的"黄河下游二级悬河治理专家

研讨会"、"黄河口治理专家研讨会"、"黄河下游河道治理方略专家研讨会"等,在广泛吸取专家意见的基础上,逐步明确和提出了"稳定主槽、调水调沙、宽河固堤、政策补偿"的下游治理方略。

调水调沙试验期间,黄委在深入研究如何塑造黄河下游协调水沙关系措施与技术的同时,进一步明确了黄河泥沙处理的重点应该是粒径大于 0.05 mm 的粗泥沙(大约占下游河道河槽总淤积量的 3/4),这些泥沙对黄河下游危害最大,并提出了粗泥沙处理的"三道防线"的战略构想,即黄土高原水土流失治理"先粗后细"、小北干流放淤"淤粗排细"、小浪底等干流骨干水库"拦粗排细"。三道防线,承前启后,互为联系,相互作用,构成多举措控制黄河粗泥沙的立体防御系统。力求通过这三道防线的建设,使黄河泥沙治理的措施收到事半功倍的效果,黄河泥沙的研究和治理提高到一个新的水平。

通过三次调水调沙试验,人们深刻认识到现有骨干工程的作用和局限性,推进了构建完善的黄河水沙调控体系的进程。黄河三次调水调沙试验,干支流骨干水库起到了关键性作用,取得了较好的效果,但也发现现有水利工程水沙调控的能力还不能适应黄河协调水沙关系的需要。随着经济社会的发展,未来黄河的水沙关系可能更不协调,需要建设完善的水沙调控体系,"增水、减沙、调水调沙"需要建设完善的水沙调控体系,实现洪水和泥沙的有效管理,塑造上中下游协调的水沙关系,维持一定规模的河槽,使水畅其流、沙畅其道。

四、对黄淮海平原经济发展和社会稳定意义重大

连续三次的调水调沙试验,取得了河道减淤与水库尽可能多排沙的双赢效果。黄河下游主槽的过洪能力已由 2002 年调水调沙试验前的 1 800 m³/s 恢复到 3 000 m³/s 左右,黄河下游主槽实现了全线冲刷。调水调沙试验的成功标志着调水调沙从试验转入了生产运行,它的实施必将对逐步遏制和消除"二级悬河",减小"横河"、"斜河"出现的几率,保障黄河大堤安全等起到较大的作用,对黄淮海平原经济发展和社会稳定意义重大。同时,中水河槽的逐步形成,减小了中常洪水漫滩和小水致灾的几率,降低了近年来日渐频繁的中小水漫滩所造成的滩区淹没损失,经济效益巨大。

总之,调水调沙试验以及试验所取得的各项研究成果不仅具有巨大的社会效益,而且直接与间接经济效益和环境效益巨大。同时,调水调沙试验还验证了各项指标体系的合理性和控制流程的可行性,深化了对黄河水沙规律的认识,不仅为今后调水调沙积累了经验,还促进了相关学科的发展。

结　语

几代治黄工作者孜孜以求的调水调沙治河思想通过三次调水调沙试验已变为现实，调水调沙作为一项处理黄河泥沙的长期的、行之有效的战略措施，必将为实现"维持黄河健康生命"的治河目标发挥重要作用。同时，黄河三次调水调沙试验也在多方面丰富和扩展了对协调黄河水沙关系的认识。

一、黄河下游严峻防洪局面要求必须坚持不懈地进行调水调沙

黄河三次调水调沙试验取得了显著的社会效益和经济效益，主槽行洪排沙能力明显提高，"二级悬河"带来的严峻防洪局面开始扭转，人水难以和谐相处的现实初步得到改善，并正在向有利方向发展。下游河道防洪和治理开发中面临的许多焦点问题开始得到缓解。尽管如此，还应该清楚地认识到，同20世纪80年代中期相比，下游主槽的过流能力仍处于一个较低的水平，距正常的过流能力还有相当的差距，"横河"、"斜河"、"滚河"的威胁仍然较大，中常洪水漫滩的机会还很大，人水关系依然紧张，河道健康生命的自然特征远没有恢复正常。调水调沙作为一种解决上述问题的行之有效的措施已为三次试验所证实。因此，从保障黄河下游防洪安全考虑，必须坚持不懈地进行调水调沙。

二、增水调沙十分必要

尽管通过调水调沙协调黄河水沙关系这一重要途径已为治黄工作者所认识、掌握，并已加以利用，黄河水量及调入水量的利用，需要统筹考虑流域内国民经济各部门和沿黄各省区的生产生活用水、生态环境用水等方面的要求。调水调沙水量的筹集受到多方面的限制，所开展的三次调水调沙试验中，第二次调水调沙试验是2003年"华西秋雨"所带来的秋汛洪水，虽然水量较丰，但其出现的几率却非常小；第三次调水调沙试验所利用的水量仍然主要是此次秋汛洪水的蓄水量；首次调水调沙试验在1999年小浪底水库蓄水运用后，运筹了近3年之久。

20世纪80年代中期以来，黄河来水明显偏少，特别是中等流量级以上来水减少更加明显。今后，随着国民经济发展对用水需求的增加，黄河实际来水总体上将会越来越少，寻求合适的调水调沙时机也将更加困难。因此，为了充分发挥调水调沙的作用，加快恢复黄河下游河槽行洪排沙能力，从根本上改善人水关系，扭转黄河下游治理和开发面临的被动局面，必须千方百计地增加调水调沙水量。黄河是资源性缺水流域，增水的主要措施是实施跨流域调水，调入水量的合理配置应统筹考虑受水区国民经济各部门的协调发展和维持黄河健康生命多方面的要求，将其中一部分水量用于调水调沙，以维持黄河的健康生命。综上所述，在未来的黄河治理开发与管理中，增水调沙十分必要。

三、构建黄河水沙调控体系是"维持黄河健康生命"的重要条件

调水调沙试验成功表明,利用水库群联合调度塑造协调的水沙关系是当前乃至今后解决黄河下游水沙不协调问题的有效措施之一。同时,通过试验也清楚地认识到,现状工程条件下,通过调水调沙协调进入黄河下游的水沙关系还存在着明显的局限性,主要问题如下。

(1)万家寨、三门峡水库调控能力严重不足。

万家寨、三门峡水库在配合小浪底水库进行调水调沙时,调控库容严重不足,主要表现在两个方面:

一是对天然洪水难以实施有效调节。为了充分发挥水库调水调沙对下游河道减淤作用,同时延长小浪底水库拦沙库容的使用年限,在天然洪水条件下,也需要对入库水沙过程进行合理的调节。目前,万家寨水库的开发目标是以发电、供水为主,最低发电水位(952 m)至汛限水位(966 m)之间仅有 2 亿 m³ 库容,调控库容极其有限;三门峡水库汛限水位以下库容仅约为 0.5 亿 m³,对小浪底水库入库水沙过程的调控能力极其有限。

二是人工塑造水沙过程时后续动力不足。从第三次调水调沙试验过程中看出,在利用万家寨、三门峡水库联合调度塑造小浪底水库人工异重流的过程中,存在着因水量偏少致使水流后续动力不足和维持人工异重流的沙源不足等问题。

(2)沁河干流无调节工程。

黄河第二次调水调沙试验中,在实施小浪底水库下泄"浑水"与小浪底至花园口区间"清水"对接的过程中,伊洛河因有故县和陆浑两座水库,基本处于可控状态,而沁河来水则无工程进行控制,无法充分发挥这部分"清水"在水沙调控中的作用。

结合黄河当前的实际情况和"维持黄河健康生命"治河目标的总体要求,黄河宁蒙河段和小北干流河段同黄河下游类似,也面临着许多亟待解决的问题。主要表现在:20 世纪 80 年代中期以来,由于黄河水沙关系的恶化,宁蒙河段河道逐年淤积抬高,目前也发展成了"地上悬河";上述两河段主槽淤积萎缩严重,行洪排沙能力急剧下降;由于主槽淤积萎缩,防凌形势日益严峻;潼关高程一直维持在较高水平。

对黄河水沙关系的研究表明,黄河的水沙关系既存在着长期的不协调,又存在着短期的不协调。前者需要有足够的水沙调节库容对入库水沙进行多年调节,后者在各河段带来的问题往往各不相同,各河段也需要有相应的工程对所在河段的水沙关系进行调节。

黄河水沙关系不协调还存在着明显的地域分布特征,河口镇至龙门区间来沙相对较粗,而龙门以下泥沙主要来自渭河,来沙相对较细。由于粗细泥沙的输移规律不同,对两部分泥沙分别实施调节,必然也要求有相应的工程措施。

随着小浪底水库拦沙库容的淤损,其对入库水沙的调控能力也将逐渐降低。未来黄河水沙关系的进一步恶化,客观上也要求协调水沙关系所需的库容进一步增大。

综上所述,"维持黄河健康生命"需要构建完整的黄河水沙调控体系。

协调黄河水沙关系的另外两条重要途径是增水、减沙。就前者而言,为了充分发挥调入水量的效益,同样需要黄河水沙调控体系进行调节;就后者而言,骨干工程拦沙客观上需要有与之相应的拦沙库容来实现,对小北干流放淤而言,也需要有相应的骨干枢纽工程

对入库水沙进行调节,塑造出适合放淤的水沙过程。

黄河水沙调控体系就目前的研究来说,干流包括已建的龙羊峡、刘家峡、三门峡、小浪底和规划的大柳树、碛口、古贤七座骨干水利枢纽,支流包括已建的陆浑、故县及规划的河口村等水利枢纽,这些工程共同构成了黄河水沙调控体系的有机整体。上述水沙调控体系建设完成后,可长期发挥对黄河水沙的调控作用,必将为"维持黄河健康生命"发挥重要作用。

四、尚需进一步探索、研究的问题

塑造黄河协调的水沙关系是一项极其庞大、复杂同时又极具挑战性的课题,三次调水调沙试验,仅是对这一课题进行探索、实践的第一步。由于黄河问题的复杂性,在推进协调黄河水沙关系的进程中,还有许许多多的问题需要不断地进行探索研究,调水调沙任重而道远。就目前的认识来说,黄河水沙调控体系的规划研究,黄河水沙调控体系的运行方式研究,小浪底水库不同运用阶段、不同水沙组合条件下的水沙调控理论与模式的研究,三门峡、小浪底水库浑水调洪模型的开发研究,三门峡、小浪底水库不同孔洞组合调控出库含沙量的进一步研究,细颗粒泥沙在黄河下游河道输移规律研究,水库水沙联合调度中水沙过程对接技术的进一步研究,水沙过程的预测预报技术等都是需要研究解决的技术难题。

黄河调水调沙试验的成功,为多泥沙河流的治理探索出了一条行之有效的途径,按照增水、减沙、调水调沙的治河思想,坚持不懈地努力,"维持黄河健康生命"的总体目标一定能够实现。

参 考 文 献

[1] 韩其为.水库淤积[M].北京:科学出版社,2003.

[2] 谢鉴衡.江河演变与治理研究[M].武汉:武汉大学出版社,2004.

[3] 钱宁,万兆惠.泥沙运动力学[M].北京:科学出版社,1983.

[4] 钱宁,张仁,周志德.河床演变学[M].北京:科学出版社,1987.

[5] 钱宁,范家骅,等.异重流[M].北京:水利出版社,1958.

[6] 张瑞瑾,谢鉴衡,等.河流泥沙动力学[M].北京:水利电力出版社,1989.

[7] 张仁,等.拦减粗泥沙对黄河河道冲淤变化影响[M].郑州:黄河水利出版社,1998.

[8] 费祥俊.浆体与粒状物料输送水力学[M].北京:清华大学出版社,1994.

[9] 曹如轩,等.高含沙异重流的形成与持续条件分析[J].泥沙研究,1984(2).

[10] 沙玉清.泥沙运动引论[M].北京:中国工业出版社,1965.

[11] 范家骅,等.异重流运动的试验研究[J].水利学报,1959(5).

[12] 吴德一.关于水库异重流的计算方法[J].泥沙研究,1983(2).

[13] 曹如轩.高含沙异重流的实验研究[J].水利学报,1983(2).

[14] 朱鹏程.异重流的形成与衰减[J].水利学报,1983(2).

[15] 赵文林,等.黄河泥沙[M].郑州:黄河水利出版社,1996.

[16] 张红武,张俊华,等.工程泥沙研究与实践[M].郑州:黄河水利出版社,1999.

[17] 金德春.浑水异重流的运动和淤积[J].水利学报,1980(3).

[18] 杨庆安,龙毓骞,缪凤举.黄河三门峡水利枢纽运用与研究[M].郑州:河南人民出版社,1995.

[19] 赵业安,等.黄河下游河道演变基本规律[M].郑州:黄河水利出版社,1998.

[20] 钱意颖,等.黄河干流水沙变化与河床演变[M].北京:中国建材工业出版社,1993.

[21] 齐璞,等.黄河水沙变化与下游河道减淤措施[M].郑州:黄河水利出版社,1997.